Versión del maestro

Eureka Math® Kindergarten Módulo 5

EDICIÓN PARA TEKS

Un agradecimiento especial al Gordon A. Cain Center y al Departamento de Matemáticas de la Universidad Estatal de Luisiana por su apoyo en el desarrollo de *Eureka Math*.

Great Minds® is the creator of *Eureka Math*®, *Wit & Wisdom*®, *Alexandria Plan*™, and *PhD Science*®.

Published by Great Minds PBC

greatminds.org

© 2022 Great Minds PBC. Except where otherwise noted, this content is published under a limited license with the Texas Education Agency. Use is limited to noncommercial educational purposes. Where indicated, teachers may copy pages for use by students in their classrooms. For more information, visit http://gm.greatminds.org/texas.

Printed in the USA

1 2 3 4 5 6 7 8 9 10 CCD 26 25 24 23

ISBN 978-1-64929-737-2

Colaboradores de *Eureka Math: Una historia de unidades*®

Katrina Abdussalaam, Curriculum Writer
Tiah Alphonso, Program Manager—Curriculum Production
Kelly Alsup, Lead Writer / Editor, Grade 4
Catriona Anderson, Program Manager—Implementation Support
Debbie Andorka-Aceves, Curriculum Writer
Eric Angel, Curriculum Writer
Leslie Arceneaux, Lead Writer / Editor, Grade 5
Kate McGill Austin, Lead Writer / Editor, Grades PreK–K
Adam Baker, Lead Writer / Editor, Grade 5
Scott Baldridge, Lead Mathematician and Lead Curriculum Writer
Beth Barnes, Curriculum Writer
Bonnie Bergstresser, Math Auditor
Bill Davidson, Fluency Specialist
Jill Diniz, Program Director
Nancy Diorio, Curriculum Writer
Nancy Doorey, Assessment Advisor
Lacy Endo-Peery, Lead Writer / Editor, Grades PreK–K
Ana Estela, Curriculum Writer
Lessa Faltermann, Math Auditor
Janice Fan, Curriculum Writer
Ellen Fort, Math Auditor
Peggy Golden, Curriculum Writer
Maria Gomes, Pre-Kindergarten Practitioner
Pam Goodner, Curriculum Writer
Greg Gorman, Curriculum Writer
Melanie Gutierrez, Curriculum Writer
Bob Hollister, Math Auditor
Kelley Isinger, Curriculum Writer
Nuhad Jamal, Curriculum Writer
Mary Jones, Lead Writer / Editor, Grade 4
Halle Kananak, Curriculum Writer
Susan Lee, Lead Writer / Editor, Grade 3
Jennifer Loftin, Program Manager—Professional Development
Soo Jin Lu, Curriculum Writer
Nell McAnelly, Project Director

Ben McCarty, Lead Mathematician / Editor, PreK–5
Stacie McClintock, Document Production Manager
Cristina Metcalf, Lead Writer / Editor, Grade 3
Susan Midlarsky, Curriculum Writer
Pat Mohr, Curriculum Writer
Sarah Oyler, Document Coordinator
Victoria Peacock, Curriculum Writer
Jenny Petrosino, Curriculum Writer
Terrie Poehl, Math Auditor
Robin Ramos, Lead Curriculum Writer / Editor, PreK–5
Kristen Riedel, Math Audit Team Lead
Cecilia Rudzitis, Curriculum Writer
Tricia Salerno, Curriculum Writer
Chris Sarlo, Curriculum Writer
Ann Rose Sentoro, Curriculum Writer
Colleen Sheeron, Lead Writer / Editor, Grade 2
Gail Smith, Curriculum Writer
Shelley Snow, Curriculum Writer
Robyn Sorenson, Math Auditor
Kelly Spinks, Curriculum Writer
Marianne Strayton, Lead Writer / Editor, Grade 1
Theresa Streeter, Math Auditor
Lily Talcott, Curriculum Writer
Kevin Tougher, Curriculum Writer
Saffron VanGalder, Lead Writer / Editor, Grade 3
Lisa Watts-Lawton, Lead Writer / Editor, Grade 2
Erin Wheeler, Curriculum Writer
MaryJo Wieland, Curriculum Writer
Allison Witcraft, Math Auditor
Jessa Woods, Curriculum Writer
Hae Jung Yang, Lead Writer / Editor, Grade 1

Consejo de administración

Lynne Munson, President and Executive Director of Great Minds
Nell McAnelly, Chairman, Co-Director Emeritus of the Gordon A. Cain Center for STEM Literacy at Louisiana State University
William Kelly, Treasurer, Co-Founder and CEO at ReelDx
Jason Griffiths, Secretary, Director of Programs at the National Academy of Advanced Teacher Education
Pascal Forgione, Former Executive Director of the Center on K-12 Assessment and Performance Management at ETS
Lorraine Griffith, Title I Reading Specialist at West Buncombe Elementary School in Asheville, North Carolina
Bill Honig, President of the Consortium on Reading Excellence (CORE)
Richard Kessler, Executive Dean of Mannes College the New School for Music
Chi Kim, Former Superintendent, Ross School District
Karen LeFever, Executive Vice President and Chief Development Officer at ChanceLight Behavioral Health and Education
Maria Neira, Former Vice President, New York State United Teachers

UNA HISTORIA DE UNIDADES — EDICIÓN PARA TEKS

Currículo de matemáticas

KINDERGARTEN • MÓDULO 5

Tabla de contenido
KINDERGARTEN • MÓDULO 5

Números del 10 al 20, contar hasta el 100 y comprensión del trabajo

Contenido general del módulo 2

Tema A: Conteo de 10 unidades y algunas unidades 13

Tema B: Composición de números del 11 al 20 con 10 unidades y algunas unidades; representación y escritura de números del 11 al 19 82

Tema C: Descomposición de números del 11 al 20 y conteo para responder preguntas de "¿Cuántos?" en distintas configuraciones 149

Evaluación de la mitad del módulo y criterios de evaluación 198

Tema D: Ampliación de la secuencia de conteo con el método normal y con el método Decir diez hasta el 100 205

Tema E: Representación y aplicación de composiciones y descomposiciones de números del 11 al 19 262

Evaluación final del módulo y criterios de evaluación 311

Tema F: Comprensión del trabajo 316

Hoja de respuestas 357

Kindergarten • Módulo 5
Números del 10 al 20, contar hasta el 100 y comprensión del trabajo

CONTENIDO GENERAL

Los estudiantes trabajaron de manera intensiva con números hasta el 10 y a menudo contaron hasta el 30 usando el ábaco rekenrek durante la **Práctica de fluidez**. Esto prepara el terreno para el Módulo 5, en el que los estudiantes comprenden el significado de 10 unidades y algunas unidades en un número del 11 al 19 y amplían esa comprensión para contar hasta el 100. En el Tema A, los estudiantes comienzan en un nivel concreto, contando 10 popotes.

- M: Cuenten los popotes conmigo para hacer montones de diez.
- E: 1, 2, 3, 4, 5, 6, 7, 8, 9, 10. 1, 2, 3, 4, 5, 6, 7, 8, 9, 10. 1, 2, 3, (…), 8, 9, 10. 1, 2, 3, (…), 8, 9, 10.
- M: ¡Contemos los montones!
- E: 1 montón, 2 montones, 3 montones, 4 montones.

De esta manera, los estudiantes de Kindergarten aprenden a hablar cómodamente sobre 10 unidades, lo que sienta las bases para el paso fundamental de 1.ᵉʳ grado de comprender 1 decena. A continuación, separan 10 objetos en conteos concretos y pictóricos hacia adelante hasta el 20 y analizan el total como 10 unidades y ninguna unidad o 10 unidades y algunas unidades (**K.2E, K.2F, K.5**). Ven dos grupos distintos que luego se cuentan con el método Decir diez: diez 1, diez 2, diez 3, diez 4, diez 5, diez 6, diez 7, diez 8, diez 9, 2 dieces. Los estudiantes escuchan la separación de las 10 unidades y algunas unidades mientras cuentan, y consolidan la comprensión ya que también vuelven al conteo con el método normal: once, doce, trece, (…), etc.

En el Tema B, se componen, o se juntan, los dos grupos distintos de unidades por medio del uso de las tarjetas *Hide Zero* (que ocultan el cero; ver imagen debajo) y de vínculos numéricos. Los estudiantes representan el número entero de forma numérica mientras continúan separando el conteo de 10 unidades del conteo de las unidades restantes con dibujos y materiales (**K.2E, K.2F**). Al finalizar el Tema B, los estudiantes deberían ser capaces de representar y escribir un número del 11 al 19 sin olvidar que el 1 en el 13 representa 10 unidades (**K.2B**).

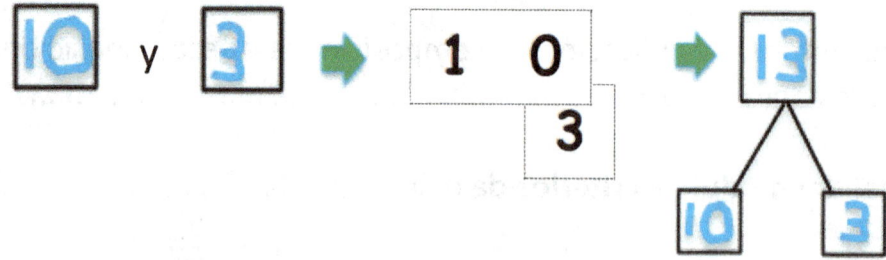

Al comienzo del Tema C, los estudiantes hacen un ábaco rekenrek simple de 20 cuentas (ver imagen debajo) y lo usan para representar números. Los grupos de diez se pueden ver como dos líneas con un cambio de color en el cinco o como dos cincos de un color, paralelos.

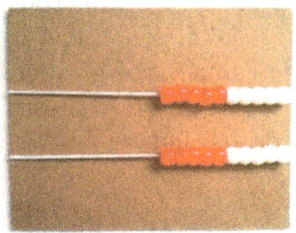

En el Tema C, se hace enfoque en la descomposición de la cantidad total del número del 11 al 19 de modo que una parte sea diez unidades. Esto es lo que hace que el Tema C esté un paso más adelante con respecto a los Temas A y B. Anteriormente, el diez y las unidades siempre se separaban al representarlos pictóricamente o con materiales. Ahora, el número del 11 al 19 entero es una cantidad total que se representa tanto de forma concreta como pictórica en diferentes configuraciones: torres o configuraciones lineales, matrices (incluyendo el marco de 10 o los grupos de 5) y círculos. Los estudiantes descomponen el total en 10 unidades y algunas unidades. A través de sus experiencias con las diferentes configuraciones, los estudiantes practican tanto la separación de 10 unidades en los números del 11 al 19 como el conteo o la conservación a medida que cuentan cantidades organizadas de diferentes formas y, como siempre, usan la charla matemática para compartir sus observaciones (**K.2D, K.2E**). También aprenden que cada número del 11 al 19 consecutivo es un número más grande que el número anterior (**K.2A**).

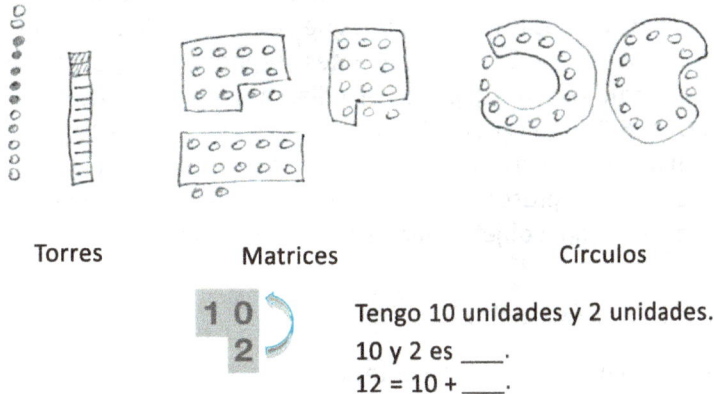

Torres   Matrices   Círculos

Tengo 10 unidades y 2 unidades.
10 y 2 es ___.
12 = 10 + ___.

En el Tema D, los estudiantes amplían su comprensión del conteo de los números del 11 al 19 a los números del 21 al 100. Primero, cuentan de diez en diez tanto con el método Decir diez (1 diez, 2 dieces, 3 dieces, 4 dieces, etc.) como con el método normal: veinte, treinta, cuarenta, etc. Luego, cuentan de uno en uno hasta el 100, primero en una decena y, por último, pasando de una decena (**K.5**). El Tema D abarca el estándar **1.2C** de 1.er grado, ya que los estudiantes también escriben los números del 21 al 100.

Se incluyó la escritura de números más grandes debido a que posibilitan la realización de una mayor variedad de actividades. Sin embargo, la escritura de estos números no se evalúa ni se enfatiza. El Tema D finaliza con una exploración opcional de los números en el ábaco rekenrek, en actividades que implican reunir el conteo con la descomposición y encontrar números incluidos dentro de números más grandes. Esta lección es opcional porque no aborda directamente un estándar de Kindergarten en particular.

En el Tema E, los estudiantes ponen en práctica sus destrezas de descomponer y componer números del 11 al 19. En la Lección 20, representan las composiciones y las descomposiciones como afirmaciones de suma (**K.2E, K.2F**). En la Lección 21, representan cantidades del 11 al 19 con materiales en un vínculo numérico y esconden una parte. La parte escondida se representa como una oración de suma con una parte escondida (p. ej., 10 + ___ = 13 o 13 = ___ + 3). El sumando faltante alinea la Lección 21 con el estándar **1.5F** de 1.ᵉʳ grado. En la Lección 22, los estudiantes aplican sus destrezas de descomposición en 10 unidades y algunas unidades para comparar los números del 11 al 19 mirando las unidades. *Se paran* en la estructura de las 10 unidades y usan lo que saben de los números del 1 al 9. La comparación de los números del 1 al 9 es un estándar de Kindergarten (**K.2E, K.2G, K.2H**).

En la Lección 23, los estudiantes razonan sobre situaciones para determinar si están descomponiendo un número del 11 al 19 (como 10 unidades y algunas unidades) o si están componiendo 10 unidades y algunas unidades para encontrar un número del 11 al 19. Analizan las oraciones numéricas que representan cada situación para determinar si comenzaron con el total o con las partes y si hicieron una composición o una descomposición; por ejemplo, 13 = 10 + 3 o 10 + 3 = 13 (**K.2E, K.2F**). A lo largo de la lección, los estudiantes dibujan el número de objetos que se presentaron en la situación (**K.2D, K.2E**).

La Lección 24 es una tarea de culminación en la que los estudiantes integran todos los métodos que usaron hasta el momento para mostrar la descomposición. Por ejemplo, se les da la instrucción: "Abran sus bolsas misteriosas. Muestren el número de objetos que hay en la bolsa de diferentes formas, usando los materiales que elijan" (**EPM(C)**). Esta experiencia sirve también como una parte de la **Evaluación final del módulo** y permite que los estudiantes demuestren las destrezas y la comprensión usando todo lo que aprendieron a lo largo del módulo.

Las lecciones del Tema F investigan la comprensión de finanzas personales. Los estudiantes mejoran el reconocimiento de las monedas de los Estados Unidos comparando las monedas de diez centavos (*dimes*) y de veinticinco centavos (*quarters*) con las otras monedas que ya conocen: la de un centavo (*penny*) y la de cinco centavos (*nickel*) (**K.4**). En la Lección 25, los estudiantes aprenden a diferenciar entre el dinero obtenido (ingresos) y el dinero recibido como regalo. Luego, los estudiantes consideran las diferentes formas en que se pueden obtener ingresos (**K.9A, K.9B**). La Lección 26 investiga la conexión que hay entre el trabajo y los ingresos, los distintos trabajos que son fuentes de ingresos y las destrezas que se necesitan para realizar estos trabajos (**K.9C**). Por último, en la Lección 27, se presenta a los estudiantes el concepto de que los ingresos se pueden usar para comprar objetos que se necesitan u objetos que se desean y la diferencia que hay entre los dos (**K.9D**).

Notas sobre el ritmo para la diferenciación

Si el ritmo resulta ser un desafío, considere las siguientes modificaciones y omisiones. Considere colaborar con un maestro especializado en un área para pedir a los estudiantes que construyan el ábaco rekenrek de la Lección 10 (p. ej., hacer un ábaco rekenrek en la clase de arte, practicar el conteo en la clase de idioma extranjero) o planifique un evento para hacer que las familias participen en actividades de matemáticas como éstas.

Si escribir números del 21 al 100 abruma a los estudiantes, omita el **Grupo de problemas** de las Lecciones 15, 16 y 17. En su lugar, complete las actividades de conteo oral en las lecciones que los preparan para escribir los numerales hasta el 100 como se requiere en 1.ᵉʳ grado. Esto permite que estas tres lecciones se completen en sólo uno o dos días.

La Lección 19 es de naturaleza exploratoria y aborda algunos estándares que van más allá del nivel de Kindergarten. Funciona bien como una lección de extensión si los estudiantes avanzan con rapidez, pero si el ritmo resulta ser un desafío, se podría omitir.

Enfoque en los estándares del nivel del grado

Números y operaciones[1]

El estudiante aplica los estándares de procesos matemáticos para comprender cómo se representan y comparan números enteros, la posición relativa y la magnitud de los números enteros y las relaciones dentro del sistema de numeración. Se espera que el estudiante:

K.2A — cuente hacia adelante y hacia atrás por lo menos hasta el número 20 con y sin objetos;

K.2B — lea, escriba y represente números enteros del 0 hasta por lo menos el 20 con y sin objetos o ilustraciones;

K.2C — cuente un conjunto de por lo menos 20 objetos y demuestre que el último número que cuente indica el número de objetos en el conjunto sin importar cómo están acomodados o el orden;

K.2D — reconozca inmediatamente la cantidad de un grupo pequeño de objetos acomodados en forma organizada y al azar;

K.2E — genere un conjunto utilizando modelos concretos y pictóricos que representen un número que es mayor que, menor que e igual a un número dado por lo menos hasta el 20;

K.2F — genere un número que es uno más o uno menos que otro número por lo menos hasta el 20;

K.2G — compare conjuntos de por lo menos 20 objetos en cada uno utilizando lenguaje comparativo;

K.2H — utilice lenguaje comparativo para describir dos números que se presentan como numerales escritos hasta el 20.

Números y operaciones

El estudiante aplica los estándares de procesos matemáticos para identificar monedas y reconocer la necesidad de transacciones monetarias. Se espera que el estudiante:

K.4 — identifique monedas estadounidenses por su nombre, incluyendo monedas de un centavo (*pennies*), cinco centavos (*nickel*), diez centavos (*dimes*) y veinticinco centavos (*quarters*).

Razonamiento algebraico

El estudiante aplica los estándares de procesos matemáticos para identificar el patrón que existe en una lista de números escritos. Se espera que el estudiante:

K.5 — cuente en voz alta los números por lo menos hasta el 100 de uno en uno y de diez en diez comenzando con cualquier número dado.

---

[1] El estándar K.2A se aborda en el Módulo 1.

Comprensión de finanzas personales

El estudiante aplica los estándares de procesos matemáticos para manejar eficazmente sus propios recursos financieros para lograr una seguridad financiera de por vida. Se espera que el estudiante:

K.9A	identifique formas de obtener ingresos;
K.9B	diferencie entre dinero recibido como ingreso y dinero recibido como regalo;
K.9C	haga una lista de las destrezas simples que son necesarias en los trabajos;
K.9D	distinga entre lo que se desea y lo que se necesita, e identifique los ingresos como un recurso para obtener lo que se desea y lo que se necesita.

Estándares fundamentales

El estudiante sabe:

V.A.5.	cómo contar hasta 10 objetos y demuestra que lo último que contó indica la cantidad de objetos que se contaron;
V.B.1.	cómo usar objetos concretos, crear modelos en imágenes y compartir un problema con un planteamiento oral para agregar hasta 5 objetos;
V.B.2.	cómo usar modelos concretos o hacer un problema con un planteamiento oral para restar 0–5 objetos de un conjunto.

Enfoque en los estándares de los procesos matemáticos

El estudiante utiliza procesos matemáticos para adquirir y demostrar comprensión matemática. Se espera que el estudiante:

EPM(C)	seleccione herramientas cuando sean apropiadas, incluyendo objetos reales, manipulativos, papel y lápiz, y tecnología, además de técnicas cuando sean apropiadas, incluyendo el cálculo mental, la estimación y el sentido numérico para resolver problemas;
EPM(D)	comunique ideas matemáticas, su razonamiento y sus implicaciones utilizando múltiples representaciones cuando sean apropiadas, incluyendo símbolos, diagramas, gráficas y el lenguaje común;
EPM(F)	analice relaciones matemáticas para conectar y comunicar ideas matemáticas;
EPM(G)	muestre, explique y justifique ideas y argumentos matemáticos utilizando lenguaje matemático preciso en forma verbal o escrita.

Contenido general de los temas del módulo y objetivos por lección

TEKS	ELPS		Temas y objetivos	Días
K.2A K.2E K.2F K.5 K.2C K.2D	1.A 1.C 1.E 2.C 2.E 2.I 3.E 3.G 4.F	A	**Conteo de 10 unidades y algunas unidades**	5
			Lección 1: Contar popotes para hacer montones de diez; contar cada montón como 10 unidades.	
			Lección 2: Contar 10 objetos en conteos que incluyen de 10 a 20 objetos y describirlos como 10 unidades y ___ unidades.	
			Lección 3: Contar y encerrar en un círculo 10 objetos en dibujos que incluyen de 10 a 20 objetos y describirlos como 10 unidades y ___ unidades.	
			Lección 4: Contar popotes con el método Decir diez hasta el 19; hacer un montón para cada grupo de diez.	
			Lección 5: Contar popotes con el método Decir diez hasta el 20; hacer un montón para cada grupo de diez.	
K.2A K.2B K.2E K.2F K.2C K.2D K.5	1.C 2.A 2.E 2.I 3.A 3.E 3.J 4.A	B	**Composición de números del 11 al 20 con 10 unidades y algunas unidades; representación y escritura de números del 11 al 19**	4
			Lección 6: Representar números del 10 al 20 primero con objetos y luego con tarjetas de valor de posición o tarjetas *Hide Zero*.	
			Lección 7: Representar y escribir números del 10 al 20 como vínculos numéricos.	
			Lección 8: Representar números del 11 al 19 con materiales al pasar de un nivel abstracto a un nivel concreto.	
			Lección 9: Dibujar números del 11 al 19 al pasar de un nivel abstracto a un nivel pictórico.	
K.2A K.2C K.2D K.2E K.2F K.2G K.2B	1.C 1.E 2.C 2.E 2.I 3.B 3.E 3.J 4.G	C	**Descomposición de números del 11 al 20 y conteo para responder preguntas de "¿Cuántos?" en distintas configuraciones**	5
			Lección 10: Construir un ábaco rekenrek de 20 cuentas.	
			Lección 11: Mostrar, contar y escribir números del 11 al 20 en configuraciones de torre que aumentan de a 1 (patrón de *1 más grande*).	
			Lección 12: Representar números del 20 al 11 en configuraciones de torre que disminuyen de a 1 (patrón de *1 más pequeño*).	
			Lección 13: Mostrar, contar y escribir para responder preguntas de *cuántos* en configuraciones lineales y de matriz.	
			Lección 14: Mostrar, contar y escribir para responder preguntas de *cuántos* en configuraciones circulares con hasta 20 objetos.	
			Evaluación de la mitad del módulo: Temas A–C (Evaluación tipo entrevista)	3

TEKS	ELPS		Temas y objetivos	Días
K.5 K.2B K.2D K.2E K.2F	1.A 2.E 2.I 3.C 3.E 3.F 3.J 4.B	D	**Ampliación de la secuencia de conteo con el método normal y con el método Decir diez hasta el 100** Lección 15: Contar de diez en diez hacia adelante y hacia atrás hasta el 100 con el método Decir diez y el método normal. Lección 16: Contar de uno en uno en una misma decena. Lección 17: Contar de uno en uno pasando de una decena hasta el 40. Lección 18: Contar de uno en uno pasando de una decena hasta el 100 con y sin objetos. Lección 19: Explorar los números en el ábaco rekenrek. (Opcional)	5
K.2D **K.2E** **K.2F** **K.2G** **K.2H** K.2B K.5 1.2E 1.2F 1.2G[2] 1.5F[3]	1.C 1.E 2.A 2.E 2.H 2.I 3.A 3.C 3.E 4.B 5.G	E	**Representación y aplicación de composiciones y descomposiciones de números del 11 al 19** Lección 20: Representar composiciones y descomposiciones de números del 11 al 19 como oraciones de suma. Lección 21: Representar descomposiciones de números del 11 al 19 como 10 unidades y algunas unidades; encontrar una parte escondida. Lección 22: Descomponer números del 11 al 19 como 10 unidades y algunas unidades; comparar los números del 11 al 19 mirando las unidades. Lección 23: Razonar sobre situaciones y representarlas, descomponiendo números del 11 al 19 en 10 unidades y algunas unidades, y componiendo 10 unidades y algunas unidades en un número del 11 al 19. Lección 24: Tarea de culminación: Representar descomposiciones de números del 11 al 19 de diversas formas.	5
			Evaluación final del módulo: Temas D y E (Evaluación tipo entrevista)	4
K.4 **K.9A** **K.9B** **K.9C** **K.9D**	1.A 1.F 2.C 2.I 3.B 3.E 4.F	F	**Comprensión del trabajo** Lección 25: Comprender los conceptos de regalo e ingresos, y las formas de obtener ingresos. Lección 26: Definir los distintos trabajos como fuentes de ingresos. Lección 27: Comprender la diferencia entre lo que se necesita y lo que se desea.	3
Número total de días de enseñanza				**34**

---

[2] Los estándares K.2E, K.2G y K.2H de Kindergarten comparan números hasta el 20. Los estándares 1.2E y 1.2G de 1.er grado comparan números hasta el 120.

[3] Al usar materiales concretos, una parte escondida se relaciona con 10 + ___. Los sumandos faltantes se alinean con el estándar 1.5F.

Vocabulario

Vocabulario nuevo o recién presentado

- 10 más
- 10 unidades y algunas unidades
- 10 y __
- Conteo con el método Decir diez de diez en diez hasta el 100 (p. ej., 1 diez, 2 dieces, 3 dieces, 4 dieces, 5 dieces, 6 dieces, 7 dieces, 8 dieces, 9 dieces, 10 dieces)
- Conteo con el método normal de diez en diez hasta el 100 (p. ej., diez, veinte, treinta, cuarenta, cincuenta, sesenta, setenta, ochenta, noventa, cien)
- Conteo con el método normal de uno en uno del 11 al 20 (once, doce, trece, etc.)
- Destrezas
- Ingresos
- Lo que se desea
- Lo que se necesita
- Moneda de diez centavos o *dime*
- Moneda de veinticinco centavos o *quarter*
- Números del 11 al 19
- Obtener
- Regalo
- Tarjetas *Hide Zero* (llamadas Tarjetas de valor de posición en grados posteriores, ver imagen a la derecha)
- Trabajo

Tarjeta *Hide Zero* (frente)

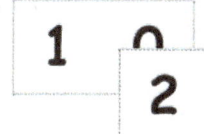

Tarjeta *Hide Zero* (dorso)

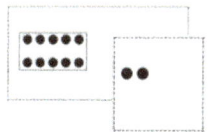

Vocabulario y símbolos conocidos[4]

- Camino de puntos, camino vacío, camino de números
- Contar 10 unidades
- Conteo circular
- Conteo con el método Decir diez (p. ej., los números del 11 al 20 se dicen como "diez uno, diez dos, diez tres, diez cuatro, diez cinco, diez seis, diez siete, diez ocho, diez nueve, dos dieces")
- Conteo disperso
- Conteo lineal
- Encerrar 10 unidades en un círculo
- Grupo de 5
- Marco de 10
- Moneda de cinco centavos o *nickel*

---

[4] Éstos son símbolos y vocabulario que los estudiantes han visto previamente.

- Moneda de un centavo o *penny*
- Parte, total
- Torre de números
- Vínculo numérico

Herramientas y representaciones sugeridas

- 50 palitos o popotes para cada grupo de 2 estudiantes
- Ábaco rekenrek hecho por los estudiantes (ver imagen a la derecha): 10 cuentas con agujero rojas y 10 cuentas con agujero blancas, 1 tira de cartón, 2 elásticos
- 1 cartón de huevos por pareja de estudiantes con 2 espacios cortados para hacer un cartón con 10 espacios
- Tarjetas *Hide Zero* (llamadas Tarjetas de valor de posición en grados posteriores)
- Objetos para colocar en el cartón de huevos como mandarinas, huevos de plástico o frijoles
- Marcos de 10 simples y dobles
- Cubos conectables: preferentemente 10 de dos colores diferentes por estudiante
- Plantilla de vínculo numérico
- Colección de monedas de los Estados Unidos (1 moneda de un centavo (*penny*), de cinco centavos (*nickel*), de diez centavos (*dime*) y de veinticinco centavos (*quarter*), reales o de plástico, por estudiante)

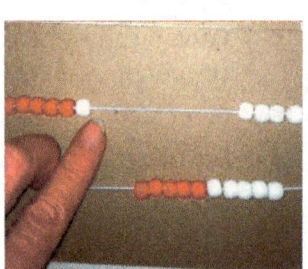

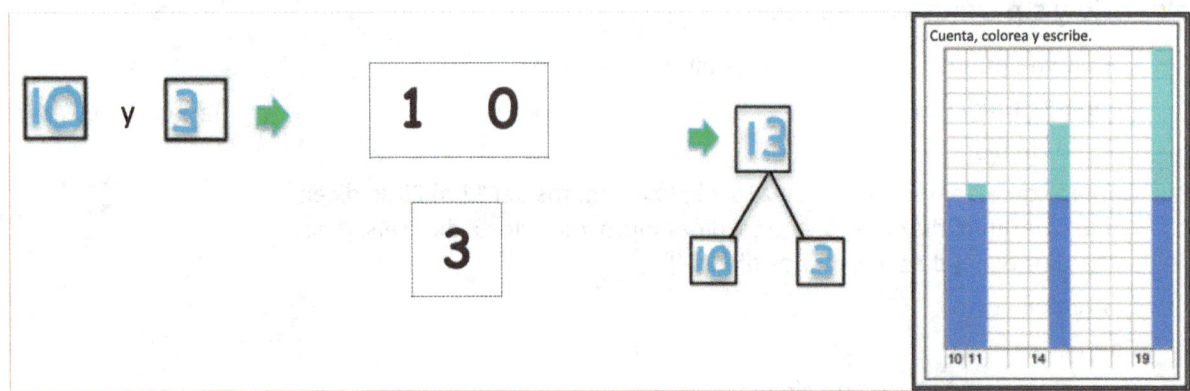

Tarea

La tarea no está homologada en todas las escuelas para Kindergarten y 1.ᵉʳ grado. En este plan de estudios, la tarea es una oportunidad para la práctica adicional del contenido de la lección del día. El maestro, con el apoyo de los padres, administradores y colegas, decide cuál es el uso apropiado de la tarea para sus estudiantes. También pueden tenerse en cuenta los ejercicios de fluidez como una alternativa a la tarea.

Soportes

Los soportes integrados en *Una historia de unidades*® dan alternativas para la forma en que los estudiantes acceden a la información, así como a la forma en que expresan y demuestran su aprendizaje. Notas estratégicamente colocadas en los márgenes se incluyen dentro de cada lección, las cuales amplían información sobre el uso de soportes específicos en ciertos momentos. Las notas abordan muchas necesidades presentadas por estudiantes con discapacidades y estudiantes que están sobre o bajo el nivel del grado. Muchas de las sugerencias están organizadas según los principios del Diseño Universal para el Aprendizaje (DUA) y son aplicables a más de una población.

Resumen de la evaluación

Tipo de evaluación	Administrada	Formato	Estándares abordados
Evaluación de la mitad del módulo	Después del Tema C	Entrevista con criterios de evaluación	K.2A K.2B K.2C K.2D K.2E K.2F K.2G K.5
Evaluación final del módulo	Después del Tema E	Entrevista con criterios de evaluación	K.2D K.2E K.2F K.2G K.2H K.5

UNA HISTORIA DE UNIDADES — **EDICIÓN PARA TEKS**

Currículo de matemáticas

KINDERGARTEN • MÓDULO 5

Tema A

Conteo de 10 unidades y algunas unidades

K.2A, K.2E, K.2F, K.5, K.3C, K.2D

Enfoque en los estándares:	K.2A	Cuente hacia adelante y hacia atrás por lo menos hasta el número 20 con y sin objetos.
	K.2E	Genere un conjunto utilizando modelos concretos y pictóricos que representen un número que es mayor que, menor que e igual a un número dado por lo menos hasta el 20.
	K.2F	Genere un número que es uno más o uno menos que otro número por lo menos hasta el 20.
	K.5	El estudiante aplica los estándares de procesos matemáticos para identificar el patrón que existe en una lista de números escritos. Se espera que el estudiante cuente en voz alta los números por lo menos hasta el 100 de uno en uno y de diez en diez comenzando con cualquier número dado.
Días para cubrir esta enseñanza:	5	
Coherencia -Se desprende de:	GPK–M5	Cuentos de suma y resta, y contar hasta el 20
-Se relaciona con:	G1–M2	Introducción al valor de posición mediante la suma y la resta hasta el 20

En el Tema A, los estudiantes cuentan dos partes separadas en números del 11 al 19: 10 unidades y algunas unidades. Comienzan por contar montones de 10 popotes para comprender 10 unidades. En la Lección 2, los estudiantes separan 10 unidades y algunas unidades en cantidades del 11 al 19 usando un cartón de huevos cortado en 10 compartimentos. Se continúa con la descomposición en la Lección 3, en donde los estudiantes encierran en un círculo 10 unidades en cantidades del 11 al 19 a nivel pictórico. En las Lecciones 4 y 5, los estudiantes cuentan 10 unidades y algunas unidades hasta el 20 con el método Decir diez (p. ej., diez 1, diez 2, diez 3, diez 4, diez 5, diez 6, diez 7, diez 8, diez 9, 2 dieces).

Tema A: Conteo de 10 unidades y algunas unidades

| UNA HISTORIA DE UNIDADES – EDICIÓN PARA TEKS | Tema A K•5 |

Secuencia de enseñanza para el dominio del conteo de 10 unidades y algunas unidades

Objetivo 1: Contar popotes para hacer montones de diez; contar cada montón como 10 unidades.
(Lección 1)

Objetivo 2: Contar 10 objetos en conteos que incluyen de 10 a 20 objetos y describirlos como 10 unidades y ___ unidades.
(Lección 2)

Objetivo 3: Contar y encerrar en un círculo 10 objetos en dibujos que incluyen de 10 a 20 objetos y describirlos como 10 unidades y ___ unidades.
(Lección 3)

Objetivo 4: Contar popotes con el método Decir diez hasta el 19; hacer un montón para cada grupo de diez.
(Lección 4)

Objetivo 5: Contar popotes con el método Decir diez hasta el 20; hacer un montón para cada grupo de diez.
(Lección 5)

Lección 1

Objetivo: Contar popotes para hacer montones de diez; contar cada montón como 10 unidades.

Estructura sugerida para la lección

- ■ Práctica de fluidez   (12 minutos)
- ■ Puesta en práctica   (6 minutos)
- ■ Desarrollo del concepto   (25 minutos)
- ■ Reflexión   (7 minutos)
- **Tiempo total**   **(50 minutos)**

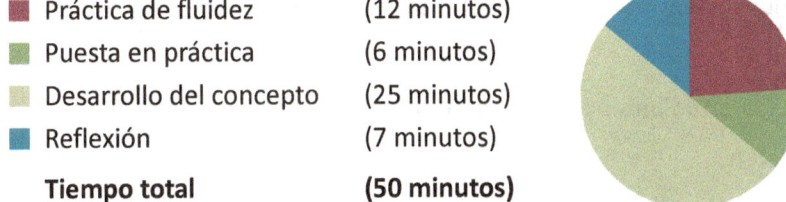

Práctica de fluidez (12 minutos)

- Contar con los dedos de izquierda a derecha **K.2A**   (2 minutos)
- Grupos de 5 a la vista: Parejas de 5 **K.2I**   (4 minutos)
- Grupos de 5 a la vista: Parejas de 10 **K.2I**   (6 minutos)

Contar con los dedos de izquierda a derecha (2 minutos)

Nota: Esta variación del conteo con el método matemático mantiene las habilidades de los estudiantes para representar secuencias de conteo hasta el 10 con los dedos.

Cuente de uno en uno hasta el 10 con los dedos de izquierda a derecha, desde el 1 en el dedo meñique de la mano izquierda hasta el 10 en el dedo meñique de la mano derecha.

Mueva los dedos como si estuviera tocando el piano. A medida que cuenta cada dedo, bájelo. Comience y termine en diferentes números (p. ej., cuente del 5 al 7). (Los cinco dedos de la mano izquierda ya se contaron. Los estudiantes dicen: "6, 7", mientras cuentan el dedo pulgar e índice de la mano derecha).

Grupos de 5 a la vista: Parejas de 5 (4 minutos)

Materiales: (M) Tarjetas de grupos de 5 grandes (Plantilla de fluidez 1) (E) Tarjetas de grupos de 5 (Plantilla de fluidez 2)

Nota: El repaso de las composiciones del 5 conduce al dominio del estándar de fluidez del grado, **K.2I**, sumar y restar hasta el 10.

    M: (Muestre 4 puntos). ¿Cuántos puntos ven?

    E: 4.

    M: ¿Cuántos más necesito para hacer 5?

E: 1.

M: Digan la oración numérica.

E: 4 y 1 hacen 5.

Continúe con la siguiente secuencia posible: 3, 2, 1, 4, 2, 3, 5, 0, 5. Pida a los estudiantes que jueguen con un compañero. Dé a las parejas juegos de tarjetas de grupos de 5.

Grupos de 5 a la vista: Parejas de 10 (6 minutos)

Materiales: (M) Tarjetas de grupos de 5 grandes (Plantilla de fluidez 1) (E) Tarjetas de grupos de 5 (Plantilla de fluidez 2)

Nota: El repaso de las parejas de 10 prepara a los estudiantes para descomponer el 10 en la **Puesta en práctica**.

M: (Muestre 9 puntos). ¿Cuántos puntos ven?

E: 9.

M: ¿Cuántos más necesita el 9 para hacer un grupo de 10?

E: 1.

Repita la actividad para la siguiente secuencia posible: 8, 5, 7, 6, 1, 4, 3, 5, 2, 9. Pida a los estudiantes que jueguen con un compañero. Dé a las parejas juegos de tarjetas.

Puesta en práctica (6 minutos)

A Marta le encanta compartir sus pasas en el recreo. Contó 10 pasas y las puso en las manos de su amigo Joey. Hagan un dibujo de las pasas que hay en las manos de Joey.

Nota: Hay varias soluciones posibles para este problema.

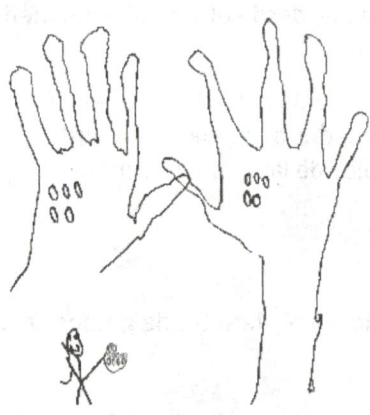

NOTAS SOBRE LAS DIFERENTES FORMAS DE ACCIÓN Y EXPRESIÓN:

Para los estudiantes cuyo desempeño está sobre el nivel del grado, proporcione extensiones para la **Puesta en práctica** como:

1. Si Marta tenía 15 pasas al principio, ¿cuántas pasas le quedan?
2. ¿Cuántas pasas más necesita Marta para tener 10 en la mano?
3. Haz un dibujo para mostrar las pasas de Marta.

Lección 1: Contar popotes para hacer montones de diez; contar cada montón como 10 unidades.

UNA HISTORIA DE UNIDADES – EDICIÓN PARA TEKS   Lección 1   K•5

Desarrollo del concepto (25 minutos)

Materiales: (E) 1 cartón de huevos cortado en 10 compartimentos para cada pareja de estudiantes, 10 bolsas con diferentes artículos en cada una (ver sugerencias a la derecha), 40 popotes

M: Cuenten para encontrar cuántos espacios hay en el cartón de huevos. Esperen a que dé la señal para decírmelo. (Haga una pausa. Cuando todos estén listos, dé la señal).

E: 10.

M: Cada equipo explorará 10 bolsas. Encuentren qué bolsas tienen 10 objetos.

Contenido de las bolsas:
- 8 pinzas para la ropa
- 8 fideos en forma de concha
- 8 cuentas
- 9 tarjetas de 3 pulgadas por 5 pulgadas
- 9 monedas de 1 centavo
- 9 crayones
- 10 borradores
- 10 cubos conectables
- 10 nueces con cáscara
- 10 dólares de juguete

Pida a los estudiantes que, en parejas, investiguen cada bolsa y coloquen los materiales en el cartón de huevos para ver si hay suficientes para contar 10 unidades. Después de contar los artículos de la bolsa, los estudiantes deben pasarla a la siguiente pareja cuando dé la señal.

M: (Dé tiempo a los estudiantes para que investiguen las 10 bolsas). Comenten con la pareja que está a su lado: ¿qué bolsas tenían 10 objetos?

E: ¡Los borradores, los cubos conectables, las nueces y los dólares de juguete!

M: ¿Cuántas veces contamos 10 cosas?

E: ¡4 veces!

M: Ahora, vamos a contar estos popotes y haremos 4 montones de 10 para que se relacionen con los borradores, los cubos conectables, las nueces y los dólares de juguete.

M: Cuenten conmigo para que los popotes se relacionen con el número de borradores.

E: 1, 2, 3, 4, 5, 6, 7, 8, 9, 10.

M: ¡1 montón! Vamos a contar otro montón para que los popotes se relacionen con el número de cubos conectables.

E: 1, 2, 3, 4, 5, 6, 7, 8, 9, 10.

M: ¿Cuántos montones de 10 tenemos ahora?

E: ¡2 montones!

M: Vamos a contar otro montón para que los popotes se relacionen con el número de nueces.

Continúe con las nueces y los dólares de juguete.

M: Vamos a contar cuántos montones de 10 hicimos.

E: 1 montón, 2 montones, 3 montones, 4 montones.

M: ¿Cuántos popotes hay en cada montón?

E: 10 popotes.

M: Contemos también las bolsas de 10.

E: 1 bolsa, 2 bolsas, 3 bolsas, 4 bolsas.

M: ¿Cuántos objetos hay en cada bolsa?

Lección 1: Contar popotes para hacer montones de diez; contar cada montón como 10 unidades.

UNA HISTORIA DE UNIDADES – EDICIÓN PARA TEKS   Lección 1   K•5

E: 10 objetos.

M: Comenten con su compañero en qué se parecen y en qué se diferencian las bolsas de objetos y los montones de popotes.

M: (Dé tiempo para que comenten). ¿Cuántas veces contamos **10 unidades** cuando estábamos contando los popotes?

E: 4.

M: ¿Cuántas veces contamos 10 objetos cuando estábamos contando los objetos en las bolsas?

E: 4.

M: ¿Cuántas de las bolsas no tenían 10 objetos?

E: ¡6 bolsas!

Grupo de problemas (5 minutos)

Los estudiantes deberán hacer su mejor esfuerzo para completar el **Grupo de problemas** en el tiempo asignado.

Pida a los estudiantes que encierren en un círculo las imágenes que muestran 10 objetos.

Nota: Los estudiantes han contado en configuraciones lineales, de matriz, circulares y dispersas hasta el 10 desde el primer módulo (**K.2D, K.2E**). En el Módulo 4, han desarrollado aún más sus destrezas para encerrar en un círculo conjuntos pictóricos al aprender a sumar y restar.

Reflexión (7 minutos)

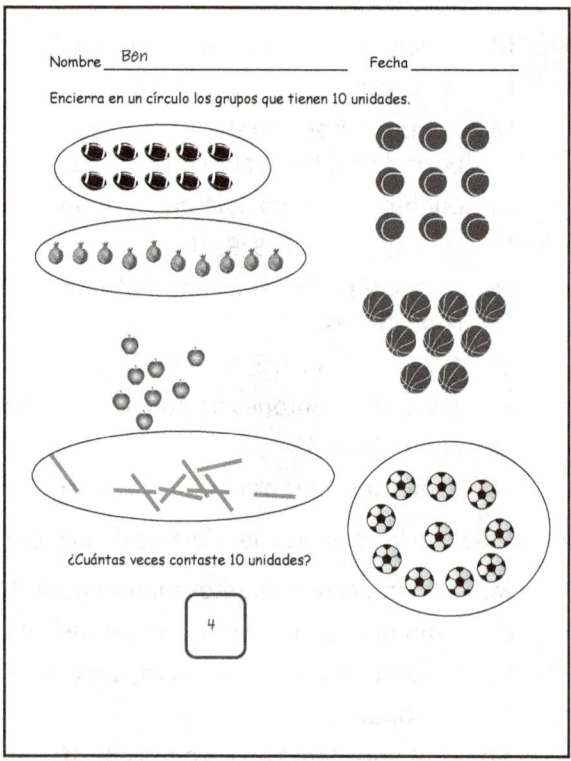

Objetivo de la lección: Contar popotes para hacer montones de diez; contar cada montón como 10 unidades.

El objetivo de la **Reflexión** es invitar a pensar y procesar activamente la experiencia total de la lección.

Invite a los estudiantes a revisar las soluciones del **Grupo de problemas**. Deben revisar el trabajo comparando las respuestas con un compañero. Vea si aún quedan conceptos erróneos o malentendidos que puedan resolverse en la **Reflexión**.

- Pida a los estudiantes que lleven su **Grupo de problemas** al área de reunión y que comenten con un compañero qué objetos encerraron en un círculo y por qué. Esquemas de oraciones sugeridos:

  "Encerré en un círculo _____ porque conté 10 objetos".
  "No encerré en un círculo _____ porque conté _____ objetos".

- Pídales que cuenten el número de grupos de 10 unidades que contaron.

Lección 1: Contar popotes para hacer montones de diez; contar cada montón como 10 unidades.

- Ayude a los estudiantes a recordar que también había 4 montones de 10 popotes y 4 bolsas con 10 objetos en ellas. Pídales que comenten en qué se parecen y en qué se diferencian el **Grupo de problemas** y el trabajo que hicieron con las bolsas y los popotes. ¿Pondrían manzanas o pelotas de futbol en bolsas de 10 objetos?
- Para repasar y aplicar el estándar **K.2I**, comenten cuántos objetos les faltan a los otros grupos para hacer un grupo de 10. Pida a los estudiantes que dibujen los objetos que faltan y encierren en un círculo todos los grupos de 10 unidades. "Ahora, ¿cuántas veces contamos 10 unidades?".

Boleto de salida (3 minutos)

Después de la **Reflexión**, pida a los estudiantes que terminen el **Boleto de salida**. Revisar el trabajo de los estudiantes le permitirá evaluar si comprendieron los conceptos de la lección de hoy y planear de forma más eficaz las siguientes lecciones. Puede leer las preguntas en voz alta a los estudiantes.

Tarea

La tarea no está homologada en todas las escuelas para Kindergarten y 1.ᵉʳ grado. En este plan de estudios, la tarea es una oportunidad para la práctica adicional del contenido de la lección del día. El maestro, con el apoyo de los padres, administradores y colegas, decide cuál es el uso apropiado de la tarea para sus estudiantes. También pueden tenerse en cuenta los ejercicios de fluidez como una alternativa a la tarea.

Nombre _____ Fecha _____

Encierra en un círculo los grupos que tienen 10 unidades.

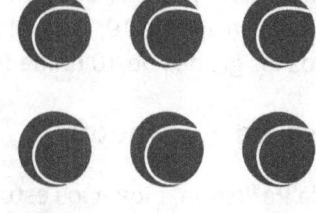

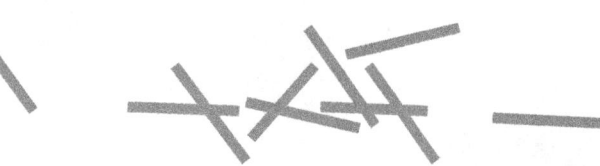

¿Cuántas veces contaste 10 unidades?

Nombre _____ Fecha _____

Encierra en un círculo los grupos que tienen 10 cosas.

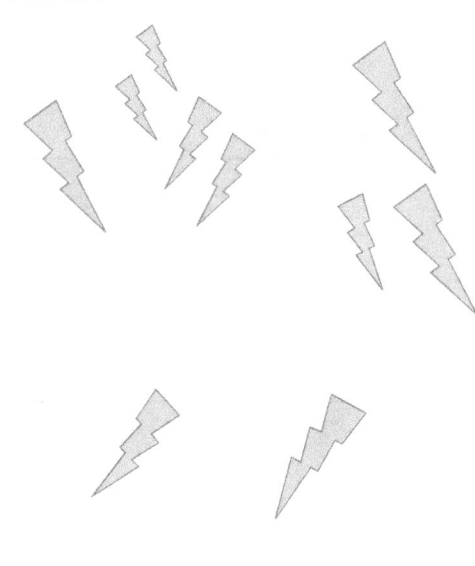

¿Cuántas veces contaste 10 cosas?

UNA HISTORIA DE UNIDADES – EDICIÓN PARA TEKS
Lección 1: Tarea K•5

Nombre _____ Fecha _____

Encierra 10 en un círculo.

Cuenta el número de veces que encerraste 10 unidades en un círculo. Dile a un amigo o a un adulto cuántas veces encerraste 10 unidades en un círculo.

Lección 1: Contar popotes para hacer montones de diez; contar cada montón como 10 unidades.

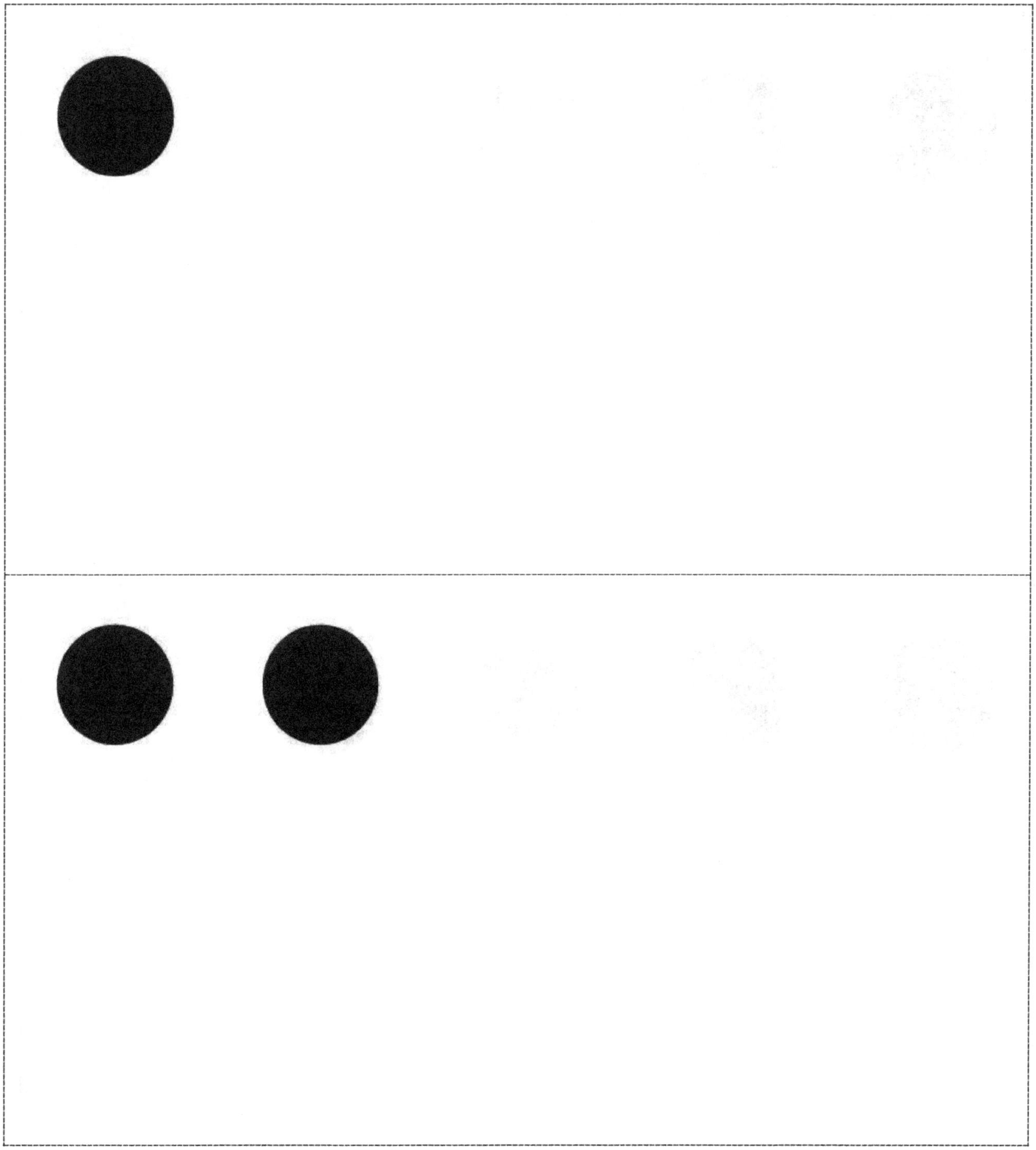

_____
tarjetas de grupos de 5 grandes (Haga una copia de las tarjetas en cartulina y recórtelas. Guarde el juego completo).

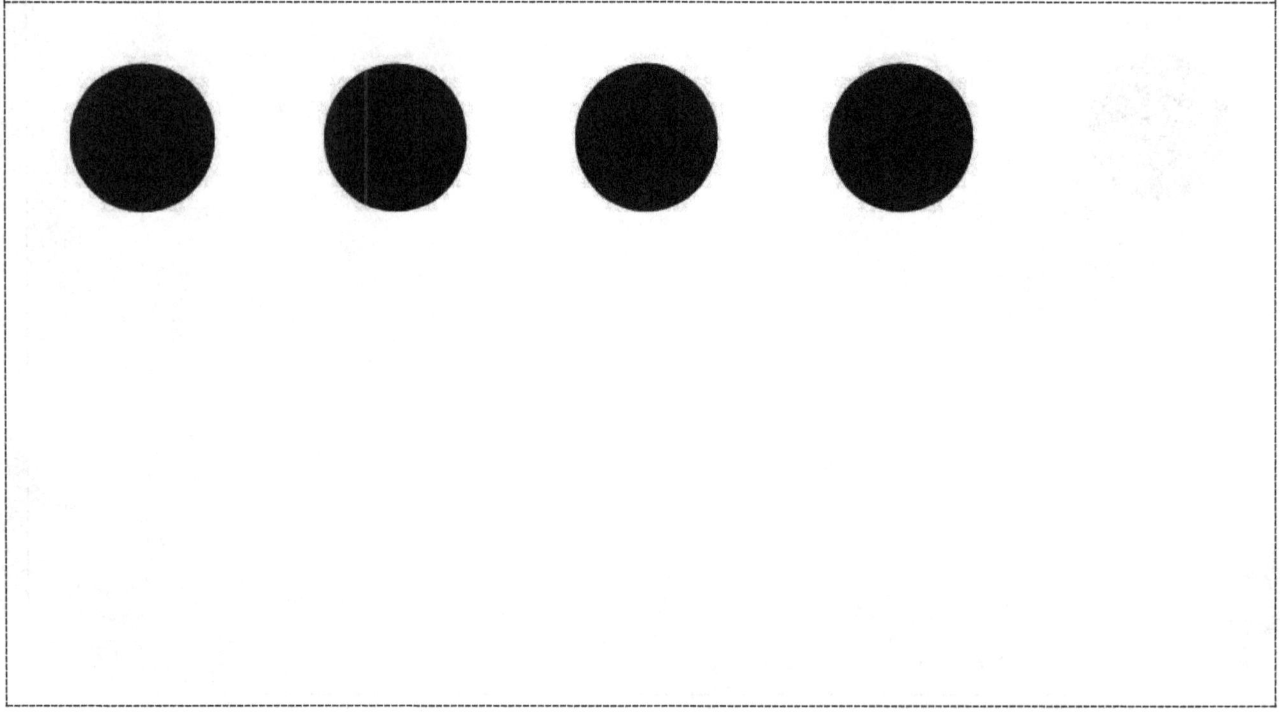

tarjetas de grupos de 5 grandes (Haga una copia de las tarjetas en cartulina y recórtelas. Guarde el juego completo).

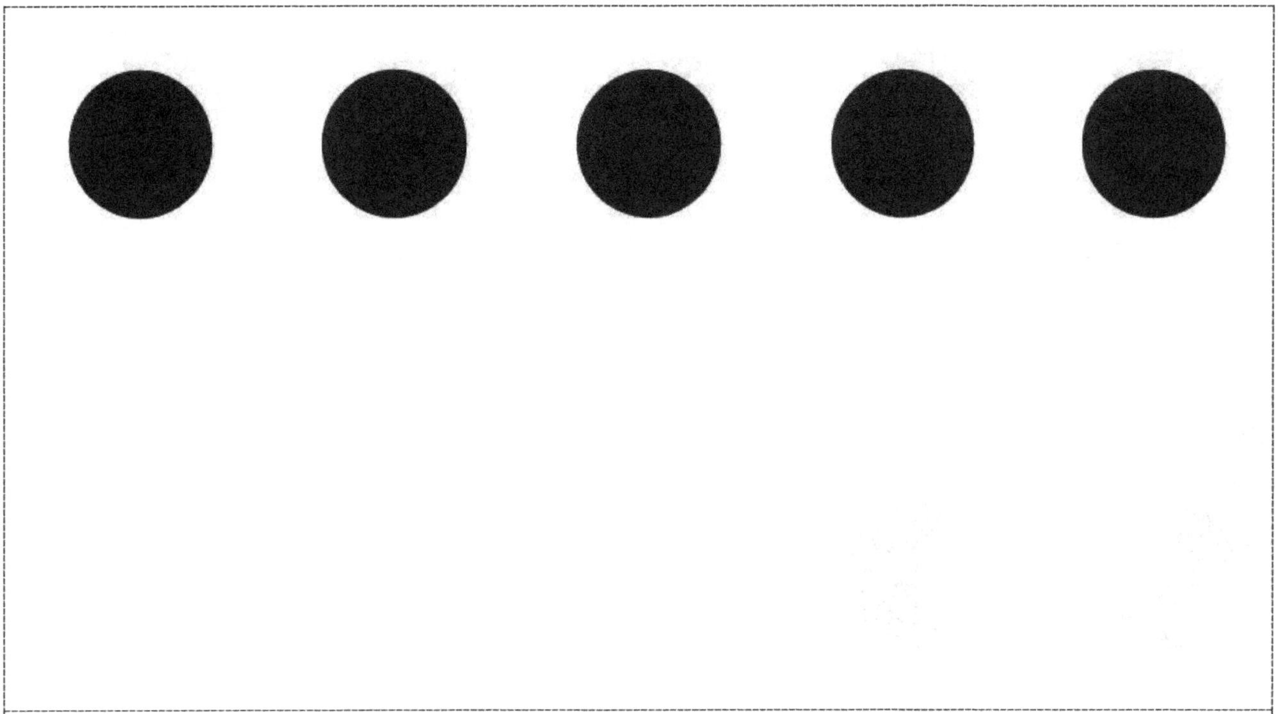

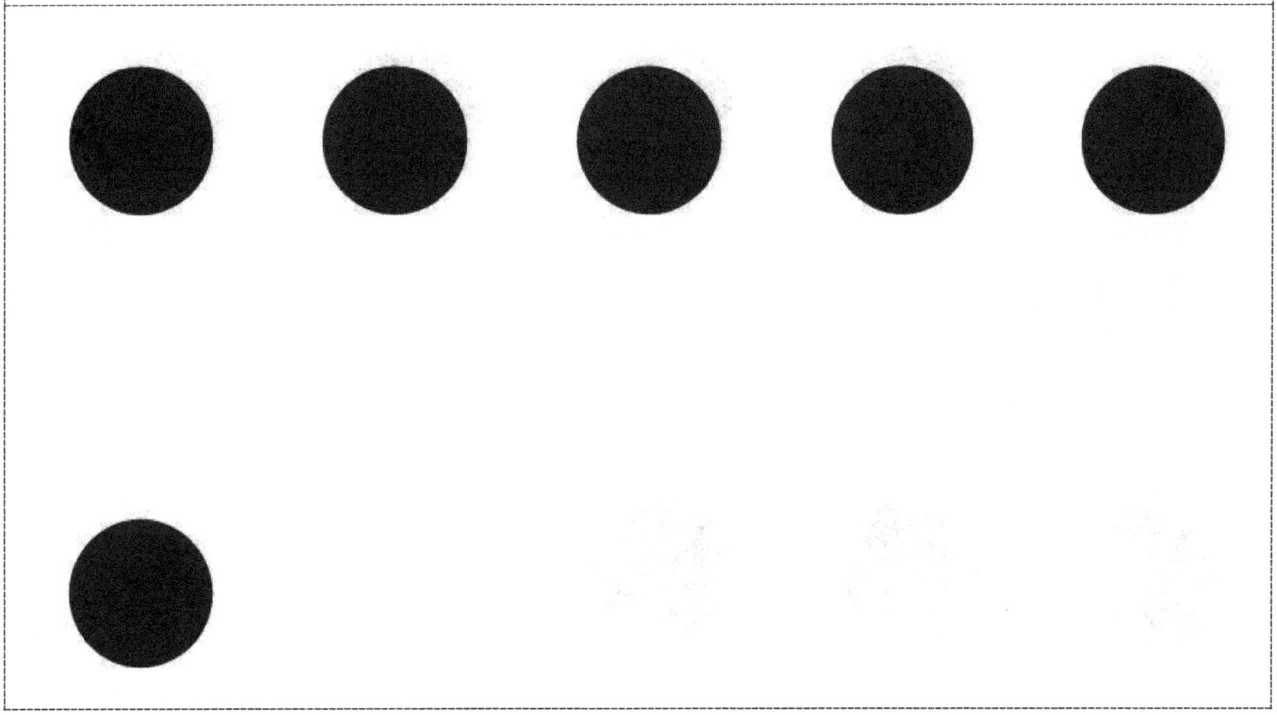

UNA HISTORIA DE UNIDADES – EDICIÓN PARA TEKS   Lección 1: Plantilla de fluidez 1   K•5

_____

tarjetas de grupos de 5 grandes (Haga una copia de las tarjetas en cartulina y recórtelas. Guarde el juego completo).

Lección 1:   Contar popotes para hacer montones de diez; contar cada montón como 10 unidades.

© Great Minds PBC
Edición para TEKS | greatminds.org/Texas

25

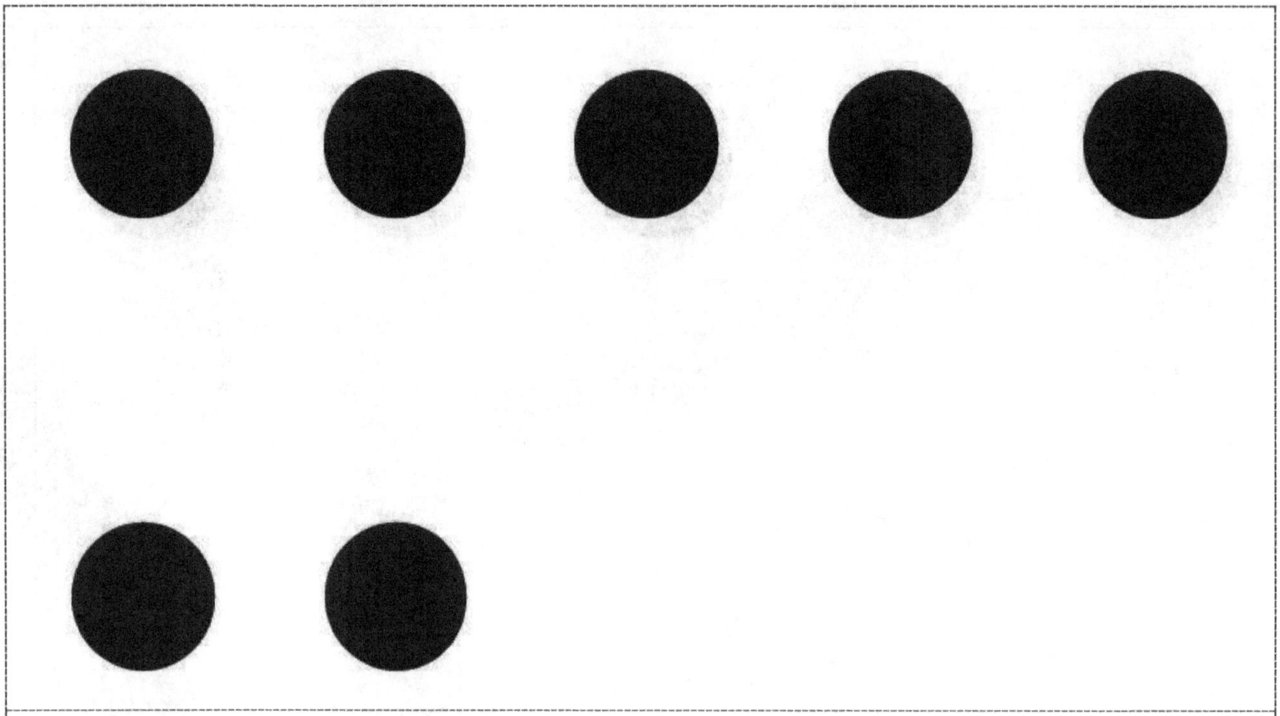

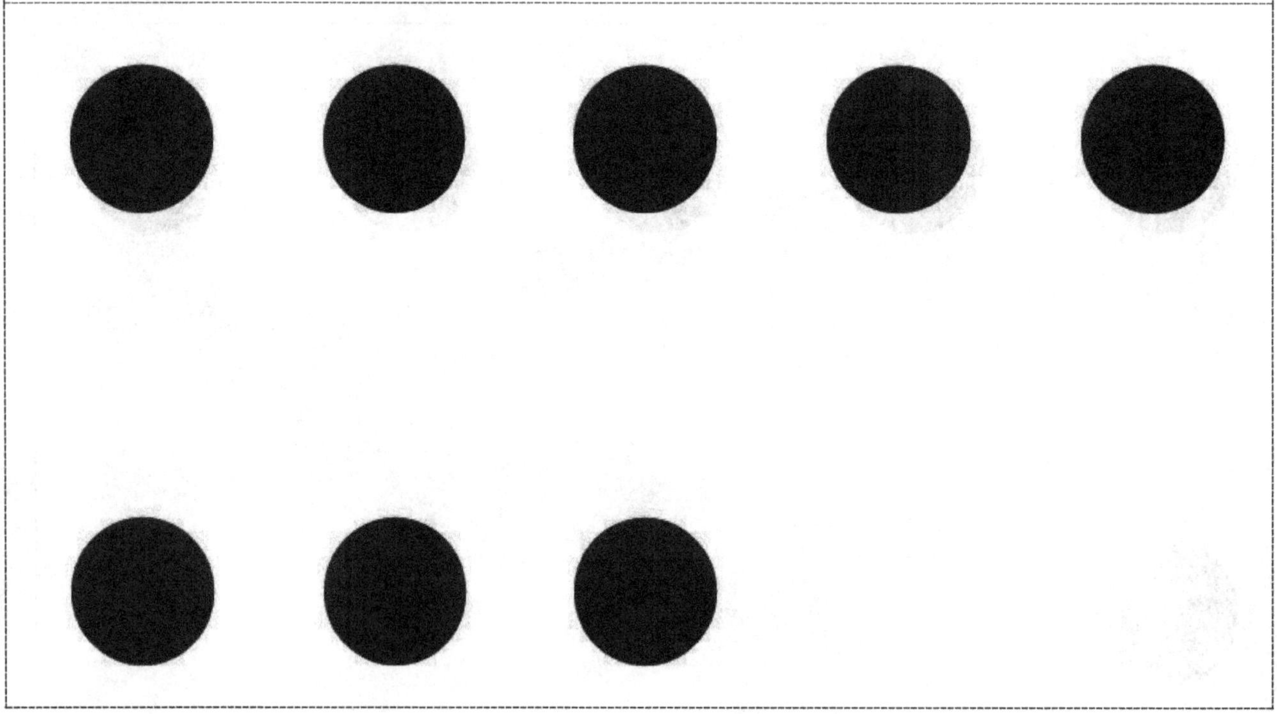

tarjetas de grupos de 5 grandes (Haga una copia de las tarjetas en cartulina y recórtelas. Guarde el juego completo).

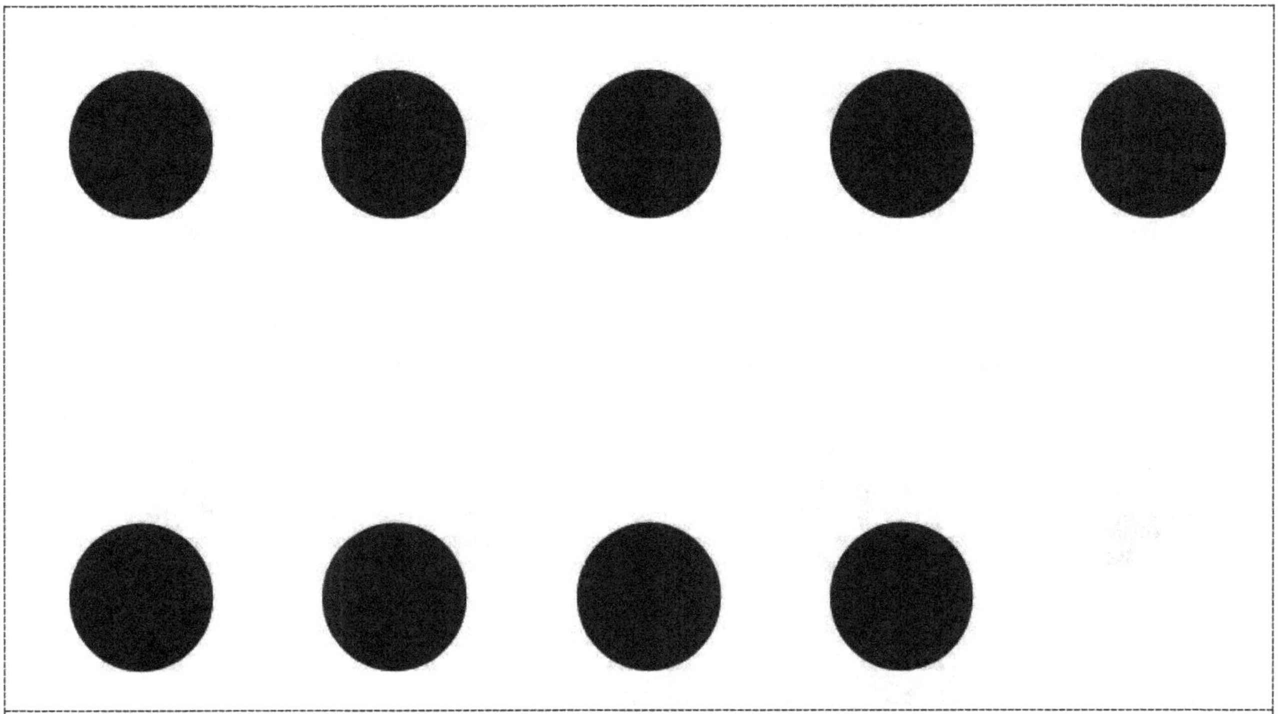

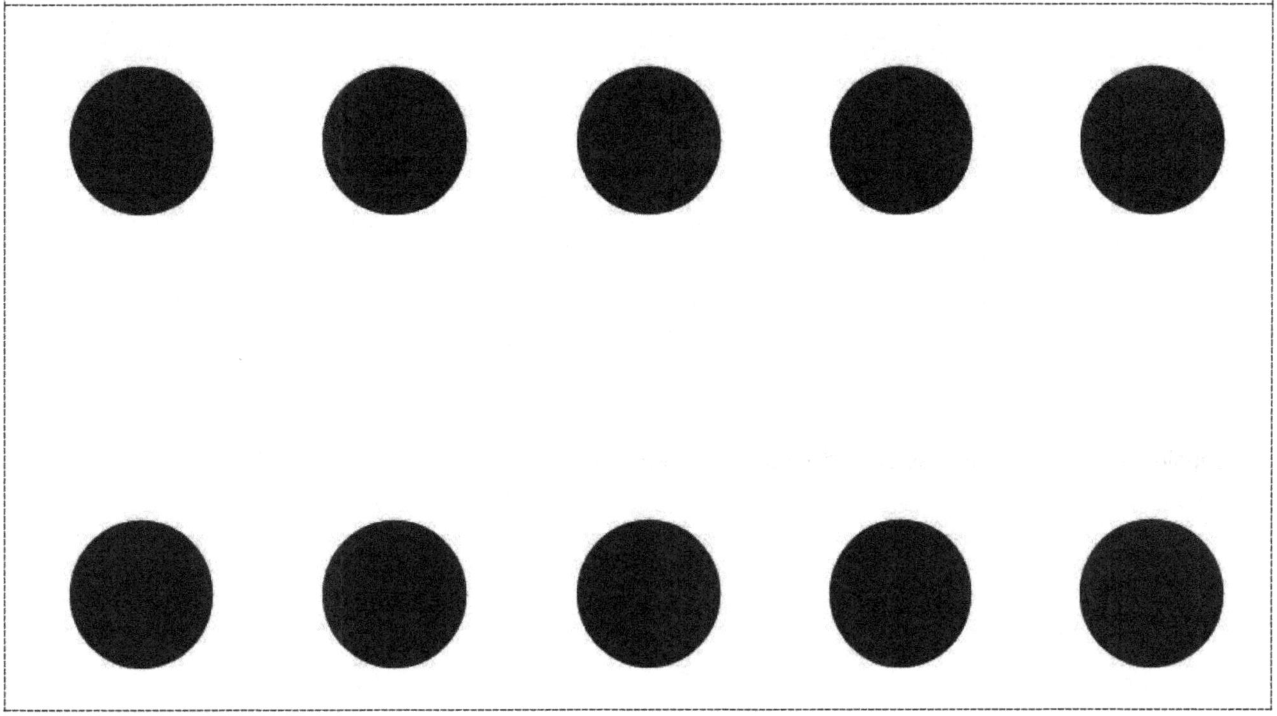

UNA HISTORIA DE UNIDADES – EDICIÓN PARA TEKS
Lección 1: Plantilla de fluidez 1

tarjetas de grupos de 5 grandes (Haga una copia de las tarjetas en cartulina y recórtelas. Guarde el juego completo).

Lección 1: Contar popotes para hacer montones de diez; contar cada montón como 10 unidades.

UNA HISTORIA DE UNIDADES – EDICIÓN PARA TEKS Lección 1: Plantilla de fluidez 2 K•5

0	1	2	3
4	5	5	6
7	8	9	10

Nota: Considere copiar las tarjetas en cartulina de diferentes colores para facilitar la organización.

_____

tarjetas de grupos de 5 (cara con numerales) (Haga una copia en cartulina con los grupos de 5 del otro lado y recorte las tarjetas).

Lección 1: Contar popotes para hacer montones de diez; contar cada montón como 10 unidades.

_____

tarjetas de grupos de 5 (cara de grupos de 5) (Haga una copia en cartulina con los numerales del otro lado y recorte las tarjetas).

Lección 1: Contar popotes para hacer montones de diez; contar cada montón como 10 unidades.

Lección 2

Objetivo: Contar 10 objetos en conteos que incluyen de 10 a 20 objetos y describirlos como 10 unidades y ___ unidades.

Estructura sugerida para la lección

- Práctica de fluidez   (9 minutos)
- Puesta en práctica   (5 minutos)
- Desarrollo del concepto   (30 minutos)
- Reflexión   (6 minutos)
- **Tiempo total**   **(50 minutos)**

Práctica de fluidez (9 minutos)

- ¿Cuántos es uno más? **K.2F**   (3 minutos)
- Mostrar uno más con los dedos **K.2F, K.5**   (3 minutos)
- Contar montones de diez **K.2C, K.5**   (3 minutos)

¿Cuántos es uno más? (3 minutos)

Materiales: (M) Tarjetas de grupos de 5 grandes (Plantilla de fluidez 1 de la Lección 1) (E) Tarjetas de grupos de 5 (Plantilla de fluidez 2 de la Lección 1)

Nota: Esta actividad de fluidez continúa el trabajo conocido con el patrón de *1 más* ya que requiere que los estudiantes visualicen un punto adicional en los grupos de 5.

- M: (Muestre 3). ¿Cuántos puntos hay?
- E: 3.
- M: ¿Cuánto es uno más que 3?
- E: 4 es uno más que 3.

Continúe con la siguiente secuencia posible: 1, 4, 2, 4, 5, 6, 7, 9, 5, 8, 7. Omita pedirles que identifiquen el número base lo más rápido posible.

- M: Vamos a hacer lo mismo sin usar las tarjetas de grupos de 5. Diré un número y ustedes dirán el siguiente número. 3.
- E: 4.

Continúe con la misma secuencia de arriba.

> **NOTAS SOBRE LAS DIFERENTES FORMAS DE ACCIÓN Y EXPRESIÓN:**
>
> Para profundizar la comprensión de los estudiantes cuyo desempeño está sobre el nivel del grado, pídales que expliquen estrategias para identificar *uno más*. Luego, pídales que apliquen sus estrategias en alguna práctica con un compañero.
>
> Pregunte a los estudiantes:
>
> ¿Podrían usar la misma estrategia para resolver *dos más* y *tres más*?

UNA HISTORIA DE UNIDADES – EDICIÓN PARA TEKS

Lección 2 K•5

Mostrar uno más con los dedos (3 minutos)

Materiales: (M) Ábaco rekenrek de 20 cuentas

Nota: Esta actividad de fluidez mantiene el dominio de los estudiantes del patrón de *1 más* y relaciona dos modelos de grupos de 5, el ábaco rekenrek y el conteo con el método matemático.

- M: (Muestre 5 cuentas). Cuenten el número de cuentas.
- E: 1, 2, 3, 4, 5.
- M: Cuenten uno más con los dedos de izquierda a derecha.
- E: (Mueven las manos como si estuvieran tocando el piano. Dejan caer un dedo o *tocan una nota*, comenzando con el dedo meñique de la mano izquierda). 1, 2, 3, 4, 5, 6.

Continúe con la siguiente secuencia posible: 6, 4, 7, 9, 8, 7, 6.

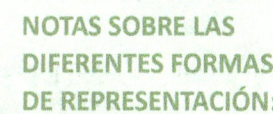

NOTAS SOBRE LAS DIFERENTES FORMAS DE REPRESENTACIÓN:

Active conocimientos previos. Recuerde a los estudiantes cómo se ve un grupo de diez proporcionándoles marcos de diez vacíos. Luego, los estudiantes podrían dibujar grupos de diez palitos en los marcos de diez.

Contar montones de diez (3 minutos)

Materiales: (E) Aproximadamente 40 popotes por cada pareja de estudiantes

Nota: Hacer grupos de diez objetos atrae la atención de los estudiantes hacia el número 10 como un número significativo en la lección de hoy.

Pida a los estudiantes que vean cuántos montones de 10 popotes pueden contar.

Puesta en práctica (5 minutos)

Lisa contó algunos palitos y los puso en un montón de 10. Contó otros 5 palitos y los puso en otro montón. Hagan un dibujo para mostrar los montones de palitos de Lisa.

Nota: Por ahora, sólo enfóquese en el montón de 10 palitos y en el montón de 5 en lugar de componer el número del 11 al 19.

(Extensión: Pida a los estudiantes que terminen primero que dibujen los montones de Lisa de otro día en el que hizo un montón de 10 palitos y un montón de 8 palitos).

Contenido de las bolsas:

- 18 pinzas para la ropa
- 20 fideos en forma de concha
- 13 cuentas
- 16 monedas de 1 centavo
- 11 crayones
- 10 borradores
- 14 cubos conectables
- 12 nueces con cáscara
- 10 dólares de juguete
- 15 fichas para contar

Desarrollo del concepto (30 minutos)

Materiales: (M) 10 bolsas con diferentes objetos en cada una (ver sugerencias a la derecha) (E) 1 cartón de huevos cortado en 10 compartimentos para cada pareja de estudiantes

Lección 2: Contar 10 objetos en conteos que incluyen de 10 a 20 objetos y describirlos como 10 unidades y ___ unidades.

M: Cuenten para ver cuántos espacios hay en el cartón de huevos. Esperen a que dé la señal para decírmelo.

M: (Haga una pausa. Cuando estén todos listos, dé la señal).

E: 10.

M: Cada equipo contará los objetos que hay en diez bolsas. Para contar los objetos de la bolsa, comiencen por poner los objetos en el cartón de huevos y luego pongan los objetos adicionales junto al cartón.

M: Digan a su compañero: "Tengo 10 unidades y ____ unidades".

M: Primero, lo haremos una vez juntos. (Demuestre cómo hacerlo).

Pida a las parejas de estudiantes que cuenten el **número del 11 al 19** dado, descomponiéndolo como 10 unidades y algunas unidades más. Después de contar los objetos, pida a las parejas que intercambien las bolsas y cuenten los objetos nuevos.

M: (Dé tiempo a los estudiantes para que cuenten las 10 bolsas). ¡Veamos lo que descubrieron! Cuenten las pinzas para la ropa conmigo.

E: (Muestre cada una usando el cartón de huevos). 1, 2, 3, 4, 5, 6, 7, 8, 9, 10, 11, 12, 13, 14, 15, 16, 17, 18.

M: ¿Cuántas pinzas para la ropa hay?

E: 18.

M: (Escriba 10 unidades y ____ unidades). Vamos a completar esta oración.

E: 10 unidades y 8 unidades.

M: ¡Sí!

Pida a los estudiantes que, en parejas, cuenten y luego descompongan las otras cantidades en las otras bolsas usando los cartones de huevos, permitiéndoles reconocer e internalizar la estructura de los números del 11 al 19 como 10 unidades y algunas unidades más. Continúe animándolos a que hagan afirmaciones siguiendo el patrón "12 es 10 unidades y 2 unidades".

Grupo de problemas (8 minutos)

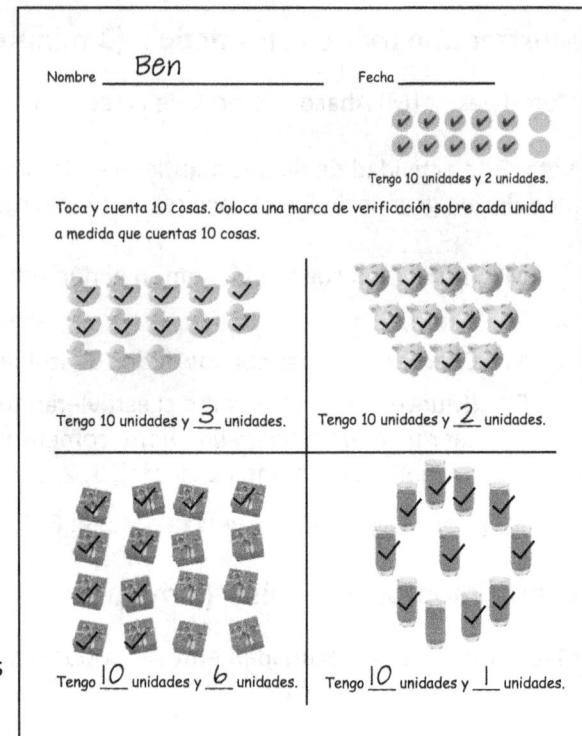

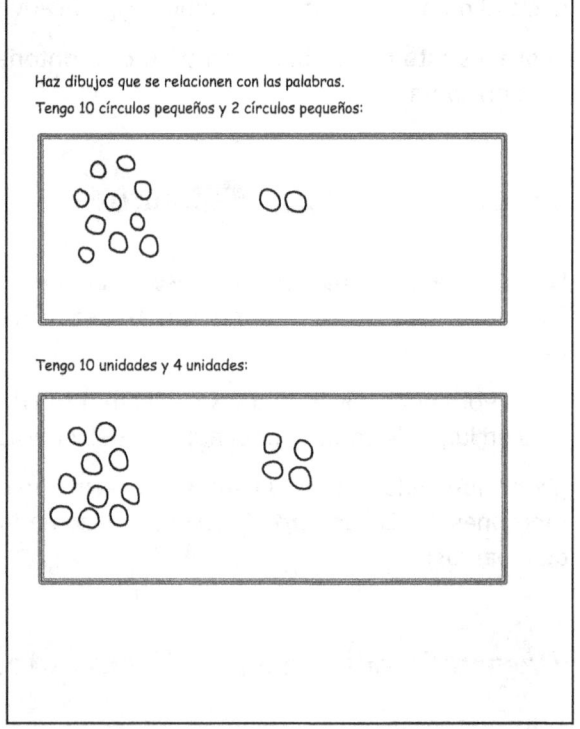

Los estudiantes deberán hacer su mejor esfuerzo para completar el **Grupo de problemas** en el tiempo asignado.

Nota: Los estudiantes usan el método de colocar una marca en el objeto cada vez que cuentan. Esta estrategia es más fácil que encerrar 10 artículos en un círculo, que forma parte de la próxima lección.

Lección 2: Contar 10 objetos en conteos que incluyen de 10 a 20 objetos y describirlos como 10 unidades y ____ unidades.

Reflexión (6 minutos)

Objetivo de la lección: Contar 10 objetos en conteos que incluyen de 10 a 20 objetos y describirlos como 10 unidades y ___ unidades.

El objetivo de la **Reflexión** es invitar a pensar y procesar activamente la experiencia total de la lección. Pida a los estudiantes que lleven su **Grupo de problemas** a la alfombra y trabajen con un compañero para comprobar los conteos de 10 unidades y algunas unidades más. Pídales que digan los números del 11 al 19 como 10 unidades y algunas unidades más.

- E: Hay 1, 2, 3, 4, 5, 6, 7, 8, 9, 10, 11, 12, 13 patos.
- E: 13 es 10 unidades y 3 unidades.

Pida a los estudiantes que miren la imagen de los patos. Guíe a los estudiantes para que reflexionen sobre el **Grupo de problemas** y para que comprendan la lección. Puede usar cualquier combinación de las preguntas de abajo para guiar la discusión.

- ¿Es fácil ver 10 unidades en esta imagen? ¿Por qué?
- ¿En qué se parecen y en qué se diferencian esta imagen y contar usando el cartón de huevos?
- ¿Qué fue más fácil de contar: los patos o los vasos de jugo? ¿Por qué? Muestren a su compañero cómo contaron los vasos de jugo.
- ¿Su dibujo de 10 unidades y 2 unidades se ve exactamente igual que el de su amigo? ¿En qué se parecen? ¿En qué se diferencian?
- Escriba el número 17 en el pizarrón. ¿Alguien puede pasar al frente y dibujar 17 cuadrados en el pizarrón? ¿Alguien puede pasar al frente y encerrar 10 en un círculo? Completen esta oración: 17 es 10 unidades y ____ unidades.
- 14 es 10 unidades y ____ unidades. Catorce es un **número del 11 al 19**. ¿Qué otro número del 11 al 19 conocen?
- ¿Observan alguna diferencia entre los nombres de los números del 11 al 15 y los números del 16 al 19?

NOTAS SOBRE LAS DIFERENTES FORMAS DE REPRESENTACIÓN:

Repase el vocabulario académico para aquellos estudiantes que están desarrollando sus destrezas del lenguaje. Antes de comenzar la actividad compartida con los estudiantes durante la **Reflexión**, cuente hasta 20 con el ábaco rekenrek para practicar la pronunciación de los números.

Boleto de salida (3 minutos)

Después de la **Reflexión**, pida a los estudiantes que terminen el **Boleto de salida**. Revisar el trabajo de los estudiantes le permitirá evaluar si comprendieron los conceptos de la lección de hoy y planear de forma más eficaz las siguientes lecciones. Puede leer las preguntas en voz alta a los estudiantes.

Nombre _____ Fecha _____

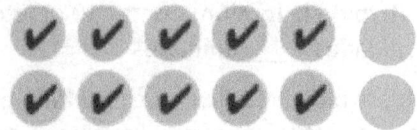

Tengo 10 unidades y 2 unidades.

Toca y cuenta 10 cosas. Coloca una marca de verificación sobre cada unidad a medida que cuentas 10 cosas.

Tengo 10 unidades y ___ unidades.

Tengo 10 unidades y ___ unidades.

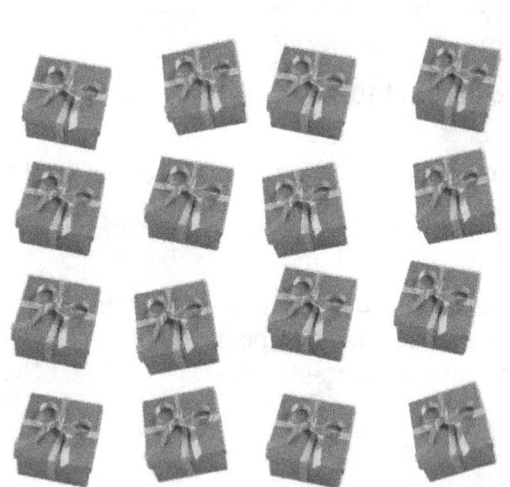

Tengo ___ unidades y ___ unidades.

Tengo ___ unidades y ___ unidades.

Haz dibujos que se relacionen con las palabras.

Tengo 10 círculos pequeños y 2 círculos pequeños:

Tengo 10 unidades y 4 unidades:

UNA HISTORIA DE UNIDADES – EDICIÓN PARA TEKS   Lección 2: Boleto de salida   K•5

Nombre _____ Fecha _____

10 unidades y 3 unidades

(10 unidades y 1 unidad)

Encierra en un círculo los números correctos que describen las imágenes.

(5 manzanas + 5 manzanas + 2 manzanas)	10 unidades y 3 unidades
	10 unidades y 7 unidades
(conos de helado)	10 unidades y 8 unidades
	10 unidades y 5 unidades
(pretzels)	10 unidades y 10 unidades
	10 unidades y 8 unidades
(esferas)	10 unidades y 4 unidades
	10 unidades y 2 unidades

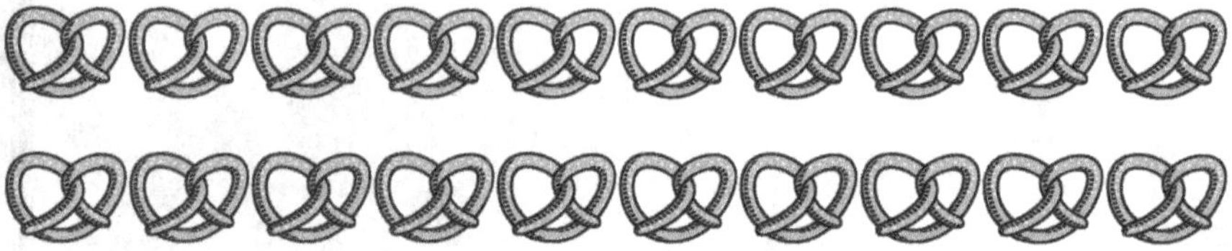

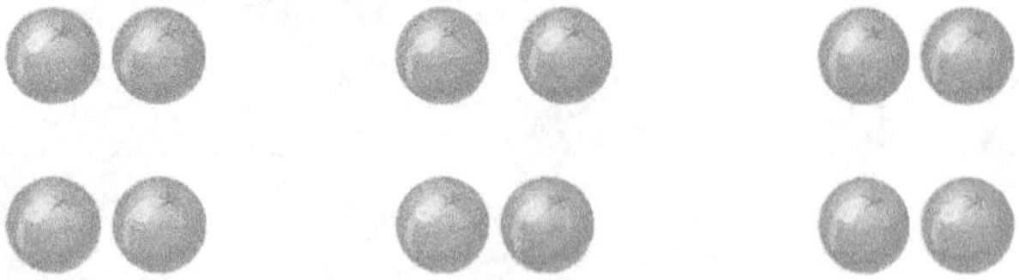

Lección 2: Contar 10 objetos en conteos que incluyen de 10 a 20 objetos y describirlos como 10 unidades y ___ unidades.

Nombre _____ Fecha _____

10 unidades y 3 unidades

Dibuja más unidades para mostrar el número.

10 unidades y 2 unidades

10 unidades y 5 unidades

10 unidades y 7 unidades

10 unidades y 4 unidades

Lección 3

Objetivo: Contar y encerrar en un círculo 10 objetos en dibujos que incluyen de 10 a 20 objetos y describirlos como 10 unidades y ___ unidades.

Estructura sugerida para la lección

- ■ Práctica de fluidez   (10 minutos)
- ■ Puesta en práctica   (7 minutos)
- ■ Desarrollo del concepto   (26 minutos)
- ■ Reflexión   (7 minutos)
- **Tiempo total**   **(50 minutos)**

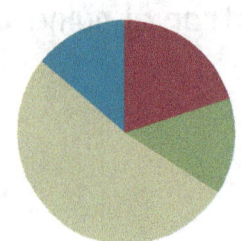

Práctica de fluidez (10 minutos)

- Esconder 1 **K.2F**   (4 minutos)
- ¿Cuántos ves? **K.2D**   (3 minutos)
- Agrupar 10 objetos **K.2C** (3 minutos)

Esconder 1 (4 minutos)

Materiales: (M) Tarjetas de grupos de 5 grandes (Plantilla de fluidez 1 de la Lección 1) (E) Tarjetas de grupos de 5 (Plantilla de fluidez 2 de la Lección 1)

Nota: Esta actividad de fluidez continúa el trabajo conocido con el patrón de *1 menos* ya que requiere que los estudiantes visualicen quitar un punto de la tarjeta de grupos de 5.

> M: (Muestre 5). Usen la imaginación para esconder 1. ¿Cuántos quedan?
> E: 4.
> M: (Muestre 10). Usen la imaginación para esconder 1. ¿Cuántos quedan?
> E: 9.

Continúe con la siguiente secuencia posible: 1, 6, 2, 7, 3, 8, 4, 9.

> M: Vamos a hacer lo mismo sin usar las tarjetas de grupos de 5. Diré un número y ustedes dirán el número que viene antes. 4.
> E: 3.

Continúe con la misma secuencia de arriba.

UNA HISTORIA DE UNIDADES – EDICIÓN PARA TEKS

Lección 3 K•5

¿Cuántos ves? (3 minutos)

Materiales: (M) Tarjetas de grupos de 5 grandes (Plantilla de fluidez 1 de la Lección 1)

Nota: Esta actividad de fluidez mejora la capacidad de los estudiantes para reconocer rápidamente cantidades en tarjetas de grupos de 5 ya que deben ejercitar la visualización.

- M: (Muestre los puntos durante varios segundos y luego esconda la tarjeta). Esperen a que dé la señal. ¿Cuántos puntos vieron?
- E: 7.
- M: ¿Quién puede explicar cómo ven 7?
- E: Veo un grupo de 5 en la parte de arriba y 2 más en la parte de abajo. (Dibuje mientras el estudiante lo dice).

Continúe con la siguiente secuencia posible: 3, 9, 1, 8, 7, 4.

Agrupar 10 objetos (3 minutos)

Materiales: (E) Bolsa con aproximadamente 20 objetos pequeños para cada estudiante

Nota: Hacer grupos de 10 unidades en diferentes configuraciones atrae la atención de los estudiantes hacia el número como algo significativo en la lección de hoy y les permite experimentar la conservación del número.

- M: Pongan los objetos de la bolsa en la plantilla de trabajo. Cuenten 10 unidades y júntenlas para hacer un grupo.
- M: (Espere mientras trabajan). Al contar, demuéstrenle a su compañero que hay 10 objetos en el grupo que hicieron.
- E: (Cuentan los objetos).
- M: Vuelvan a juntar todos los objetos. Mézclenlos. Cuenten 10 unidades otra vez y júntenlas para hacer un grupo.

Repita el proceso dos o tres veces más. Pregunte a los estudiantes si el grupo contiene los mismos 10 objetos cada vez.

Puesta en práctica (7 minutos)

Un hombrecito de pan de jengibre tiene 10 granas como botones y 2 granas como ojos. Dibujen para mostrar las 12 granas de los 10 botones y los 2 ojos.

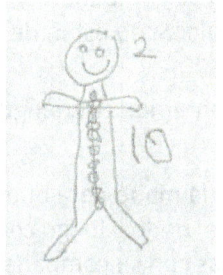

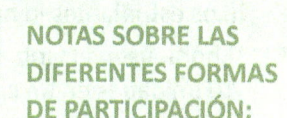

NOTAS SOBRE LAS DIFERENTES FORMAS DE PARTICIPACIÓN:

Durante la **Puesta en práctica**, desafíe a los estudiantes cuyo desempeño está sobre el nivel del grado pidiéndoles que dibujen un grupo de 5 que represente este problema. Pregunte: "¿Qué pasaría si cada hombrecito de pan de jengibre tuviera 1 grana más como nariz?".

Lección 3: Contar y encerrar en un círculo 10 objetos en dibujos que incluyen de 10 a 20 objetos y describirlos como 10 unidades y ___ unidades.

UNA HISTORIA DE UNIDADES – EDICIÓN PARA TEKS

Lección 3   K • 5

Desarrollo del concepto (26 minutos)

Materiales: (E) Encontrar 10 (Plantilla) cortada en tiras

M: (Dibuje dos filas de cinco círculos con tres más a un lado).

M: Contemos todos los círculos.

E: 1, 2, …, 13.

M: Conversen con el compañero que tienen al lado. ¿Pueden contar 10 unidades en mi dibujo?

E: (Los estudiantes conversan con sus compañeros. Observe cómo señalan y cuentan. Se espera que los estudiantes cuenten de a uno a la vez. No insista en que reconozcan los 2 cincos como 10 automáticamente).

M: ¿Quién puede venir al pizarrón y mostrarnos cómo contó 10 unidades?

E: (Un estudiante pasa al pizarrón y muestra cómo contó).

M: Contemos con él mientras señala los círculos.

E: 1, 2, 3, 4, 5, 6, 7, 8, 9, 10.

M: ¿Hay más?

E: ¡Sí!

M: ¿Cuántos más?

E: 3 más.

M: Usen el dedo para encerrar las 10 unidades en un círculo desde su asiento.

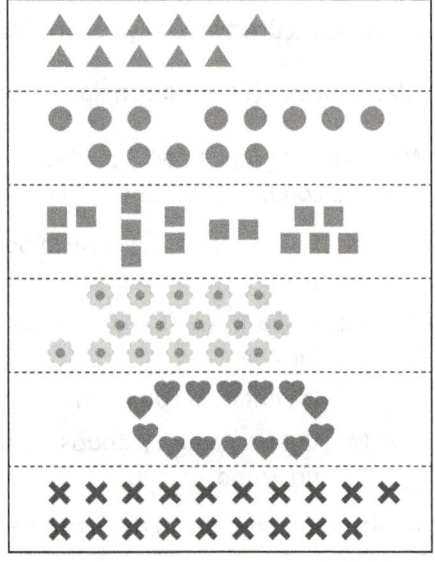

E: (Con un dedo, trazan un círculo alrededor de las 10 unidades).

M: ¿Pueden ver las 3 unidades sin contar?

E: ¡Sí!

M: Ahora, encuentren 10 triángulos dentro de este grupo de triángulos. (Distribuya y muestre la tira de la plantilla de triángulos que se muestra a la derecha). Encuentren 10 unidades y enciérrenlas en un círculo cuidadosamente con el dedo.

E: (Cuentan y encierran 10 unidades en un círculo con el dedo).

M: Muestren a su compañero cómo encontraron y encerraron 10 unidades en un círculo. Demuéstrenle que son 10 contándolas y luego encerrándolas en un círculo.

E: (Los estudiantes lo hacen).

M: Ahora, usen el lápiz para encontrar y encerrar las 10 unidades en un círculo. (Los estudiantes encierran 10 unidades en un círculo). Intercambien sus hojas con su compañero y cuenten las unidades para asegurarse de que encerró exactamente 10 en un círculo. Si no están de acuerdo, digan a su compañero por qué creen que la respuesta debería ser diferente.

M: ¿Cuántas unidades adicionales tuvieron después de contar los 10 triángulos?

E: 1.

M: Cuando ustedes y su compañero estén listos, levanten la mano para que les dé una nueva imagen. Encuentren y encierren 10 unidades en un círculo con el dedo y luego con el lápiz. Demuestren su conteo de 10 unidades a su compañero. Intercambien sus hojas con su compañero y comprueben el conteo que hizo. (Continúe distribuyendo y mostrando tiras adicionales de la plantilla de objetos del 11 al 19).

Lección 3: Contar y encerrar en un círculo 10 objetos en dibujos que incluyen de 10 a 20 objetos y describirlos como 10 unidades y ___ unidades.

UNA HISTORIA DE UNIDADES – EDICIÓN PARA TEKS   Lección 3 K•5

Grupo de problemas (8 minutos)

Los estudiantes deberán hacer su mejor esfuerzo para completar el **Grupo de problemas** en el tiempo asignado.

Nota: Pida a los estudiantes que encuentren y encierren 10 objetos en un círculo con los dedos antes de encerrarlos en un círculo en lápiz. Deben *encontrar* un número incluido, tal como cuando *veían* siete, donde era posible que vieran un grupo de 5 y 2 más. La diferencia aquí es que deben contar para encontrar 10 unidades. Más adelante, en 1.er grado, reconocerán ciertas configuraciones de 10 unidades (como el marco de diez) como 1 decena.

Reflexión (7 minutos)

Objetivo de la lección: Contar y encerrar en un círculo 10 objetos en dibujos que incluyen de 10 a 20 objetos y describirlos como 10 unidades y __ unidades.

El objetivo de la **Reflexión** es invitar a pensar y procesar activamente la experiencia total de la lección.

Invite a los estudiantes a revisar las soluciones del **Grupo de problemas**. Deben revisar el trabajo comparando las respuestas con un compañero. Vea si aún quedan conceptos erróneos o malentendidos que puedan resolverse en la **Reflexión**. Guíe a los estudiantes para que reflexionen sobre el **Grupo de problemas** y para que comprendan la lección.

Puede usar cualquier combinación de las preguntas de abajo para guiar la discusión.

- ¿Su amigo encerró en un círculo exactamente los mismos conos de helado? ¿Y manzanas? ¿Y pimientos? ¿Y tachuelas?
- ¿Fueron correctas las respuestas de los dos? ¿Por qué?
- ¿Cómo representó su amigo las 10 unidades en su dibujo?
- ¿Cómo podemos decir 10 unidades y 5 unidades (y los otros números representados) como un número? (Los estudiantes han estado contando hasta números más altos durante la **Práctica de fluidez** desde principio de año. Los estándares de prekínder requieren que cuenten hasta el 20).

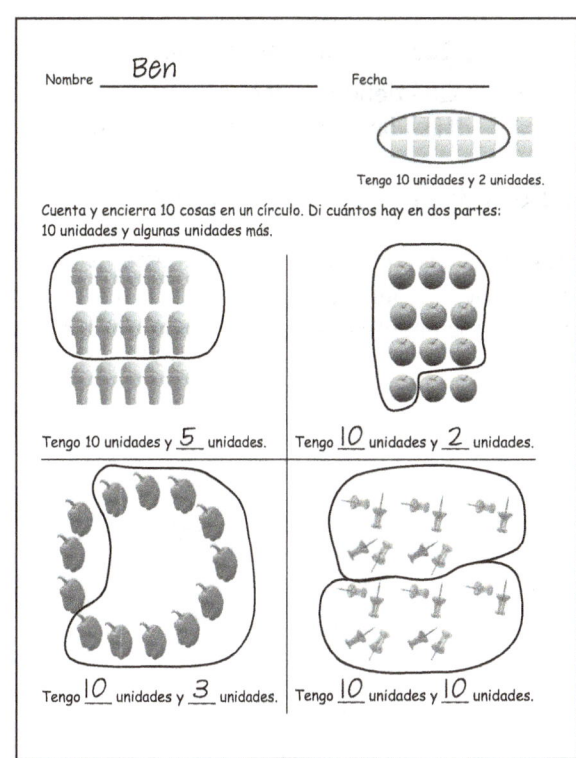

Lección 3: Contar y encerrar en un círculo 10 objetos en dibujos que incluyen de 10 a 20 objetos y describirlos como 10 unidades y __ unidades.

UNA HISTORIA DE UNIDADES – EDICIÓN PARA TEKS — Lección 3 K•5

- ¿Qué imágenes les resultaron más fáciles de contar? ¿Por qué?
- ¿Qué tienen en común todos estos ejemplos? ¿10 unidades se ven siempre iguales? ¿Qué otros objetos del salón de clases podríamos usar para hacer un grupo o un montón de 10 unidades?

Boleto de salida (3 minutos)

Después de la **Reflexión**, pida a los estudiantes que terminen el **Boleto de salida**. Revisar el trabajo de los estudiantes le permitirá evaluar si comprendieron los conceptos de la lección de hoy y planear de forma más eficaz las siguientes lecciones. Puede leer las preguntas en voz alta a los estudiantes.

Nombre _____ Fecha _____

Tengo 10 unidades y 2 unidades.

Cuenta y encierra 10 cosas en un círculo. Di cuántos hay en dos partes: 10 unidades y algunas unidades más.

Tengo 10 unidades y ___ unidades.

Tengo ___ unidades y ___ unidades.

Tengo ___ unidades y ___ unidades.

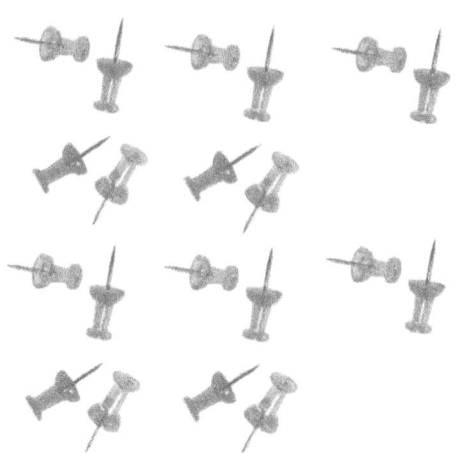

Tengo ___ unidades y ___ unidades.

Haz dibujos que se relacionen con las palabras. Encierra 10 unidades en un círculo.

Tengo 10 unidades y 3 unidades:

Tengo 10 unidades y 8 unidades:

Nombre _____ Fecha _____

Encierra 10 unidades en un círculo.

Dibuja 10 unidades y 6 unidades.

Tengo 10 unidades y ___ unidades.

Tengo 10 unidades y 6 unidades.

Nombre _____ Fecha _____

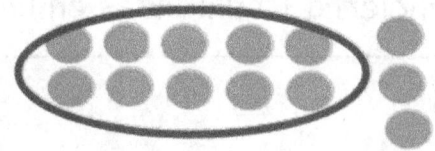

Tengo 10 unidades y 3 unidades.

Encierra 10 cosas en un círculo. Di cuántas hay en dos partes: 10 unidades y algunas unidades más.

Tengo 10 unidades y ___ unidades.

Tengo 10 unidades y ___ unidades.

Tengo ___ unidades y ___ unidades.

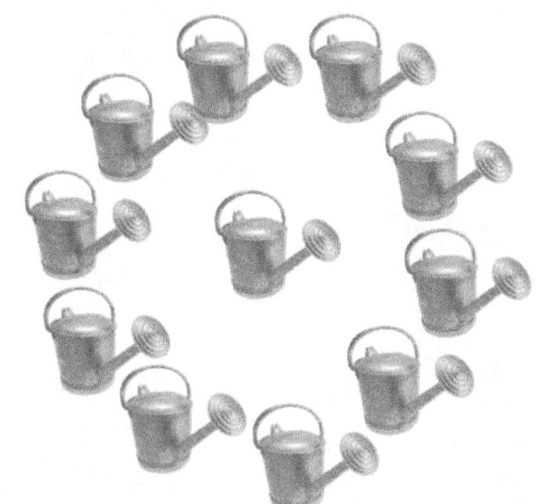

Tengo ___ unidades y ___ unidades.

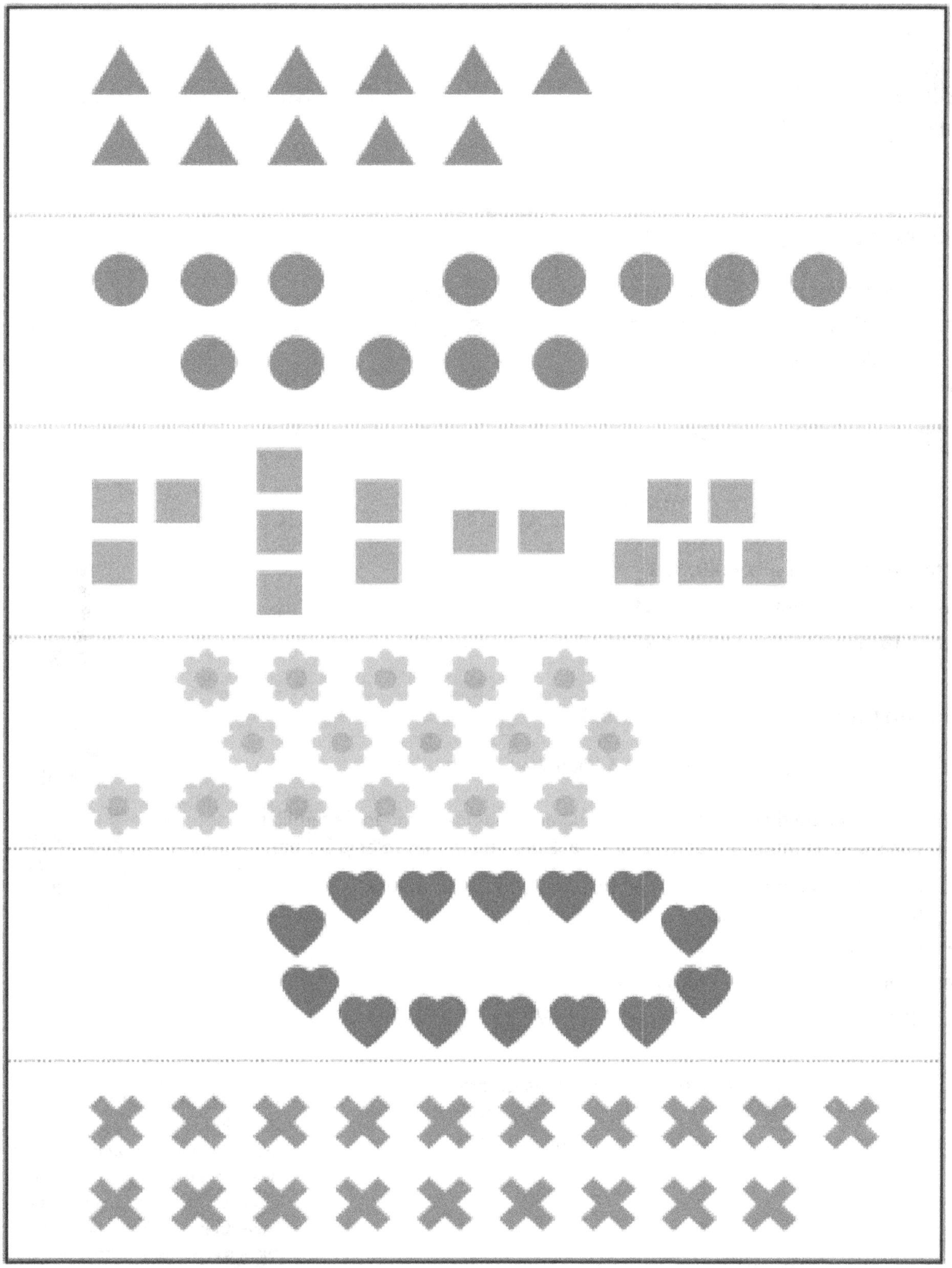

encontrar 10

Lección 3: Contar y encerrar en un círculo 10 objetos en dibujos que incluyen de 10 a 20 objetos y describirlos como 10 unidades y ___ unidades.

Lección 4

Objetivo: Contar popotes con el método Decir diez hasta el 19; hacer un montón para cada grupo de diez.

Estructura sugerida para la lección

- Práctica de fluidez (12 minutos)
- Puesta en práctica (6 minutos)
- Desarrollo del concepto (26 minutos)
- Reflexión (6 minutos)
- **Tiempo total** **(50 minutos)**

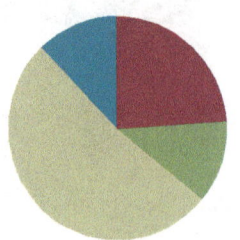

Práctica de fluidez (12 minutos)

- Tarjetas de puntos de seis **K.2D, K.2I** (4 minutos)
- Pares de números dentro del seis **K.2I** (4 minutos)
- Encerrar 10 objetos en un círculo **K.2C, K.2D** (4 minutos)

Tarjetas de puntos de seis (4 minutos)

Materiales: (M/E) Tarjetas de puntos de 6 (Plantilla de fluidez 1)

Nota: Esta actividad de fluidez brinda a los estudiantes la oportunidad de familiarizarse aún más con las descomposiciones de seis y practicar para ver las relaciones parte-total.

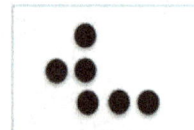

M: (Muestre 6 puntos). ¿Cuántos puntos ven? (Dé a los estudiantes tiempo para que cuenten).

E: 6.

M: ¿Cómo pueden ver 6 en dos partes?

E: (Pasa al frente y señala la tarjeta). 5 aquí y 1 aquí. Veo 3 aquí y 3 aquí.

Continúe con las otras tarjetas de seis. Distribuya las tarjetas a los estudiantes para que realicen la actividad con sus compañeros. Pídales que *pasen* la tarjeta a una pareja diferente cuando dé la señal.

NOTAS SOBRE LAS DIFERENTES FORMAS DE ACCIÓN Y EXPRESIÓN:

Dé a los estudiantes con discapacidades más minutos para que procesen las preguntas antes de dar la señal para que respondan. Cuando los estudiantes estén respondiendo a coro, pídales que "muestren los pulgares hacia arriba cuando estén listos" para que tengan suficiente tiempo para pensar.

Pares de números dentro del seis (4 minutos)

Materiales: (M) Barras de cubos conectables o tarjetas de puntos de 6 (Plantilla de fluidez 1) (E) Pizarra blanca individual

Nota: Esta actividad de fluidez brinda a los estudiantes la oportunidad de familiarizarse aún más con las descomposiciones de seis y practicar para ver las relaciones parte-total. No espere que la mayoría de los estudiantes resuelvan la actividad con automaticidad, pero preste atención al razonamiento avanzado. Dé tiempo para que cuenten todo, si es necesario.

Muestre una barra de cubos conectables o la tarjeta de puntos con 5 y 1 indicados como partes.

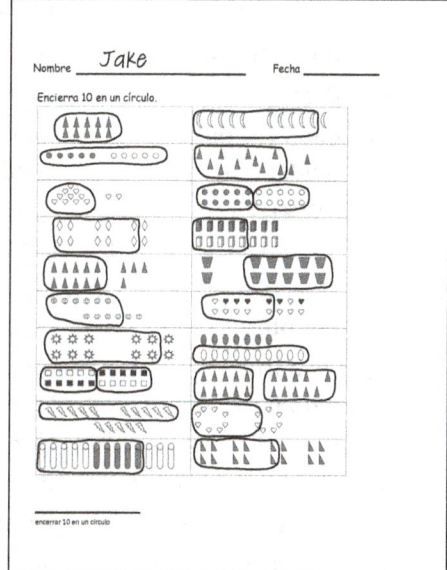

- M: Digan la parte más grande. (Dé a los estudiantes tiempo para que cuenten).
- E: 5.
- M: Digan la parte más pequeña.
- E: 1.
- M: ¿Cuál es el número total de puntos? (Dé tiempo para que vuelvan a contar).
- E: 6.
- M: Muestren el vínculo numérico en sus pizarras blancas individuales.

Continúe con 4 y 2, 3 y 3, y 6 y 0.

Encerrar 10 objetos en un círculo (4 minutos)

Materiales: (E) Encerrar 10 en un círculo (Plantilla de fluidez 2)

Nota: Esta actividad requiere que los estudiantes ubiquen el 10 como un número incluido dentro de un grupo pictórico de 10 unidades y algunas unidades.

Pida a los estudiantes que busquen la plantilla de encerrar 10 en un círculo. Tome en cuenta que esta plantilla se usará en la **Reflexión**.

Puesta en práctica (6 minutos)

En el recreo, había 17 estudiantes jugando. 10 estudiantes jugaban al handbol mientras 7 estudiantes jugaban al espiro. Dibujen para mostrar a los 17 estudiantes como 10 estudiantes que juegan al handbol y 7 estudiantes que juegan al espiro.

Nota: En esta **Puesta en práctica**, los estudiantes no suman para resolver el problema, sino que se los guía para que descompongan el 17 como 10 unidades y 7 unidades. El problema no pide que digan *cuántos hay*, sino que separen 17 en 10 unidades y algunas unidades (**K.2E**). El problema no pide que cuenten el total, sino que les dice el total.

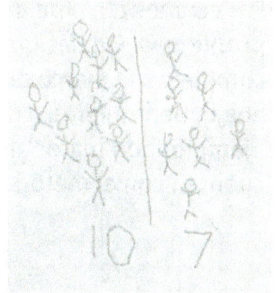

Lección 4: Contar popotes con el método Decir diez hasta el 19; hacer un montón para cada grupo de diez.

Desarrollo del concepto (26 minutos)

Materiales: (M) 19 cubos conectables (E) bolsa de 19 objetos para contar como monedas de 1 centavo o frijoles; 19 popotes (por pareja)

M: Siéntense conmigo en la alfombra. (Elija a un estudiante para que sea su ayudante y pídale que se siente a su izquierda).

M: (Colóquese un cubo conectable en cada dedo). ¿Cuántos cubos ven?

E: 10.

M: (Pida a su ayudante que se coloque un cubo en el dedo meñique derecho). Ahora, ¿cuántos cubos ven?

E: ¡Once! → Veo 10 y 1.

M: ¡Todos están en lo correcto! Once es 10 y 1. ¡Voy a enseñarles a contar con el método Decir diez!

M: (Con un cubo conectable en cada dedo, levante las manos otra vez). ¿Cuántos cubos conectables tengo?

E: Diez.

M: Cada vez que Lucy agregue otro cubo a sus dedos, diremos: "Diez" (muestre las manos) y el número de unidades que vean en los dedos de Lucy. ¿Están listos?

E: (Pida a su ayudante que se vaya colocando cubos en los dedos de derecha a izquierda en orden secuencial hasta el 19). Diez 1, diez 2, diez 3, diez 4, diez 5, diez 6, diez 7, diez 8, diez 9.

M: ¡Excelente! Ahora, vuelvan a sus asientos y practicaremos contar con el método Decir diez usando popotes.

M: (Reparta 19 popotes a cada pareja de estudiantes). Un estudiante, el compañero A, contará 10 popotes para hacer un montón. El otro estudiante, el compañero B, pondrá un popote junto al montón y nosotros diremos: "Diez 1". ¿Están listos?

E: (Muestra un montón de 10 popotes y 1 popote más). Diez 1.

M: Compañero B, pon otro popote junto al montón de 10. ¿Cuántos popotes hay ahora?

E: Diez 2, diez 3, diez 4... (Continúan hasta diez 9).

M: Vuelvan a poner todos los popotes en un montón e intercambien roles. Compañero B, cuenta 10 popotes para hacer un montón. Compañero A, pon 1 popote junto al montón y practiquemos contar otra vez con el método Decir diez.

E: (Cuentan hasta diez 9).

Grupo de problemas (7 minutos)

Los estudiantes deberán hacer su mejor esfuerzo para completar el **Grupo de problemas** en el tiempo asignado.

Para comenzar, pida a los estudiantes que usen materiales concretos en los marcos de diez del **Grupo de problemas**. Pídales que cuenten con el método Decir diez mientras trabajan. Pida a los estudiantes que completen el marco de diez de la izquierda, primero con una fila de 5 de izquierda a derecha y luego la fila de abajo, de izquierda a derecha. Recuérdeles que son como los cartones de huevos. Después de practicar algunos ejemplos con materiales, pida a los estudiantes que dibujen y cuenten las cantidades especificadas mientras cuentan con el método Decir diez.

Lección 4: Contar popotes con el método Decir diez hasta el 19; hacer un montón para cada grupo de diez.

Reflexión (6 minutos)

Objetivo de la lección: Contar popotes con el método Decir diez hasta el 19; hacer un montón para cada grupo de diez.

El objetivo de la **Reflexión** es invitar a pensar y procesar activamente la experiencia total de la lección.

A continuación se presenta una lista de preguntas sugeridas para invitar a pensar y procesar activamente la experiencia total de la lección. Use las que mejor apoyen la habilidad de los estudiantes para expresar el enfoque de la lección. Pida a los estudiantes que lleven sus Plantillas de encerrar 10 en un círculo a la alfombra. Es la plantilla de la **Práctica de fluidez**.

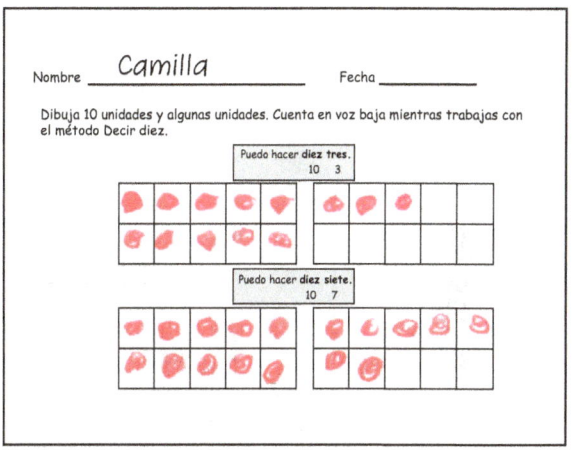

Sugerencias para la **Reflexión**:

- Miren su Plantilla de encerrar 10 en un círculo. ¿Pueden decir los números con el método Decir diez?
- ¿Su amigo encerró 10 objetos en un círculo de la misma manera que lo hicieron ustedes?
- ¿Fueron correctas las respuestas de los dos? ¿Por qué?
- ¿Cómo decimos diez 9 como un solo número?
- ¿Cómo decimos 16 con el método Decir diez?
- ¿Qué imágenes les resultaron más fáciles de contar? ¿Por qué?
- ¿Qué tienen en común todas las imágenes?

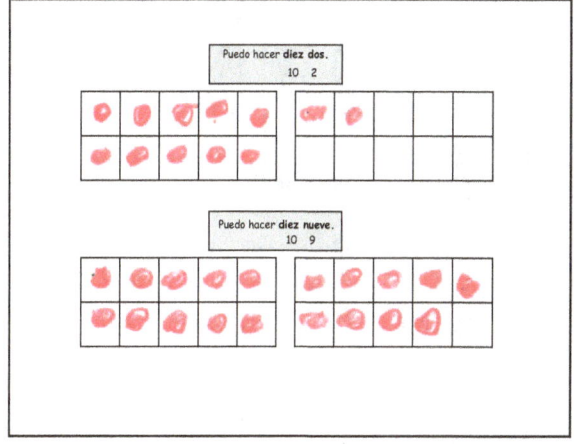

Boleto de salida (3 minutos)

Después de la **Reflexión**, pida a los estudiantes que terminen el **Boleto de salida**. Revisar el trabajo de los estudiantes le permitirá evaluar si comprendieron los conceptos de la lección de hoy y planear de forma más eficaz las siguientes lecciones. Puede leer las preguntas en voz alta a los estudiantes.

Nombre _____ Fecha _____

Dibuja 10 unidades y algunas unidades. Cuenta en voz baja mientras trabajas con el método Decir diez.

Puedo hacer diez tres.
10   3

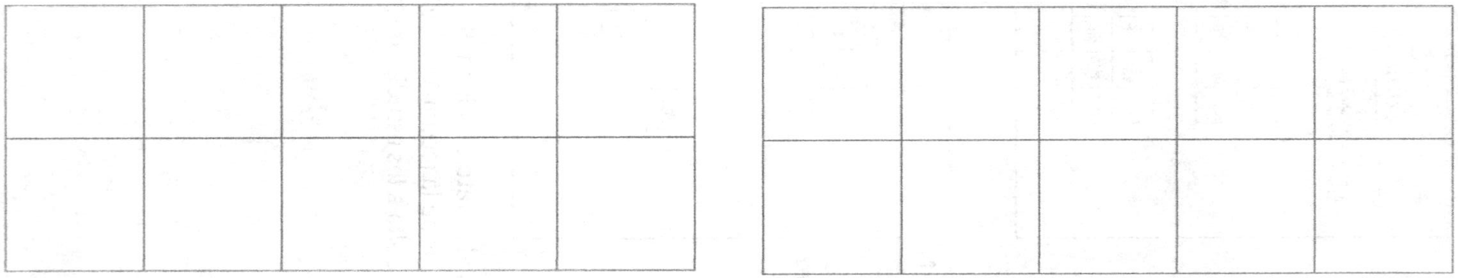

Puedo hacer diez siete.
10   7

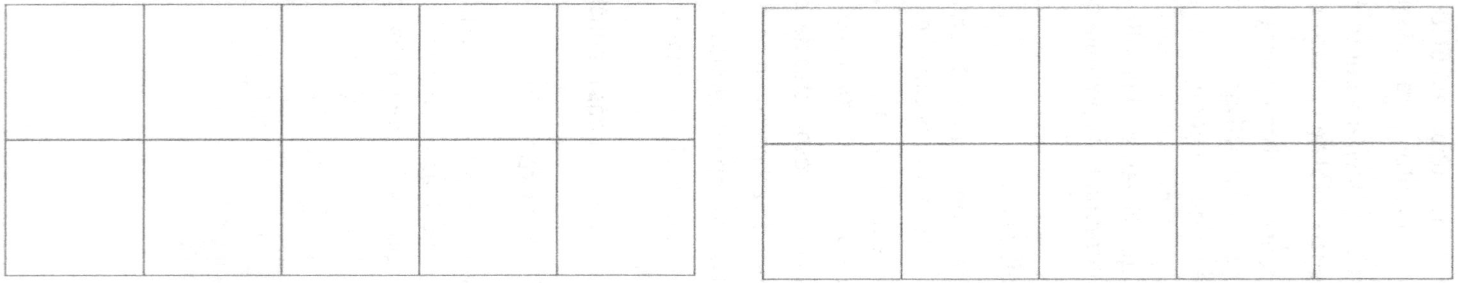

Lección 4: Contar popotes con el método Decir diez hasta el 19; hacer un montón para cada grupo de diez.

Puedo hacer diez dos.
10 2

Puedo hacer diez nueve.
10 9

Lección 4: Contar popotes con el método Decir diez hasta el 19; hacer un montón para cada grupo de diez.

Nombre _____ Fecha _____

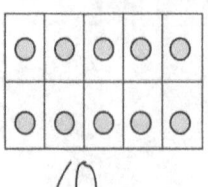
10   3

Cuenta y escribe cuántos hay con el método Decir diez.

10 _____   _____

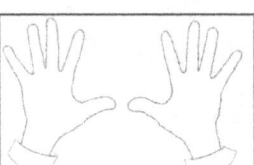 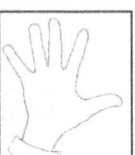

10 _____   _____

_____   _____

_____

Nombre _____ Fecha _____

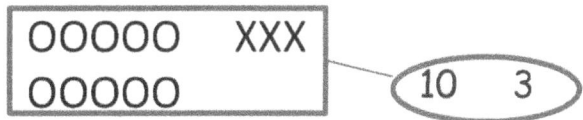

Traza una línea para relacionar cada imagen con los números escritos con el método Decir diez.

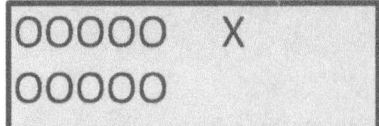   (10 1)

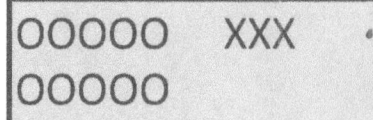   (10 6)

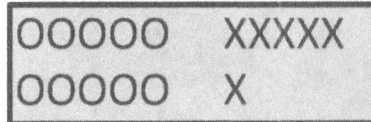   (10 10)

OOOOO XXXXX
OOOOO X   (10 2)

OOOOO XXXXX
OOOOO XXXXX   (10 3)

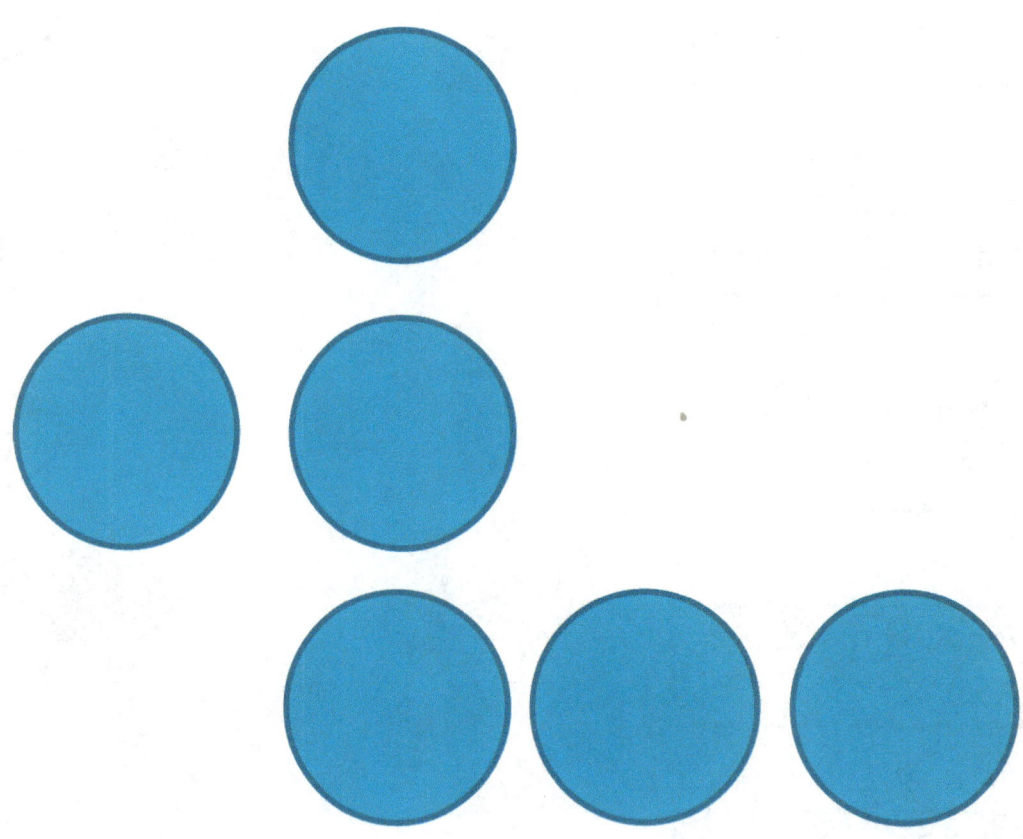

_____
tarjetas de puntos de 6

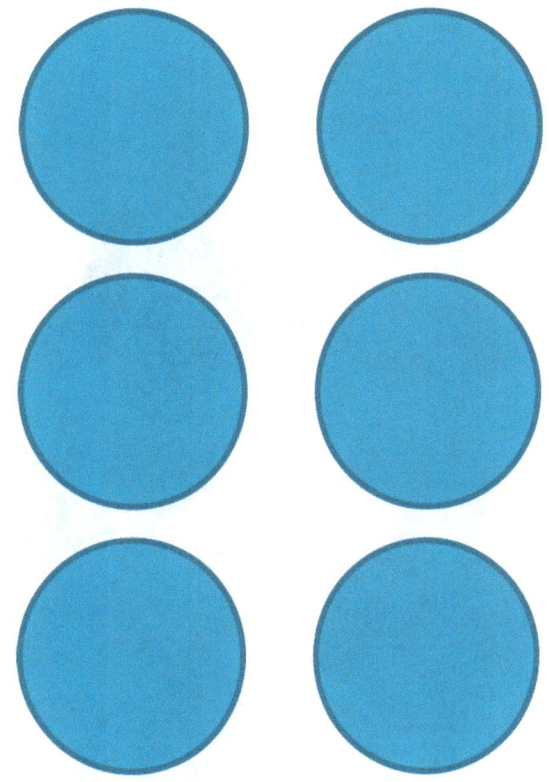

tarjetas de puntos de 6

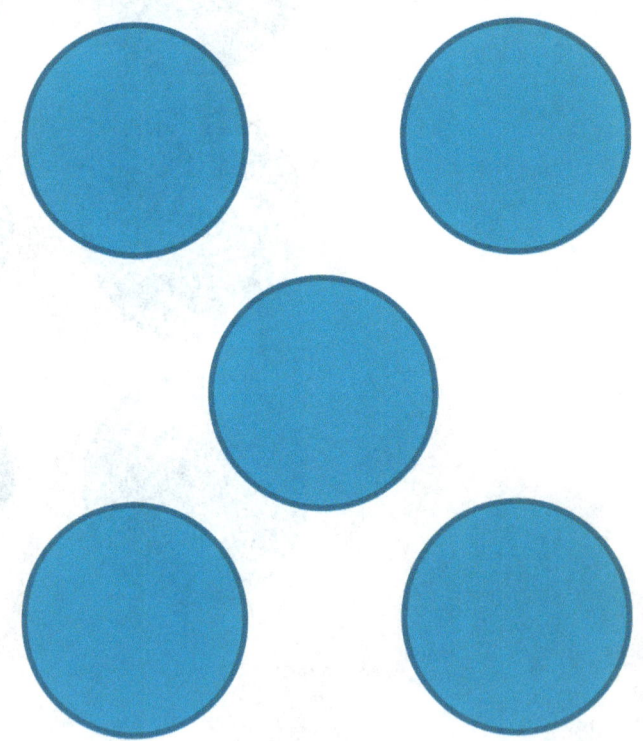

tarjetas de puntos de 6

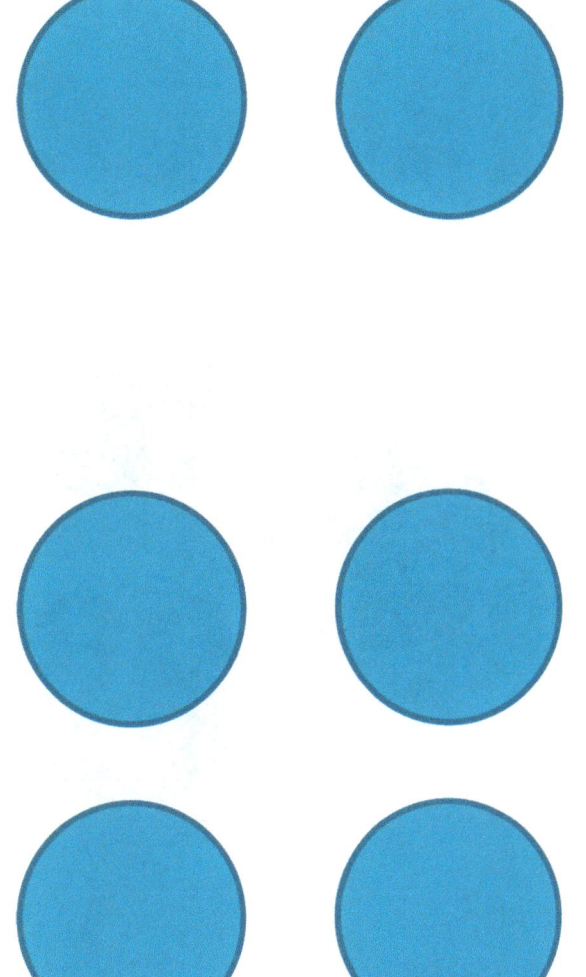

tarjetas de puntos de 6

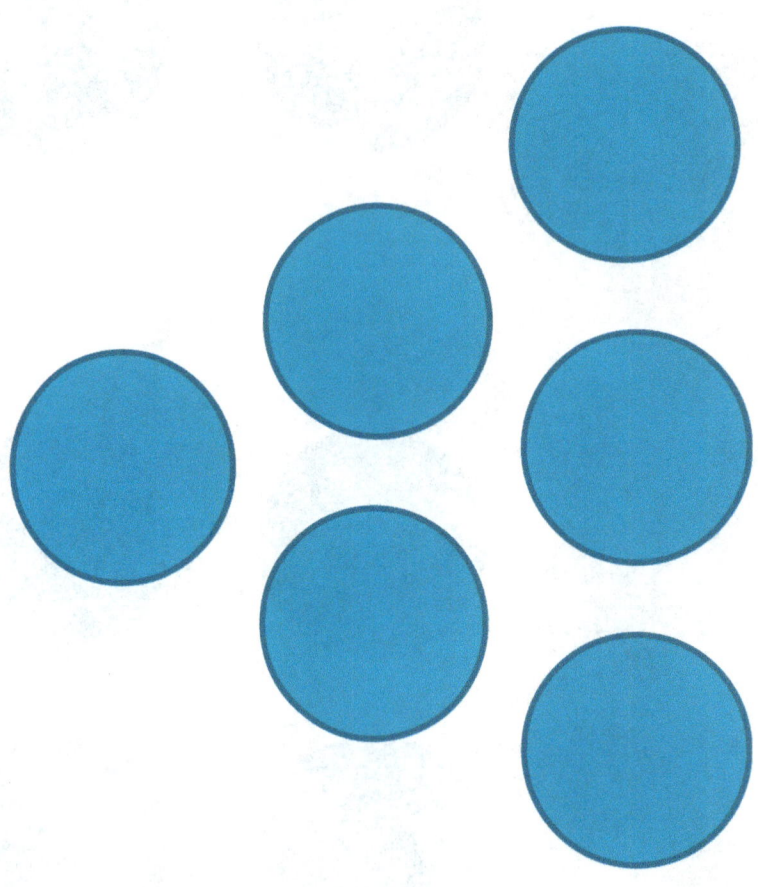

tarjetas de puntos de 6

tarjetas de puntos de 6

tarjetas de puntos de 6

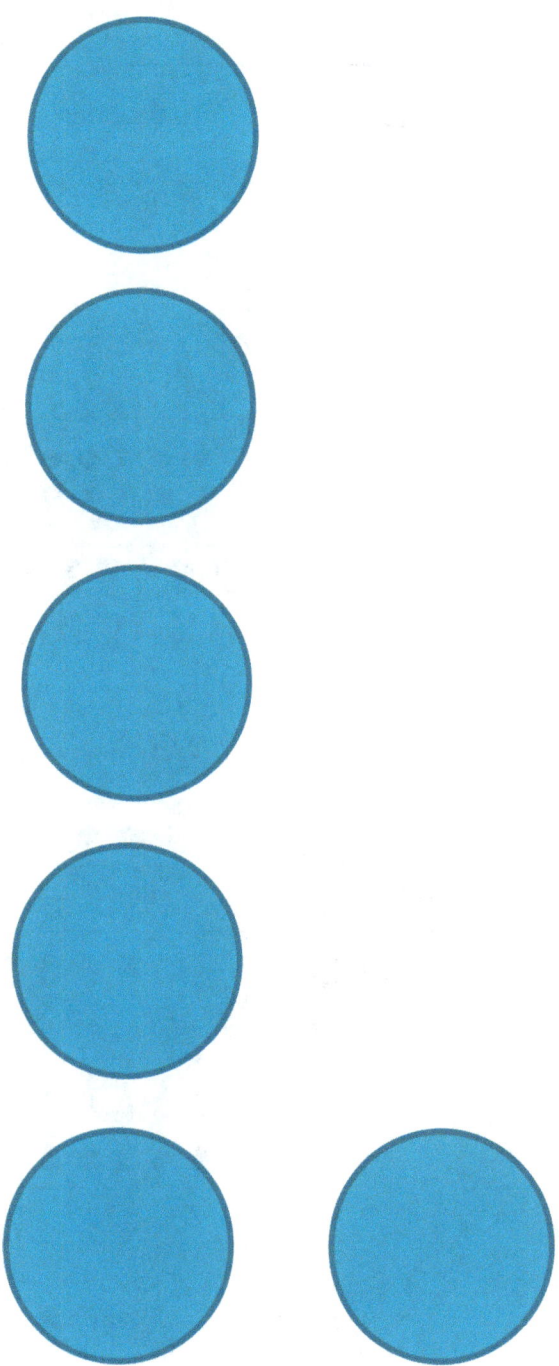

tarjetas de puntos de 6

Nombre _____ Fecha _____

Encierra 10 en un círculo.

encerrar 10 en un círculo

Lección 5

Objetivo: Contar popotes con el método Decir diez hasta el 20; hacer un montón para cada grupo de diez.

Estructura sugerida para la lección

- Práctica de fluidez   (12 minutos)
- Puesta en práctica   (5 minutos)
- Desarrollo del concepto   (25 minutos)
- Reflexión   (8 minutos)
- **Tiempo total**   **(50 minutos)**

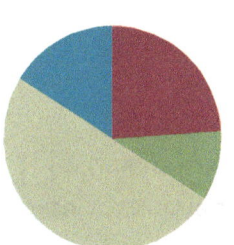

Práctica de fluidez (12 minutos)

- Tarjetas de puntos de siete **K.2D, K.2I**   (4 minutos)
- Pares de números dentro del siete **K.2I**   (4 minutos)
- Encerrar 10 unidades en un círculo **K.2C, K.2D**   (4 minutos)

Tarjetas de puntos de siete (4 minutos)

Materiales: (M/E) Tarjetas de puntos de 7 (Plantilla de fluidez 1)

Esta actividad de fluidez brinda a los estudiantes la oportunidad de familiarizarse aún más con las descomposiciones del siete y practicar para ver las relaciones parte-total.

    M: (Muestre 7 puntos). ¿Cuántos puntos ven? (Dé a los estudiantes tiempo para que cuenten).

    E: 7.

    M: ¿Cómo pueden ver 7 en dos partes?

    E: (Pasa al frente y señala la tarjeta). 5 aquí y 2 aquí. Veo 3 aquí y 4 aquí.

Continúe con las otras tarjetas de siete. Distribuya las tarjetas a los estudiantes para que realicen la actividad con sus compañeros. Pídales que *pasen* la tarjeta a una pareja diferente cuando dé la señal.

> **NOTAS SOBRE LAS DIFERENTES FORMAS DE ACCIÓN Y EXPRESIÓN:**
>
> Los estudiantes cuyo desempeño está bajo el nivel del grado necesitarán hacer más conteos. Estos estudiantes necesitan más tiempo y podrían beneficiarse de trabajar con las tarjetas una a la vez mientras usted trabaja más rápidamente con las tarjetas con la mayoría de la clase.

> **NOTAS SOBRE LAS DIFERENTES FORMAS DE PARTICIPACIÓN:**
>
> Deje que los estudiantes cuyo desempeño está sobre el nivel del grado trabajen en un grupo pequeño con el enfoque de conteo rápido. Designe a un estudiante o ayudante para que sea el maestro. Pídales que compartan las diferentes maneras en que vieron los subconjuntos.

UNA HISTORIA DE UNIDADES – EDICIÓN PARA TEKS
Lección 5   K•5

Pares de números dentro del siete (4 minutos)

Materiales: (E) Tarjetas de puntos de 7 (Plantilla de fluidez 1), pizarra blanca individual

Nota: Esta actividad de fluidez brinda a los estudiantes la oportunidad de familiarizarse aún más con las descomposiciones del siete y practicar para ver las relaciones parte-total.

- M: (Indique 6 y 1 como partes). Digan la parte más grande.
- E: 6.
- M: Digan la parte más pequeña.
- E: 1.
- M: ¿Cuál es el número total de puntos? (Dé a los estudiantes tiempo para que vuelvan a contar).
- M: Escriban el vínculo numérico en sus pizarras blancas individuales. (Continúe con 5 y 2, 4 y 3, y 7 y 0).

Encerrar 10 unidades en un círculo (4 minutos)

Materiales: (E) Encerrar 10 unidades en un círculo (Plantilla de fluidez 2) (ver imagen a la derecha)

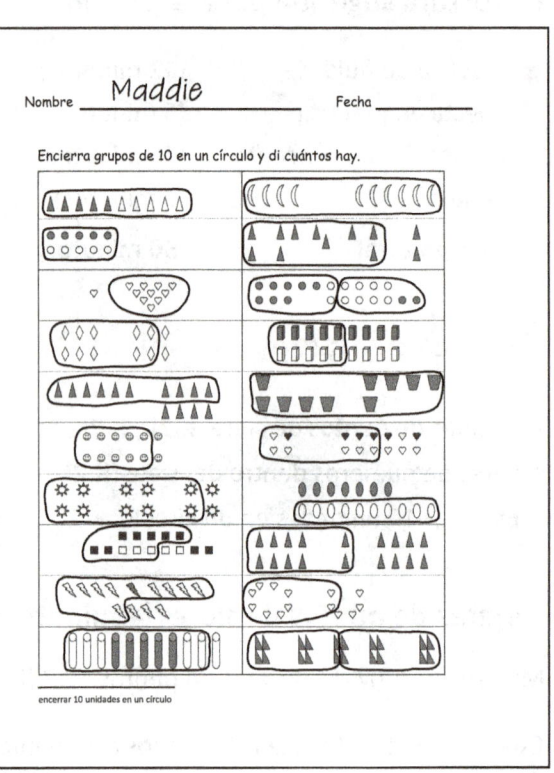

Nota: Esta actividad brinda a los estudiantes múltiples oportunidades de ubicar 10 unidades incluidas dentro de un grupo pictórico de 10 unidades y algunas unidades. Desafíe a los estudiantes cuyo desempeño está sobre el nivel del grado a encerrar en un círculo un grupo de 10 diferente al de la última vez.

Puesta en práctica (5 minutos)

Pat cubrió 16 agujeros mientras tocaba la flauta. Cubrió 10 agujeros con los dedos en la primera nota que tocó. Luego, cubrió 6 agujeros en la siguiente nota que tocó. Dibujen los 10 agujeros. Dibujen los 6 agujeros. Usen sus dibujos para contar todos los agujeros con el método Decir diez.

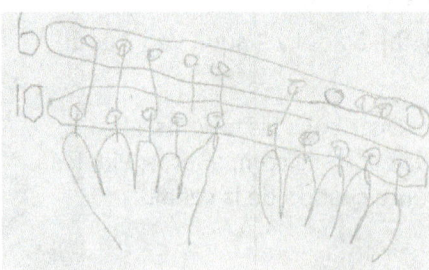

Nota: Este problema se enfoca en contar para encontrar el total y no en la suma. Los estudiantes también ven el 10 y el 6 incluidos a medida que cuentan hasta el 16 con el método Decir diez.

Lección 5:   Contar popotes con el método Decir diez hasta el 20; hacer un montón para cada grupo de diez.

UNA HISTORIA DE UNIDADES – EDICIÓN PARA TEKS   Lección 5 K•5

Desarrollo del concepto (25 minutos)

Materiales: (E) 20 popotes (por pareja)

M: Siéntense conmigo en la alfombra.

M: Les voy a mostrar números rápidamente con las manos. Díganme el número y luego díganme el número con el método Decir diez. Hagamos uno como ejemplo.

M: (Extienda ambas manos, con las palmas hacia afuera, para mostrar 10. Luego, muestre la mano derecha con el dedo meñique extendido).

E: Once.

M: ¿Y con el método Decir diez?

E: Diez 1.

M: Perfecto. (Muestre 10 otra vez y luego muestre 2 con la mano derecha, con el meñique y el anular).

E: ¡Doce! Diez 2.

M: ¡Sí!

M: (Continúe de esta manera hasta diez nueve). ¿Qué número viene después del 19? (Muestre rápidamente 2 dieces).

E: ¡Veinte! ¡2 dieces!

M: ¡Muy bien! Vuelvan a sus asientos. Practicaremos contar con el método Decir diez usando popotes. El compañero A contará 10 popotes para hacer un montón. El otro estudiante, el compañero B, pondrá un popote junto al montón y dirá: "Diez 1". ¿Están listos?

E: (Muestra un montón de 10 popotes y 1 unidad). Diez 1.

M: Compañero B, pon otro popote. ¿Cuántos popotes hay ahora?

E: Diez 2.

M: (Continúe de esta manera hasta 2 dieces). ¿Cuántos popotes hay?

E: ¡2 dieces!

M: ¡Todos están en lo correcto! Hay 2 montones de 10 popotes. Decimos: "2 dieces".

M: Vuelvan a poner todos los popotes en un montón e intercambien roles. Compañero B, cuenta 10 popotes para hacer un montón. Compañero A, pon un popote junto al montón y practiquemos contar otra vez con el método Decir diez.

E: (Cuentan hasta 2 dieces).

Grupo de problemas (7 minutos)

Los estudiantes deberán hacer su mejor esfuerzo para completar el **Grupo de problemas** en el tiempo asignado.

Pida a los estudiantes que encierren 10 objetos en un círculo y coloquen una marca en las unidades adicionales. Pídales que cuenten el total con el método Decir diez. Compruebe que cuentan las 10 unidades dentro del círculo, primero de izquierda a derecha, fila por fila. Luego, deben relacionar la imagen con su representación numérica.

Lección 5: Contar popotes con el método Decir diez hasta el 20; hacer un montón para cada grupo de diez.

Reflexión (8 minutos)

Objetivo de la lección: Contar popotes con el método Decir diez hasta el 20; hacer un montón para cada grupo de diez.

El objetivo de la **Reflexión** es invitar a pensar y procesar activamente la experiencia total de la lección.

Invite a los estudiantes a revisar las soluciones del **Grupo de problemas**. Deben revisar el trabajo comparando las respuestas con un compañero. Vea si aún quedan conceptos erróneos o malentendidos que puedan resolverse en la **Reflexión**. Guíe a los estudiantes para para que reflexionen sobre el **Grupo de problemas** y para que comprendan la lección.

Puede usar cualquier combinación de las preguntas de abajo para guiar la discusión.

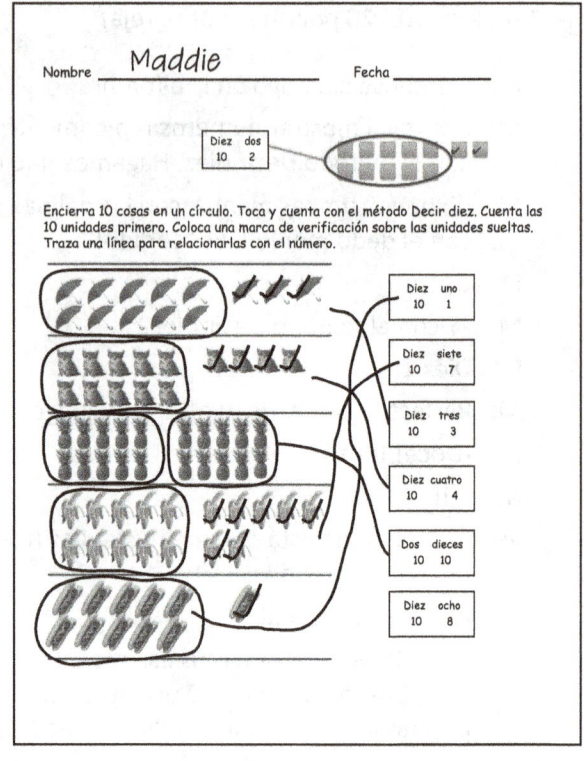

- Miren su plantilla de encerrar 10 unidades en un círculo. ¿Pueden decir los números con el método Decir diez?
- ¿Su amigo encerró 10 unidades en un círculo de la misma manera que ustedes?
- ¿Fueron correctas las respuestas de los dos? ¿Por qué?
- ¿Cómo decimos 2 dieces como un solo número?
- ¿Cómo decimos 17 con el método Decir diez?
- ¿Qué imágenes les resultaron más fáciles de contar? ¿Por qué?
- Observen su **Grupo de problemas**. Digan a su compañero qué hace que sea más fácil contar las cosas.
- ¿En qué se parecen todas las imágenes? ¿En qué se diferencian?

Boleto de salida (3 minutos)

Después de la **Reflexión**, pida a los estudiantes que terminen el **Boleto de salida**. Revisar el trabajo de los estudiantes le permitirá evaluar si comprendieron los conceptos de la lección de hoy y planear de forma más eficaz las siguientes lecciones. Puede leer las preguntas en voz alta a los estudiantes.

Nombre _____   Fecha _____

Encierra 10 cosas en un círculo. Toca y cuenta con el método Decir diez. Cuenta las 10 unidades primero. Coloca una marca de verificación sobre las unidades sueltas. Traza una línea para relacionarlas con el número.

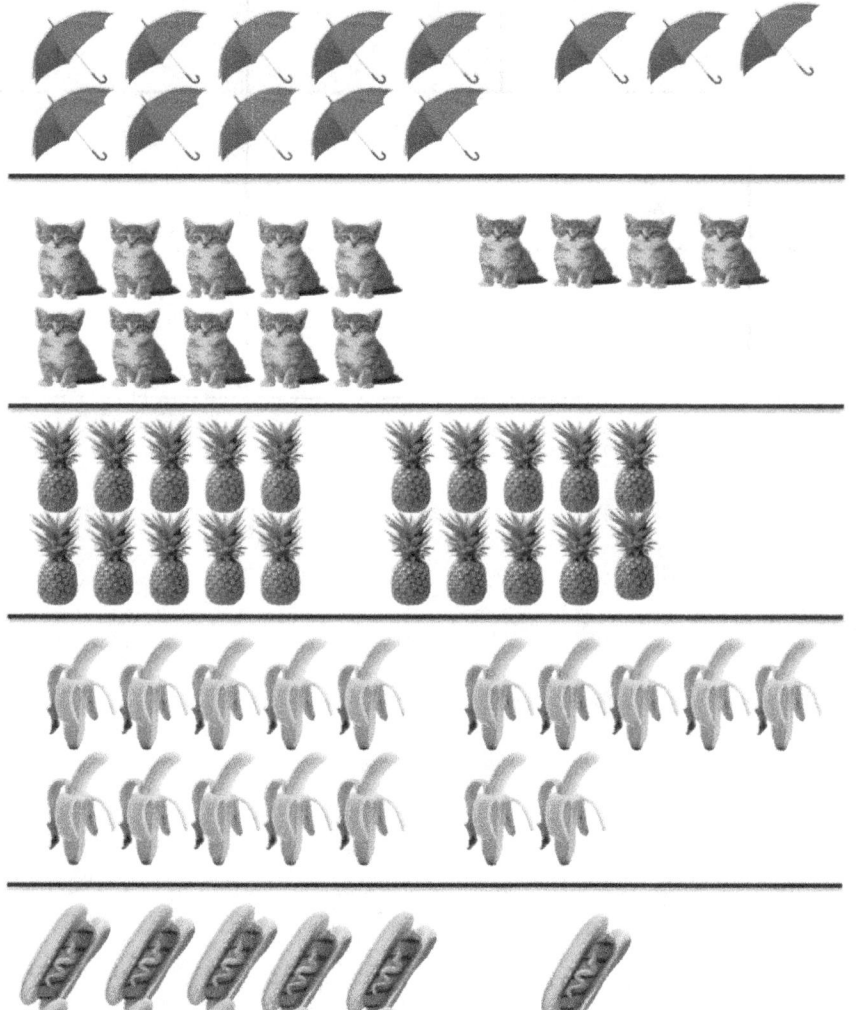

Nombre _____ Fecha _____

Escribe y di en voz baja los números que faltan.

Cuenta del 11 al 20 con el método Decir diez.

10 y 1	10 y 2	10 y ___	10 y 4	10 y ___
10 y 6	___ y ___	___ y ___	___ y ___	10 y 10

Lección 5: Tarea   K•5

Nombre _____   Fecha _____

Escribe los números que van antes y después contando con el método Decir diez.

ANTES	NÚMERO	DESPUÉS
10 y 3	10 y 4	10 y 5
y	10 y 2	y
y	10 y 5	y
y	10 y 6	y
y	10 y 1	y
y	10 y 9	y

Lección 5: Contar popotes con el método Decir diez hasta el 20; hacer un montón para cada grupo de diez.

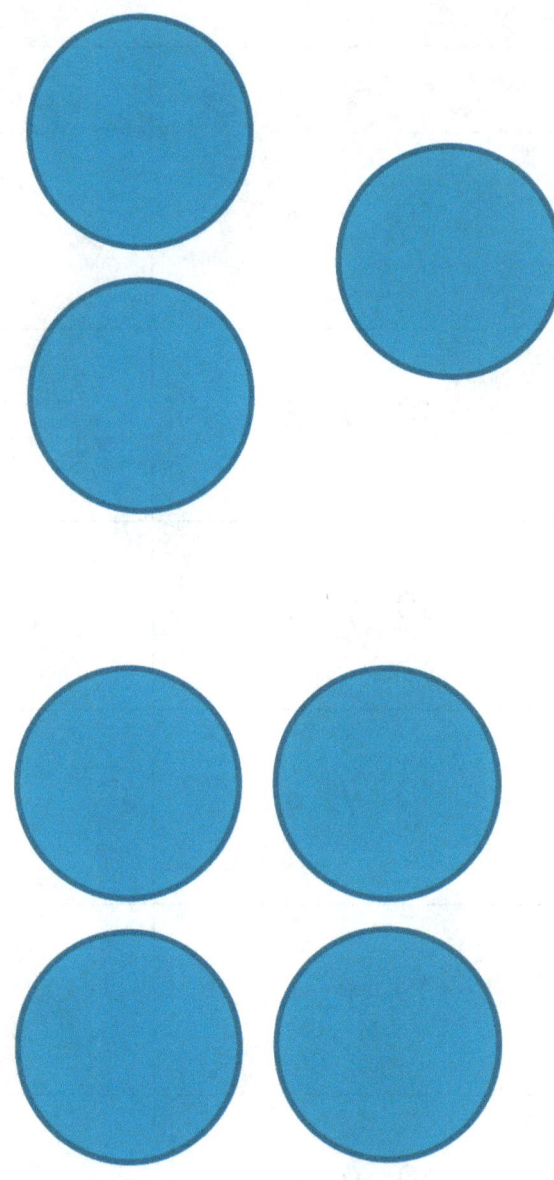

tarjetas de puntos de 7

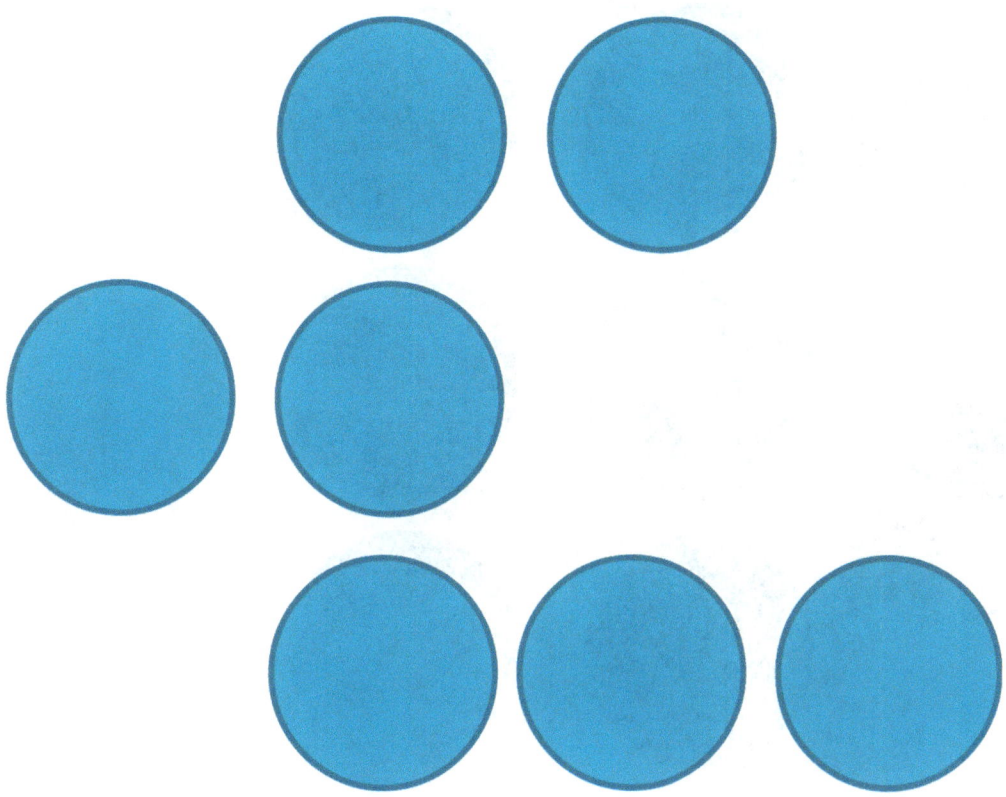

tarjetas de puntos de 7

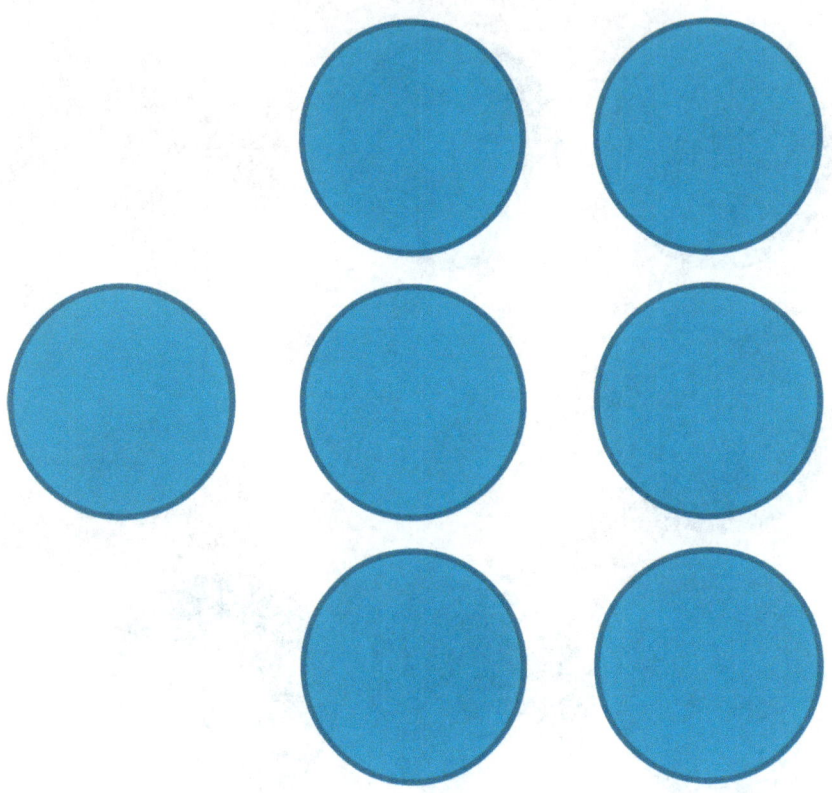

tarjetas de puntos de 7

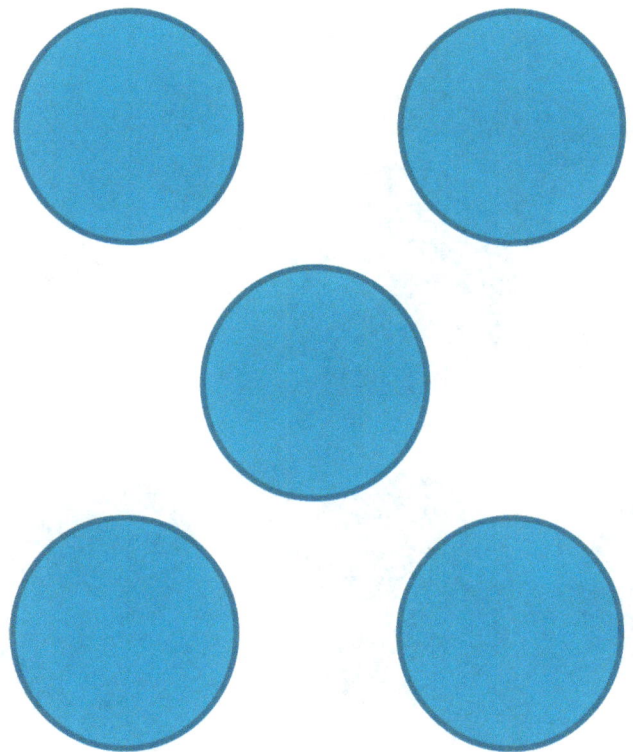

tarjetas de puntos de 7

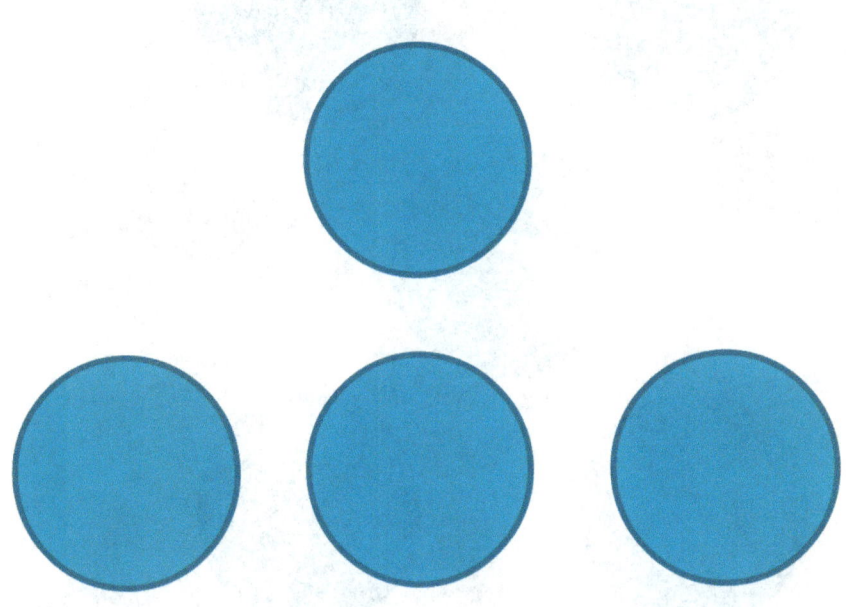

tarjetas de puntos de 7

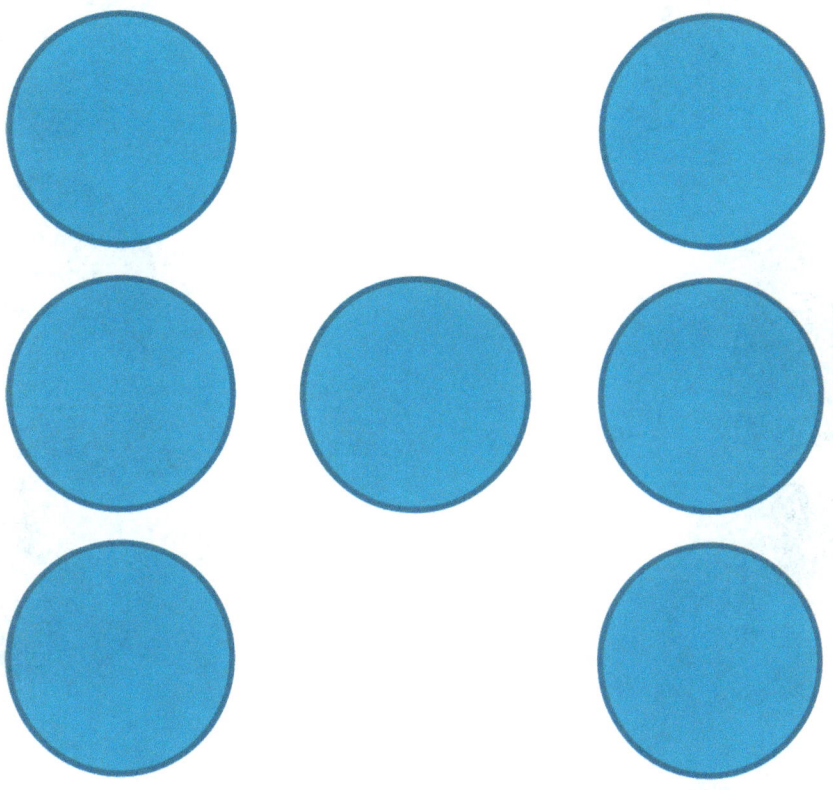

tarjetas de puntos de 7

tarjetas de puntos de 7

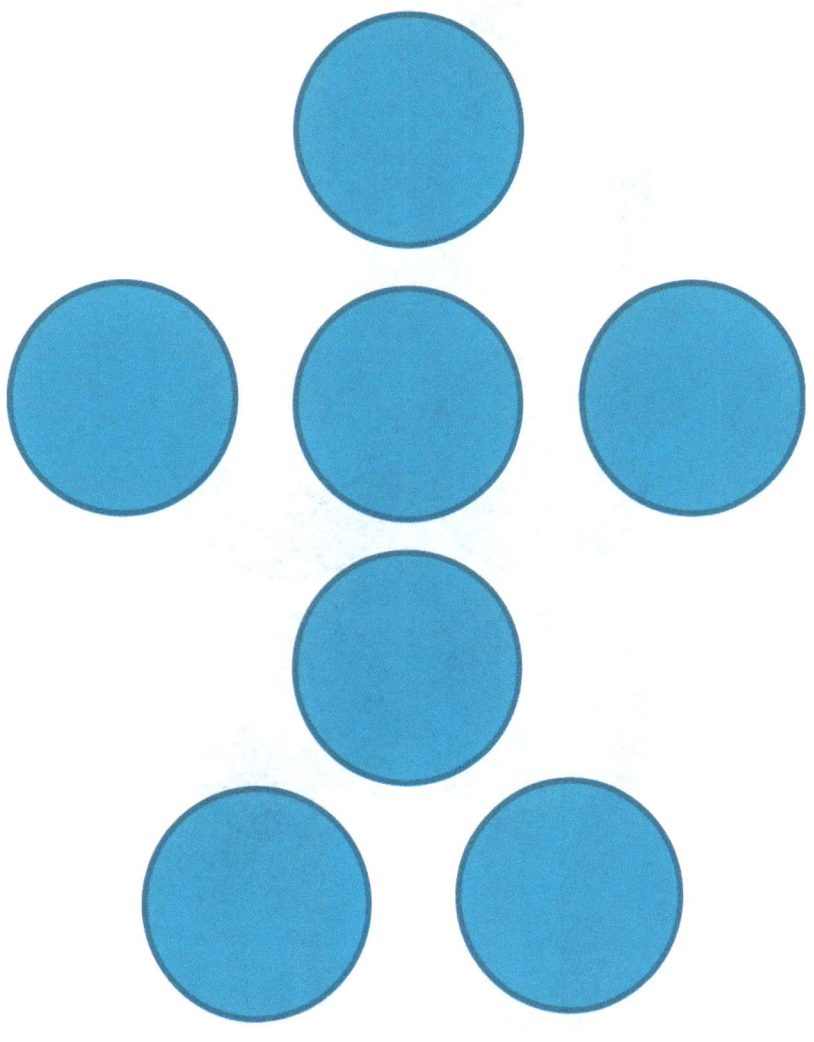

tarjetas de puntos de 7

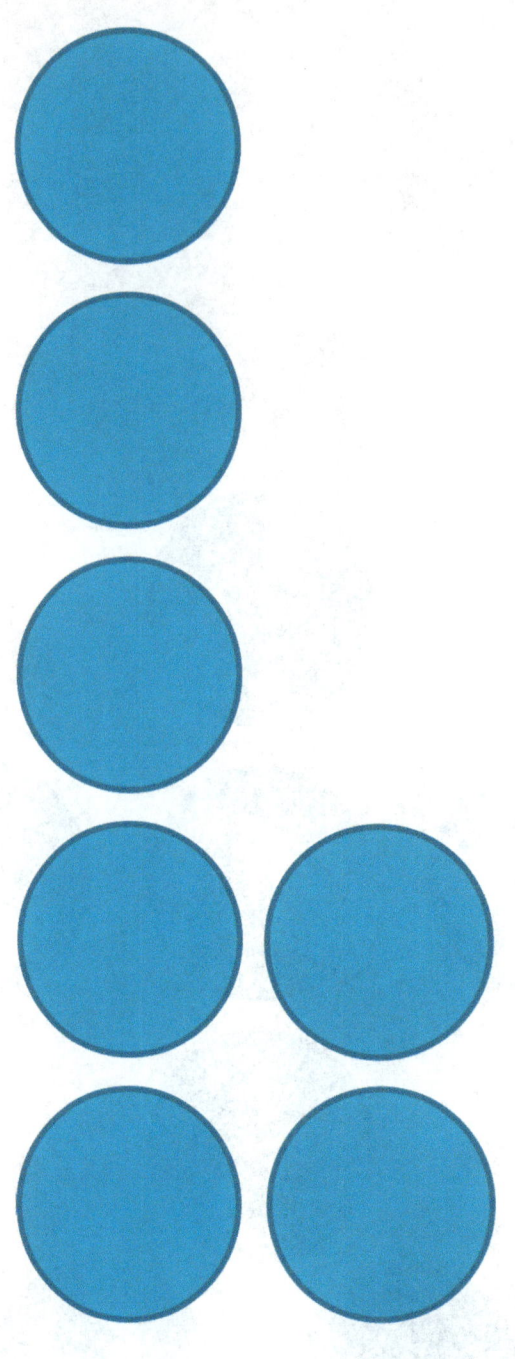

tarjetas de puntos de 7

UNA HISTORIA DE UNIDADES – EDICIÓN PARA TEKS
Lección 5: Plantilla de fluidez 2 — K•5

Nombre _____ Fecha _____

Encierra grupos de 10 en un círculo y di cuántos hay.

_____
encerrar 10 unidades en un círculo

Lección 5: Contar popotes con el método Decir diez hasta el 20; hacer un montón para cada grupo de diez.

UNA HISTORIA DE UNIDADES — EDICIÓN PARA TEKS

Currículo de matemáticas

K GRADO

KINDERGARTEN • MÓDULO 5

Tema B

Composición de números del 11 al 20 con 10 unidades y algunas unidades; representación y escritura de números del 11 al 19

K.2A, K.2B, K.2E, K.2F, K.2C, K.2D, K.5

Enfoque en los estándares:	K.2A	Cuente hacia adelante y hacia atrás por lo menos hasta el número 20 con y sin objetos.
	K.2B	Lea, escriba y represente números enteros del 0 hasta por lo menos el 20 con y sin objetos o ilustraciones.
	K.2E	Genere un conjunto utilizando modelos concretos y pictóricos que representen un número que es mayor que, menor que e igual a un número dado por lo menos hasta el 20.
	K.2F	Genere un número que es uno más o uno menos que otro número por lo menos hasta el 20.
Días para cubrir esta enseñanza: 4		
Coherencia -Se desprende de:	GPK–M5	Cuentos de suma y resta, y contar hasta el 20
-Se relaciona con:	G1–M2	Introducción al valor de posición mediante la suma y la resta hasta el 20

En el Tema B, los estudiantes progresan a un nivel más abstracto y representan la descomposición de números del 11 al 19 primero con tarjetas *Hide Zero* (tarjetas de valor de posición) y, en la Lección 7, con vínculos numéricos. Luego, pasan de un nivel abstracto a un nivel concreto y a un nivel pictórico en las Lecciones 8 y 9 al recibir la indicación de "mostrar (y en la Lección 9, dibujar) esta cantidad de cubos (mientras el maestro muestra el 13)".

Las **Puestas en práctica** en el Tema B son experiencias de descomposición y composición de números del 11 al 19 (**K.2E, K.2F**) en lugar de problemas escritos (**K.3B**). Por ejemplo, en la Lección 7, el problema dice: "Gregory dibujó 10 caras sonrientes y 5 caras sonrientes. Las juntó y obtuvo 15 caras sonrientes. Dibuja las 15 caras sonrientes como 10 caras sonrientes y 5 caras sonrientes". En esta instancia, no hay número desconocido. No preguntamos: "¿Cuántos hay en total?" o "¿Cuántos hay?" como lo hacemos en el contexto de un problema escrito. Los estudiantes representan 15 con sus tarjetas *Hide Zero*, tanto cuando el cero está escondido como cuando no está escondido, y aplican todas sus experiencias del Tema A para comprender profundamente el significado del dígito 1 en la posición de las decenas en los números del 11 al 19.

Tema B: Composición de números del 11 al 20 con 10 unidades y algunas unidades; representación y escritura de números del 11 al 19

Secuencia de enseñanza para el dominio de la composición de números del 11 al 20 con 10 unidades y algunas unidades; representación y escritura de números del 11 al 19

Objetivo 1: Representar números del 10 al 20 primero con objetos y luego con tarjetas de valor de posición o tarjetas *Hide Zero*.
(Lección 6)

Objetivo 2: Representar y escribir números del 10 al 20 como vínculos numéricos.
(Lección 7)

Objetivo 3: Representar números del 11 al 19 con materiales al pasar de un nivel abstracto a un nivel concreto.
(Lección 8)

Objetivo 4: Dibujar números del 11 al 19 al pasar de un nivel abstracto a un nivel pictórico.
(Lección 9)

Lección 6

Objetivo: Representar números del 10 al 20 primero con objetos y luego con tarjetas de valor de posición o tarjetas *Hide Zero*.

Estructura sugerida para la lección

- Práctica de fluidez (12 minutos)
- Puesta en práctica (6 minutos)
- Desarrollo del concepto (24 minutos)
- Reflexión (8 minutos)
- **Tiempo total** **(50 minutos)**

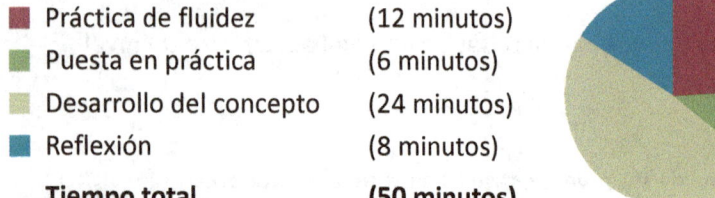

Práctica de fluidez (12 minutos)

- ¿Cuántos más para hacer un grupo de 10? **K.2D, K.2I**   (4 minutos)
- Tarjetas de puntos de ocho **K.2D, K.2I**   (4 minutos)
- Contar popotes con el método Decir diez **K.2C**   (4 minutos)

¿Cuántos más para hacer un grupo de 10? (4 minutos)

Materiales: (M) Tarjetas de grupos de 5 grandes (Plantilla de fluidez 1 de la Lección 1) (E) Tarjetas de grupos de 5 (Plantilla de fluidez 2 de la Lección 1)

Nota: Esta actividad ayuda a los estudiantes a desarrollar automaticidad en el trabajo con parejas de 10 mediante la visualización con el modelo de grupos de 5.

> M: (Muestre 5). ¿Cuántos puntos ven?
> E: 5.
> M: ¿Cuántos más necesita el 5 para hacer un grupo de 10?
> E: (Oración completa). El 5 necesita 5 más para hacer un grupo de 10.

Continúe con la siguiente secuencia posible: 9, 8, 7, 6, 1, 4, 3, 9, 2, 5.
Permita que los estudiantes jueguen brevemente con un compañero.

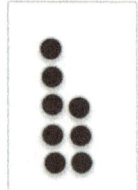

Tarjetas de puntos de ocho (4 minutos)

Materiales: (M/E) Tarjetas de puntos de 8 (Plantilla de fluidez)

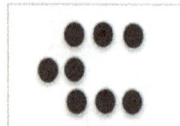

Nota: Esta actividad de fluidez brinda a los estudiantes la oportunidad de familiarizarse aún más con las descomposiciones del ocho y practicar cómo ver las relaciones parte-total.

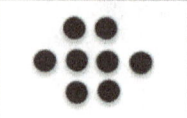

M: (Muestre una tarjeta con 8 puntos). ¿Cuántos puntos cuentan? Esperen a que dé la señal para decírmelo.

E: 8.

M: ¿Cómo pueden verlos en 2 partes?

E: (Los estudiantes se acercan a la tarjeta). Vi 4 aquí y 4 aquí. → Vi 5 aquí y 3 aquí. → Vi 6 aquí y 2 aquí.

Repita la actividad con otras tarjetas. Reparta las tarjetas para que los estudiantes trabajen con un compañero.

Contar popotes con el método Decir diez (4 minutos)

Materiales: (M) Tarjetas de grupos de 5 grandes (Plantilla de fluidez 1 de la Lección 1) (E) Tarjetas de grupos de 5 (Plantilla de fluidez 2 de la Lección 1), 20 popotes (por pareja)

Nota: Contar con el método Decir diez prepara a los estudiantes para pensar en el diez como parte de los números del 11 al 19 en el **Desarrollo del concepto** de hoy.

M: (Muestre 10 y 3). Digan el número con el método Decir diez.

E: Diez 3.

M: Cuenten esa cantidad de popotes con su compañero.

Repita el proceso con otros números del 11 al 19. Dé a los estudiantes tiempo para que practiquen este ejercicio brevemente con un compañero.

Puesta en práctica (6 minutos)

Hay 18 estudiantes: 10 niñas y 8 niños. Dibujen los 18 estudiantes como 10 niñas y 8 niños.

Nota: Recuerde que el problema se enfoca en contar todo para encontrar el total en lugar de contar a partir de un número o sumar.

UNA HISTORIA DE UNIDADES – EDICIÓN PARA TEKS

Lección 6 K•5

Desarrollo del concepto (24 minutos)

Materiales: (M) Tarjetas *Hide Zero* grandes (Plantilla 1) (E) Tarjetas *Hide Zero*: 1 tarjeta *Hide Zero* de 10 (Plantilla 2) con tarjetas de grupos de 5 del 1 al 9 (Plantilla de fluidez 2 de la Lección 1), dos sets de 10 cubos conectables (10 de un color y 10 de otro color), pizarra blanca individual (por pareja)

M: Hagan que un color de sus cubos represente a los niños y el otro a las niñas de la historia de la **Puesta en práctica**. Muéstrenme los niños y las niñas que estaban en la escuela. Cuando terminen, comprueben el trabajo de su compañero para ver si están de acuerdo.

M: (Dé a los estudiantes tiempo para que terminen la actividad). Todos sostengan en alto la barra que representa a las niñas. (Los estudiantes lo hacen). Sostengan en alto la barra que representa a los niños. (Los estudiantes lo hacen).

M: ¿Cuántas niñas hay?

E: 10 niñas.

M: Muestren las niñas. (Los estudiantes muestran la barra otra vez). Aquí está el número 10. (Muestre la tarjeta de 10).

M: ¿Cuántos niños hay?

E: 8 niños.

M: Muestren los niños. (Los estudiantes muestran la barra otra vez). Aquí está el número 8. (Muestre la tarjeta de 8).

M: Junten a los niños y las niñas. Cuenten con su compañero con el método Decir diez para ver cuántos estudiantes tienen.

E: 1, 2, 3, 4, 5, 6, 7, 8, 9, 10, diez 1, diez 2, diez 3, diez 4, diez 5, diez 6, diez 7, diez 8. (Pida a los estudiantes que terminen primero que cuenten hacia atrás hasta el 1 desde el 18).

M: ¿Cómo decimos el número de estudiantes con el método Decir diez?

E: Diez 8.

M: Miren este truco de magia. Aquí tengo el 10. Aquí tengo el 8. Los junto y obtengo diez 8. Así es como escribimos diez 8. (Separe las tarjetas y júntelas algunas veces).

M: Conversen con su compañero. ¿Qué sucedió con el 0 de las 10 unidades?

E: Se fue debajo del 8. → Desapareció. → Ya no está allí. → Está escondido.

M: ¡Sí! Está escondido. Voy a escribir el número sin las tarjetas. (Escriba 18). Es como si hubiera un 0 escondido debajo de este 8.

M: Quiero que cada uno de ustedes escriba este número en su pizarra blanca individual. Cuando les pida que me muestren sus pizarras, muéstrenmelas.

E: (Escriben 18 en sus pizarras blancas individuales).

M: ¡Muéstrenme!

E: (Sostienen en alto sus pizarras blancas individuales).

M: Aquí hay una bolsa con un juego de estas tarjetas para ustedes. Compañero A, abre la bolsa y pon todos los números en tu plantilla de trabajo. Con tu compañero, ordénalos del 1 al 10. (Espere a que lo hagan).

Lección 6: Representar números del 10 al 20 primero con objetos y luego con tarjetas de valor de posición o tarjetas *Hide Zero*.

M: Compañero B, muéstrame diez 8 con tus tarjetas. ¡Asegúrate de esconder el cero!

M: Compañero A, en este primer turno, tú usarás los cubos. Compañero B, tú usarás las tarjetas y escribirás el número en tu pizarra blanca individual.

M: Compañeros, muéstrenme diez 1.

M: Compañero B, usa los cubos, y compañero A, usa las tarjetas. Muéstrenme diez 5.

Continúe la actividad usando otros números. Los distintos grupos pueden trabajar a diferentes ritmos.

Después de aproximadamente cuatro números diferentes, cambie el modo de representación de cubos conectables a la cara con puntos de las tarjetas *Hide Zero*. Pida a los estudiantes que coloquen las tarjetas en orden decreciente del 10 al 1 (para variar un poco) y luego las relacionen con la cara con numerales correspondiente. Repita el proceso con aproximadamente cuatro números más.

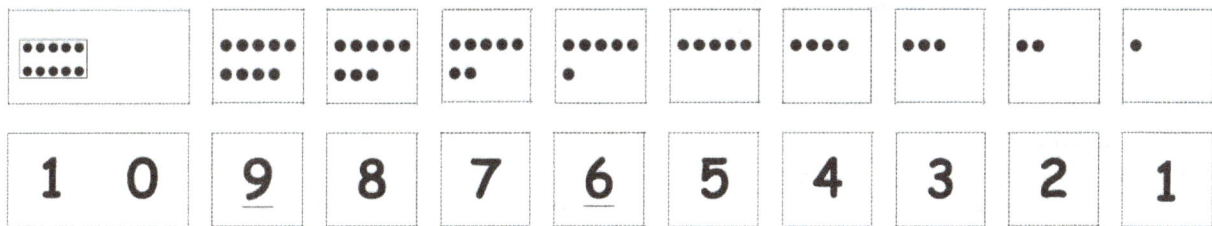

Grupo de problemas (7 minutos)

Los estudiantes deberán hacer su mejor esfuerzo para completar el **Grupo de problemas** en el tiempo asignado.

Pida a los estudiantes que usen sus tarjetas *Hide Zero* mientras trabajan con el **Grupo de problemas**, y que dibujen el número representado y luego escriban el número del 11 al 19.

A los estudiantes que terminen primero se les puede dar otro número para representar tanto a nivel pictórico como con tarjetas en la parte de atrás.

Reflexión (8 minutos)

Objetivo de la lección: Representar números del 10 al 20 primero con objetos y luego con tarjetas de valor de posición o tarjetas *Hide Zero*.

El objetivo de la **Reflexión** es invitar a pensar y procesar activamente la experiencia total de la lección.

Invite a los estudiantes a revisar las soluciones del **Grupo de problemas**. Deben revisar el trabajo comparando las respuestas con un compañero. Vea si aún quedan conceptos erróneos o malentendidos que puedan resolverse en la **Reflexión**. Guíe a los estudiantes para que reflexionen sobre el **Grupo de problemas** y para que comprendan la lección.

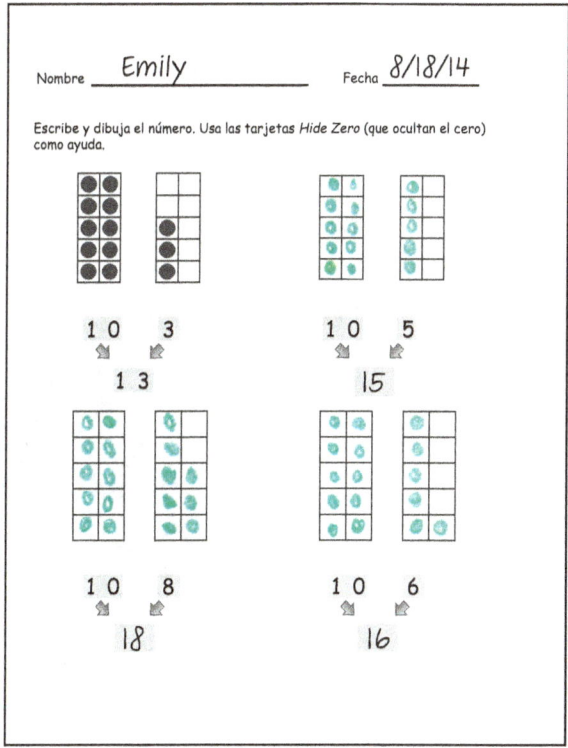

UNA HISTORIA DE UNIDADES – EDICIÓN PARA TEKS Lección 6 K • 5

Presente las tarjetas como **tarjetas** *Hide Zero*. Luego, en lo posible, comente lo siguiente:

- ¿Por qué creen que llamamos a estas tarjetas *Hide Zero*?
- ¿En qué se parecen y en qué se diferencian los números que hacemos con las tarjetas *Hide Zero* y los números que escribimos con lápiz?
- ¿Cómo los ayudan las tarjetas a comprender el número 13? ¿Y el 18?
- Si no supieran que el 0 está escondido, podrían pensar que el 1 en el 13 es igual a 1 en lugar de ser igual a 10. Entonces, el valor total sería 4 porque 1 + 3 es 4.

Boleto de salida (3 minutos)

Después de la **Reflexión**, pida a los estudiantes que terminen el **Boleto de salida**. Revisar el trabajo de los estudiantes le permitirá evaluar si comprendieron los conceptos de la lección de hoy y planear de forma más eficaz las siguientes lecciones. Puede leer las preguntas en voz alta a los estudiantes.

> **NOTAS SOBRE LAS DIFERENTES FORMAS DE ACCIÓN Y EXPRESIÓN:**
>
> Los estudiantes cuyo desempeño está bajo el nivel del grado se beneficiarán del tiempo de práctica adicional con un ábaco rekenrek. Busque oportunidades para que puedan controlar el movimiento de las cuentas. Pueden mover las cuentas de forma lenta o errática. Esto permite a los estudiantes recordar un número y esperar el movimiento de la cuenta en lugar de simplemente contar de memoria.

Lección 6: Representar números del 10 al 20 primero con objetos y luego con tarjetas de valor de posición o tarjetas *Hide Zero*.

UNA HISTORIA DE UNIDADES – EDICIÓN PARA TEKS
Lección 6: Grupo de problemas

Nombre _____ Fecha _____

Escribe y dibuja el número. Usa las tarjetas *Hide Zero* (que ocultan el cero) como ayuda.

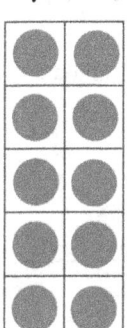 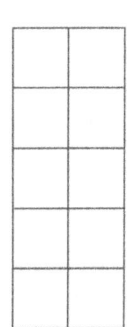

1 0   3   1 0   5

1 3

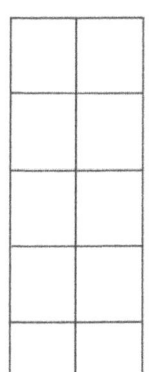 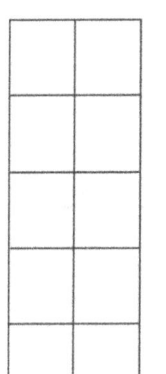

1 0   8   1 0   6

Nombre _____ Fecha _____

Dibuja el número que se muestra en las tarjetas *Hide Zero* con un dibujo en el marco de diez. Escribe el número abajo después de esconder el 0.

Muestra el número otra vez a la derecha con un conteo de 10 unidades y 4 unidades. Encierra las 10 unidades en un círculo.

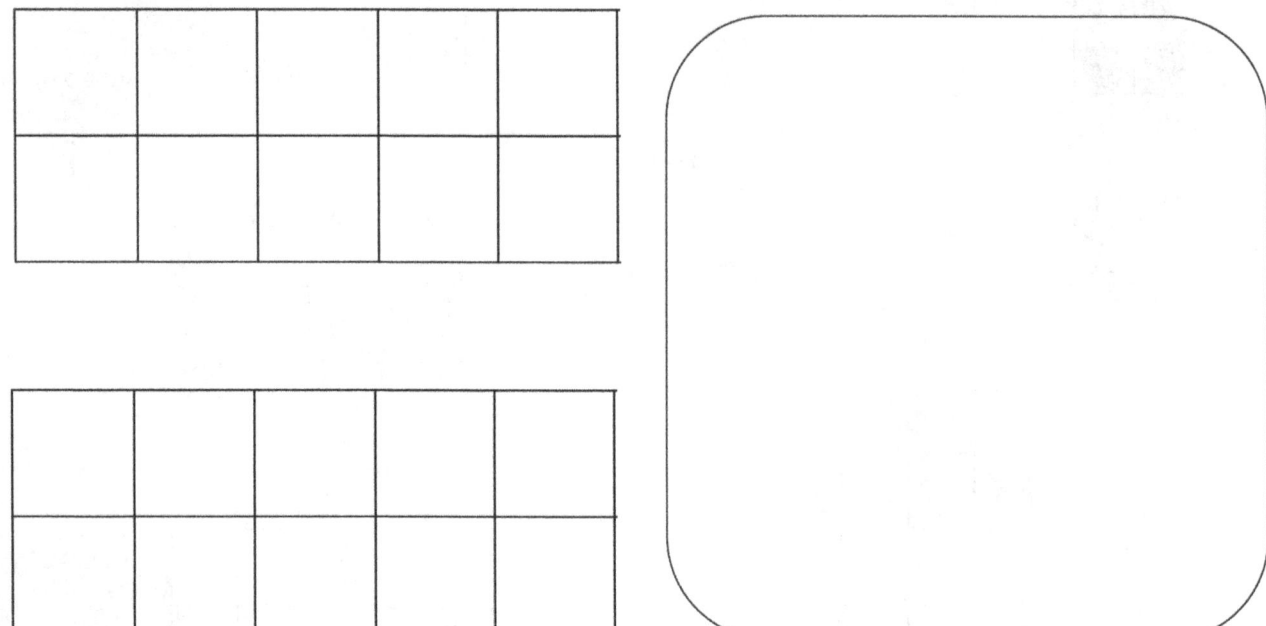

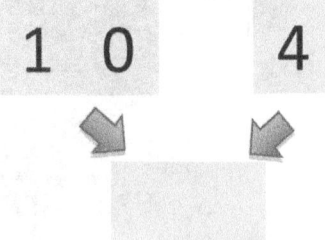

Nombre _____ Fecha _____

Escribe y dibuja el número. Usa las tarjetas *Hide Zero* como ayuda.

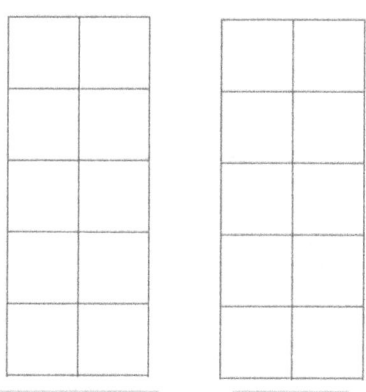
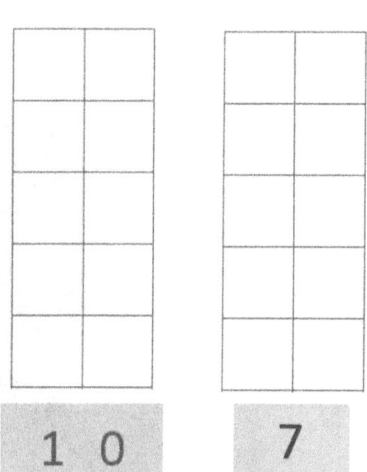

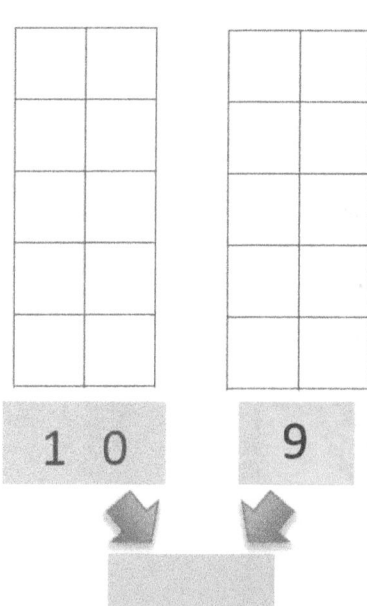
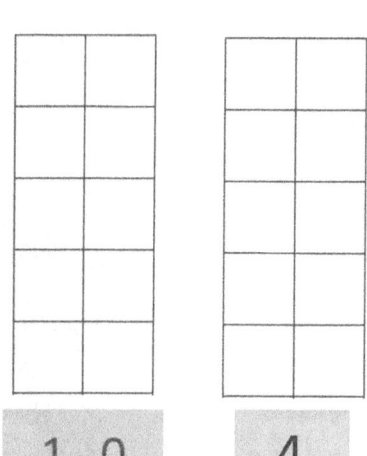

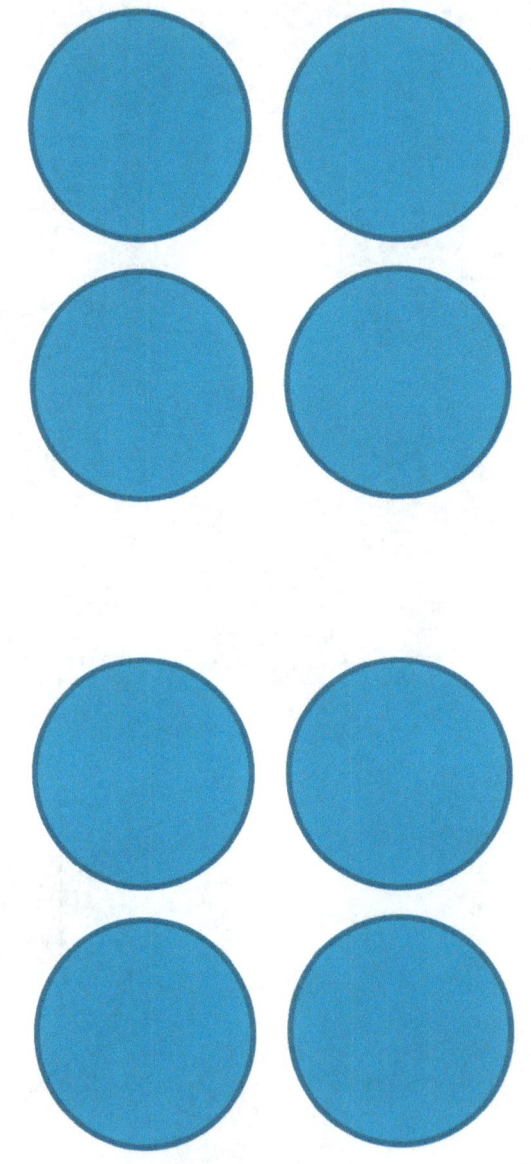

tarjetas de puntos de 8

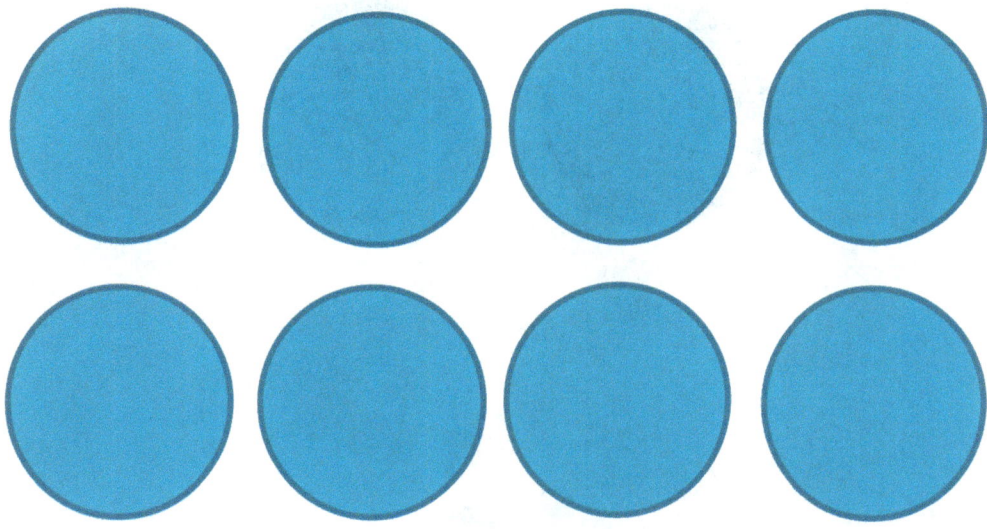

tarjetas de puntos de 8

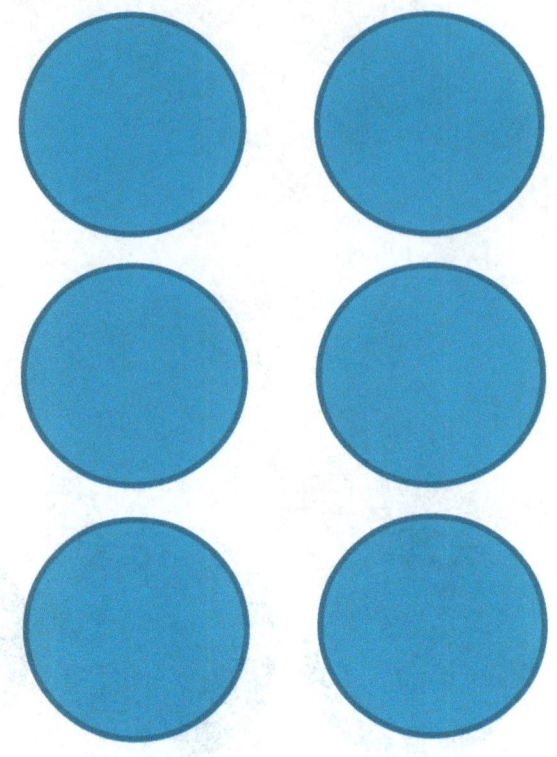

tarjetas de puntos de 8

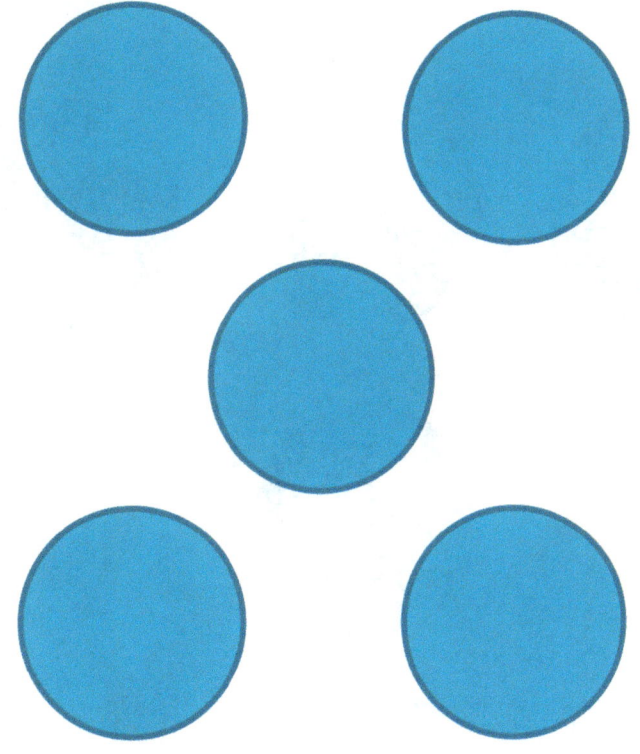

tarjetas de puntos de 8

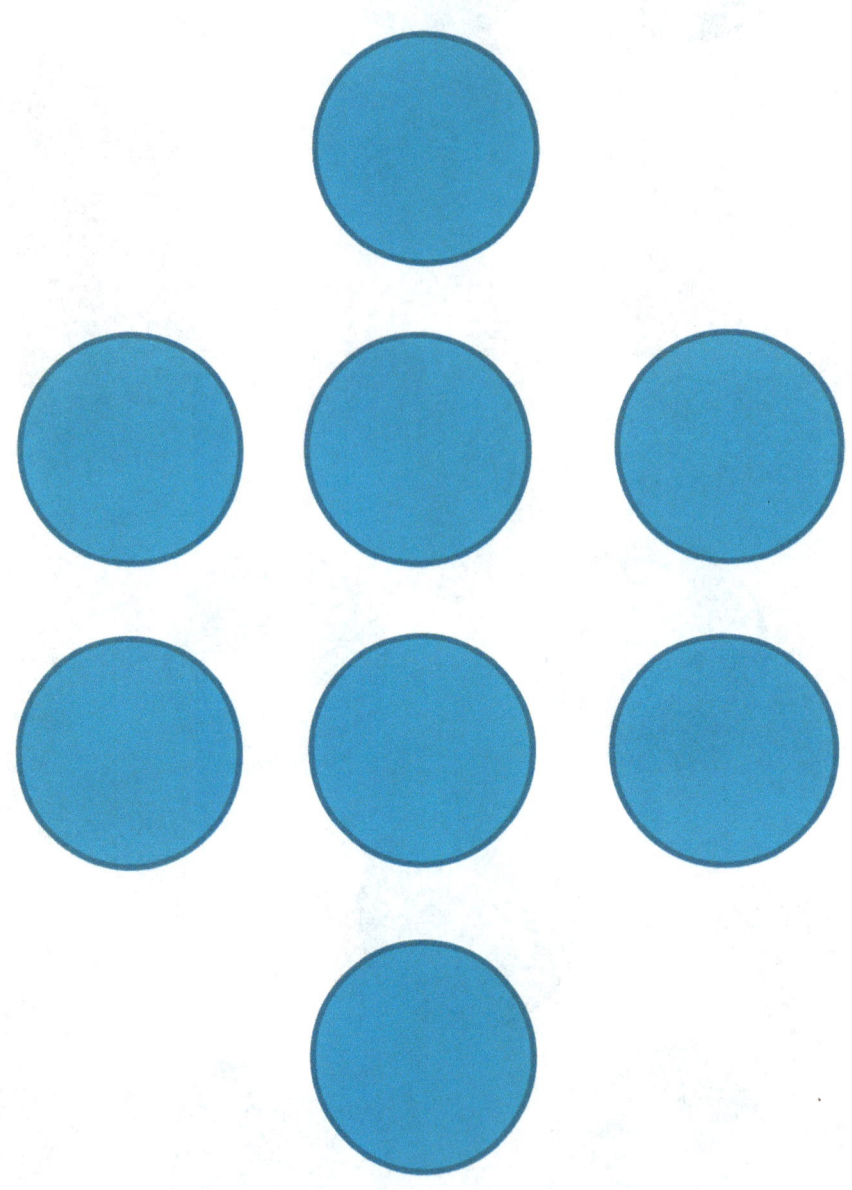

tarjetas de puntos de 8

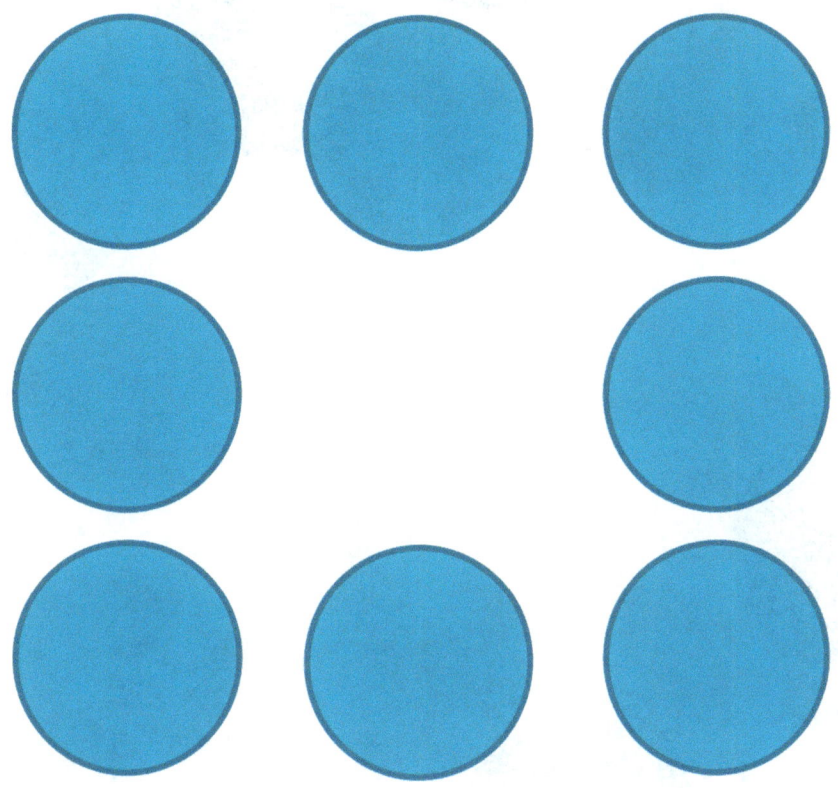

tarjetas de puntos de 8

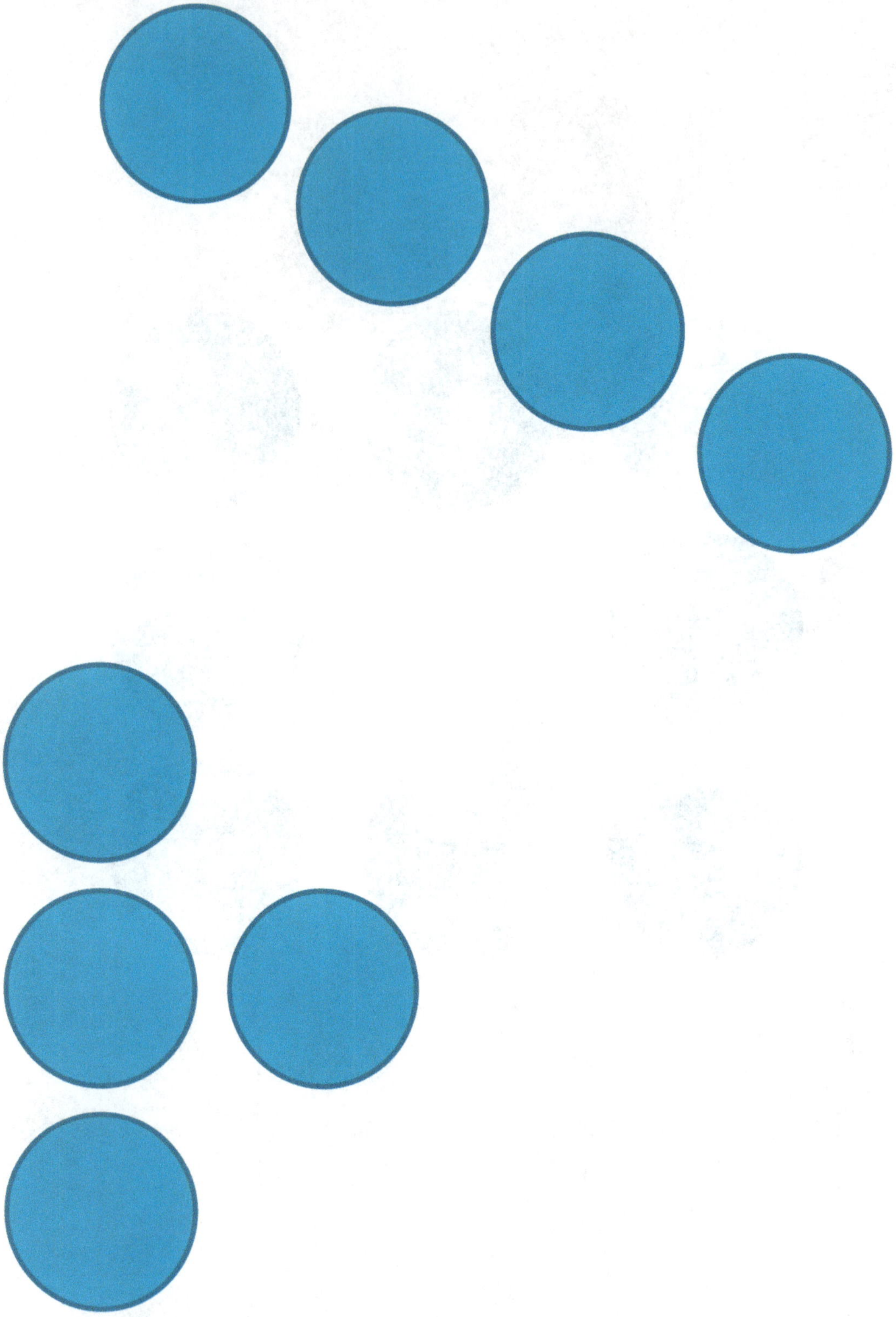

tarjetas de puntos de 8

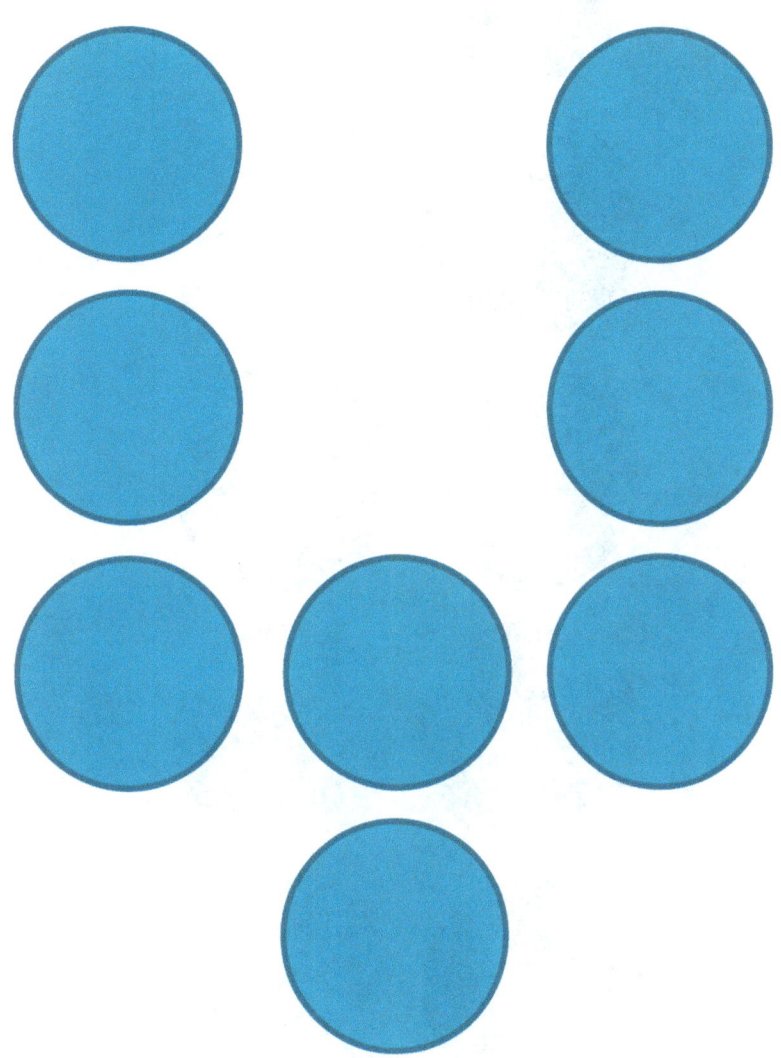

tarjetas de puntos de 8

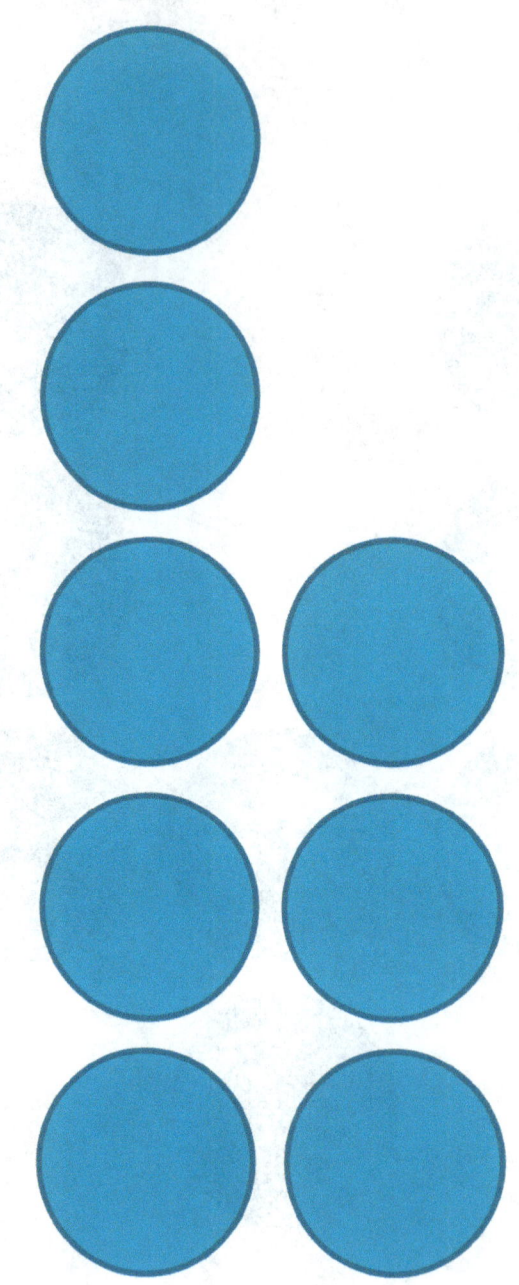

tarjetas de puntos de 8

0 1 2 3

Nota: Relacione las tarjetas con las de grupos de 5 correspondientes y copie las dos caras en cartulina.

tarjetas *Hide Zero* grandes (cara con numerales)

Lección 6: Representar números del 10 al 20 primero con objetos y luego con tarjetas de valor de posición o tarjetas *Hide Zero*.

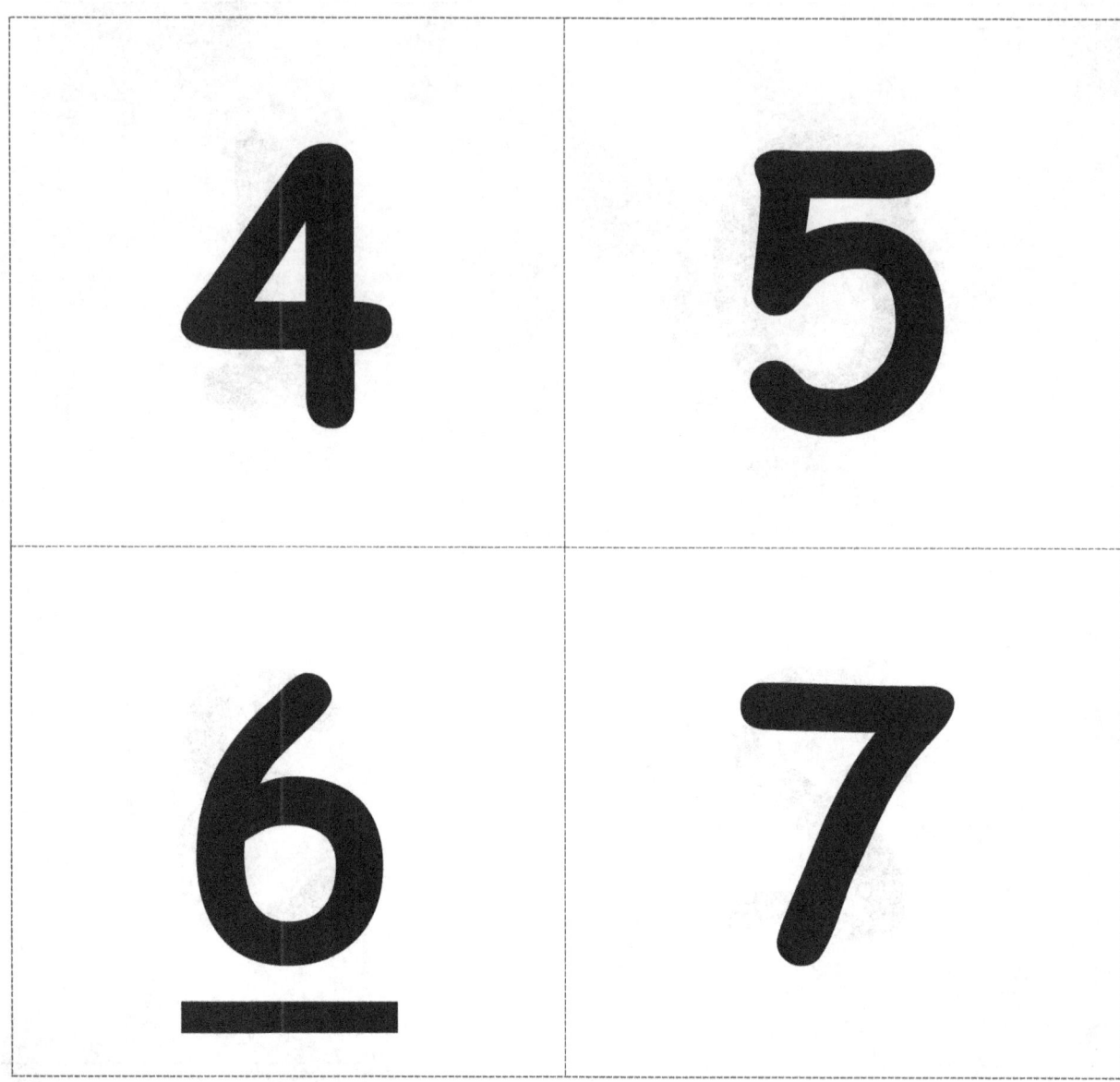

Nota: Relacione las tarjetas con las de grupos de 5 correspondientes y copie las dos caras en cartulina.

tarjetas *Hide Zero* grandes (cara con numerales)

Lección 6: Representar números del 10 al 20 primero con objetos y luego con tarjetas de valor de posición o tarjetas *Hide Zero*.

| UNA HISTORIA DE UNIDADES – EDICIÓN PARA TEKS | Lección 6: Plantilla 1 K•5 |

8 9
1 0

Nota: Relacione las tarjetas con las de grupos de 5 correspondientes y copie las dos caras en cartulina.

_____

tarjetas *Hide Zero* grandes (cara con numerales)

Lección 6: Representar números del 10 al 20 primero con objetos y luego con tarjetas de valor de posición o tarjetas *Hide Zero*.

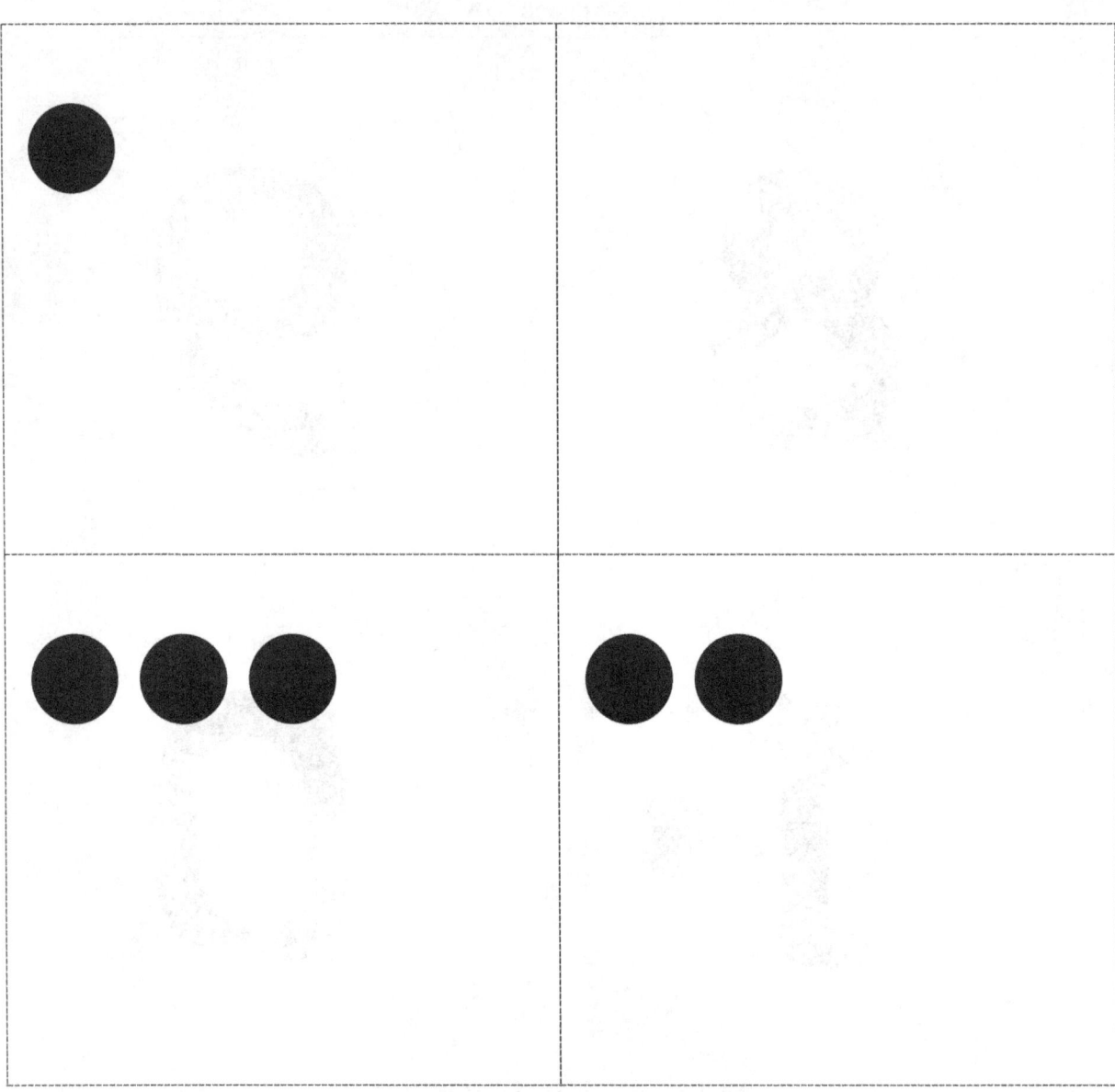

Nota: Relacione considerando los numerales que corresponden y copie las dos caras en cartulina.

_____

tarjetas *Hide Zero* grandes (cara con grupos de 5)

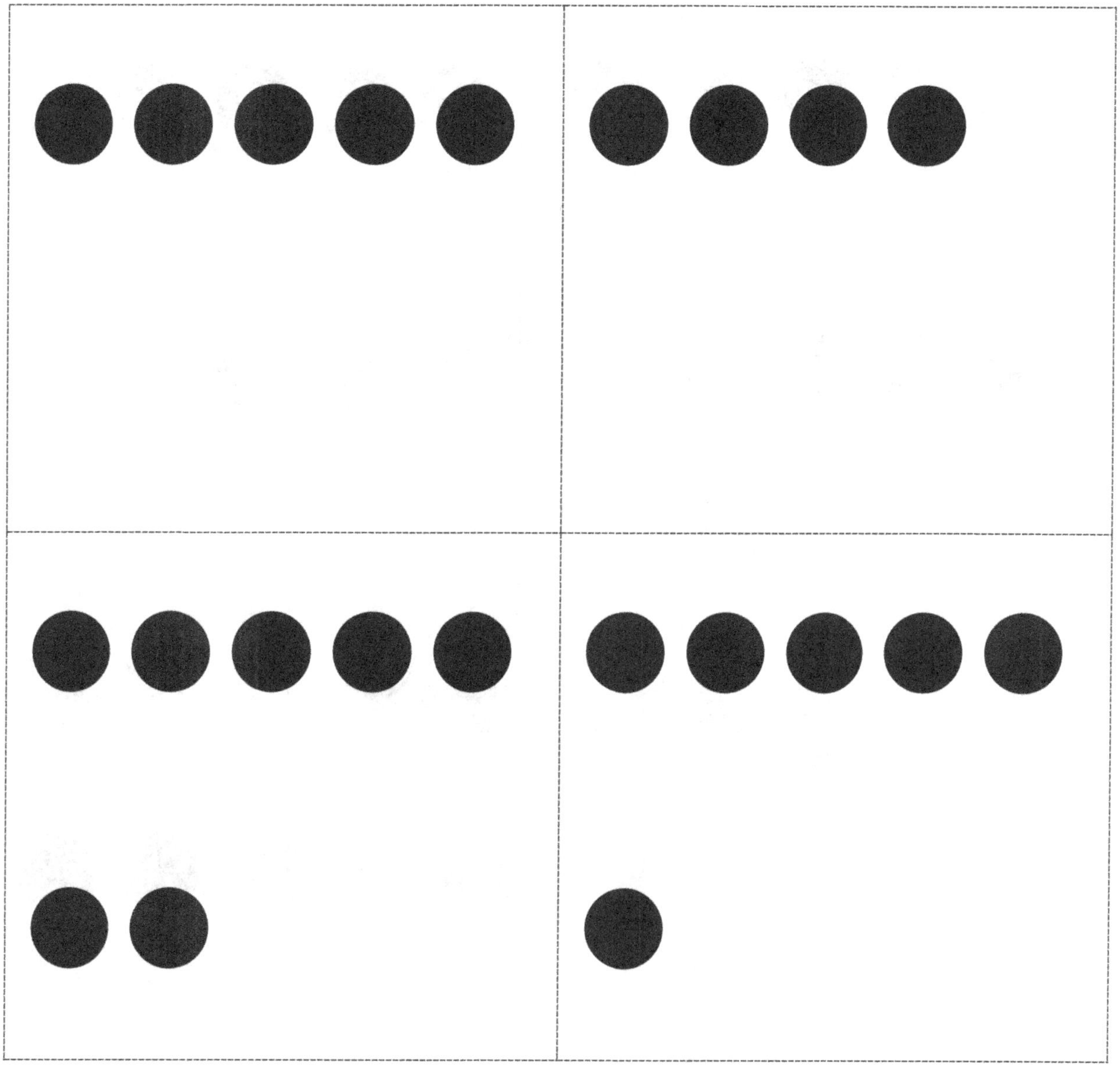

Nota: Relacione considerando los numerales que corresponden y copie las dos caras en cartulina.

tarjetas *Hide Zero* grandes (cara con grupos de 5)

Lección 6: Representar números del 10 al 20 primero con objetos y luego con tarjetas de valor de posición o tarjetas *Hide Zero*.

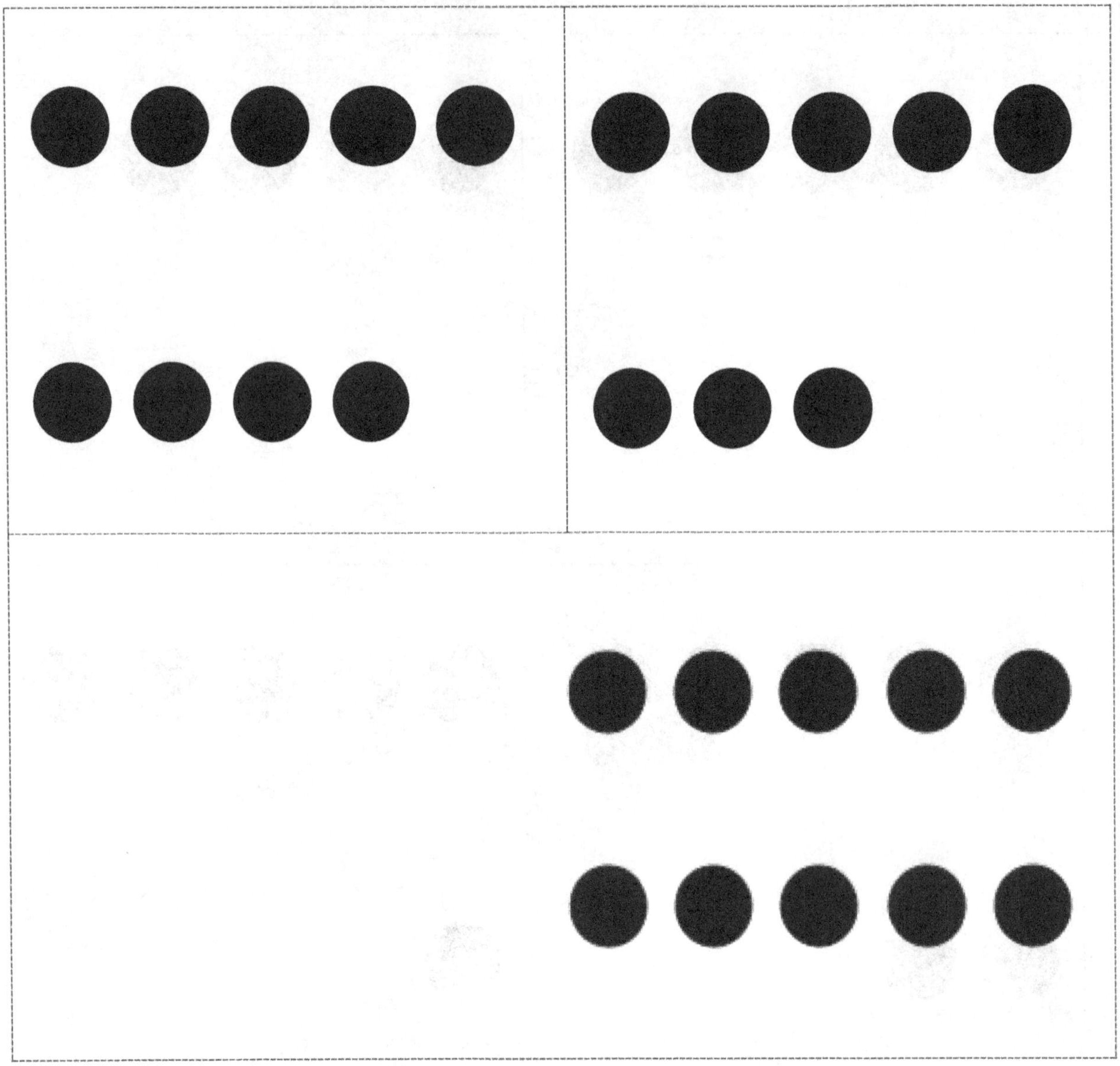

UNA HISTORIA DE UNIDADES – EDICIÓN PARA TEKS

Lección 6: Plantilla 1   K•5

Nota: Relacione considerando los numerales que corresponden y copie las dos caras en cartulina.

tarjetas *Hide Zero* grandes (cara con grupos de 5)

Lección 6: Representar números del 10 al 20 primero con objetos y luego con tarjetas de valor de posición o tarjetas *Hide Zero*.

© Great Minds PBC
Edición para TEKS | greatminds.org/Texas

1	0	1	0
1	0	1	0
1	0	1	0
1	0	1	0

Nota: Haga una copia en cartulina con la tarjeta *Hide Zero* de 10 (cara con grupos de 5). Cada estudiante necesita una tarjeta *Hide Zero* de 10 de dos caras. Esta tarjeta se usa con las tarjetas de grupos de 5 del 1 al 9 (Plantilla de fluidez 2 de la Lección 1), que, combinadas, forman el juego completo de tarjetas *Hide Zero*.

tarjeta *Hide Zero* de 10 (cara con numerales)

Nota: Haga una copia en cartulina con la tarjeta *Hide Zero* de 10 (cara con numerales). Cada estudiante necesita una tarjeta *Hide Zero* de 10 de dos caras. Esta tarjeta se usa con las tarjetas de grupos de 5 del 1 al 9 (Plantilla de fluidez 2 de la Lección 1), que, combinadas, forman el juego completo de tarjetas *Hide Zero*.

tarjeta *Hide Zero* de 10 (cara con grupos de 5)

Lección 7

Objetivo: Representar y escribir números del 10 al 20 como vínculos numéricos.

Estructura sugerida para la lección

- Práctica de fluidez (10 minutos)
- Puesta en práctica (5 minutos)
- Desarrollo del concepto (28 minutos)
- Reflexión (7 minutos)

Tiempo total **(50 minutos)**

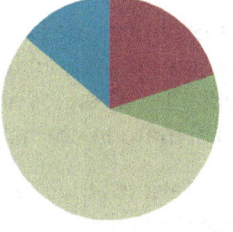

Práctica de fluidez (10 minutos)

- Tarjetas de puntos de ocho **K.2D, K.2I** (4 minutos)
- Conteo **K.2A, K.5** (3 minutos)
- Descomponer números del 11 al 19 **K.2I** (3 minutos)

Tarjetas de puntos de ocho (4 minutos)

Materiales: (M/E) Tarjetas de puntos de 8 (Plantilla de fluidez de la Lección 6)

Nota: Esta actividad de fluidez brinda a los estudiantes la oportunidad de familiarizarse aún más con las descomposiciones del ocho y practicar cómo ver las relaciones parte-total.

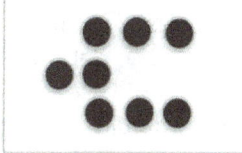

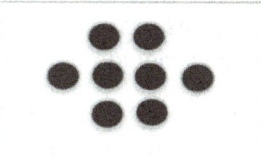

M: (Muestre una tarjeta con 8 puntos). ¿Cuántos puntos cuentan? Esperen a que dé la señal para decírmelo.

E: 8.

M: ¿Cómo pueden verlos en dos partes?

E: (Los estudiantes se acercan a la tarjeta). Vi 4 aquí y 4 aquí.
→ Vi 5 aquí y 3 aquí. → Vi 6 aquí y 2 aquí.

Repita la actividad con otras tarjetas. Reparta las tarjetas para que los estudiantes trabajen con un compañero.

Conteo (3 minutos)

Nota: Extender la secuencia de conteo en los dedos de un compañero prepara a los estudiantes para representar números del 11 al 19 como 10 unidades y algunas unidades.

Los compañeros mueven las manos como si estuvieran tocando el piano. El estudiante que está a la derecha del maestro comienza "tocando" con el dedo meñique de la mano izquierda y continúa de izquierda a derecha. Una vez que se cuenta un dedo, lo deja apoyado sobre el teclado.

Los estudiantes cuentan sus dedos y los de su compañero, primero con el método Decir diez, diez 1, diez 2, etc., y luego con la forma estandarizada. Pídales que cuenten hacia atrás de 20 a 0 si terminan antes.

Descomponer números del 11 al 19 (3 minutos)

Materiales: (M) Tarjetas *Hide Zero* grandes (Plantilla 1 de la Lección 6) (Enfatice la separación de los números separando las tarjetas a medida que los estudiantes dicen los números con el método Decir diez y con el método normal).

NOTAS SOBRE LAS DIFERENTES FORMAS DE PARTICIPACIÓN:

Si los estudiantes cuyo desempeño está bajo el nivel del grado tienen dificultades con la **Puesta en práctica**, pídales que resuelvan el problema en grupos pequeños o en parejas. Forme un grupo pequeño y asigne "trabajos" a los estudiantes para que asuman responsabilidades.

Nota: Separar los números del 11 al 19 con las tarjetas *Hide Zero* prepara a los estudiantes para trabajar con vínculos numéricos en el **Desarrollo del concepto** de hoy.

M: (Muestre el 12). Digan el número con el método normal.
E: 12.
M: (Separe las tarjetas). Digan 12 con el método Decir diez.
E: Diez 2.

Continúe con la siguiente secuencia posible: 13, 14, 19, 11, 10, 15, 17, 16, 18.

Puesta en práctica (5 minutos)

Materiales: (E) Tarjetas *Hide Zero*: 1 tarjeta *Hide Zero* de 10 (Plantilla 2 de la Lección 6) y tarjetas de grupos de 5 del 1 al 9 (Plantilla de fluidez 2 de la Lección 1)

Gregory dibujó 10 caras sonrientes y 5 caras sonrientes. Las juntó y obtuvo 15 caras sonrientes. Dibujen las 15 caras sonrientes como 10 caras sonrientes y 5 caras sonrientes. Ahora, dibujen 15 con tarjetas *Hide Zero* cuando el cero está escondido y cuando el cero no está escondido.

Nota: Los problemas escritos que involucran cantidades mayores que 10 comienzan en 1.ᵉʳ grado. Muchas de las **Puestas en práctica** del Módulo 5 son simplemente experiencias de descomposición y composición (**K.2E, K.2F**). Observe que los problemas no preguntan: "¿Cuántos hay en total?" o "¿Cuántos hay?". También observe que no hay número desconocido en los problemas de este tipo.

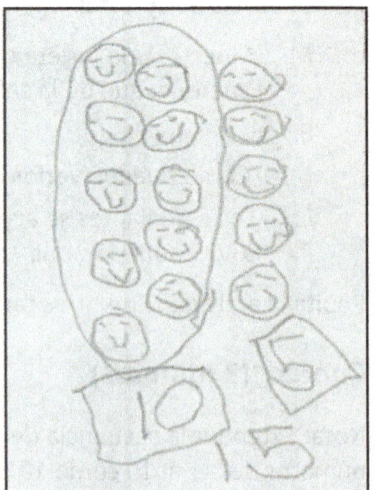

Desarrollo del concepto (28 minutos)

Materiales: (M) Tarjetas *Hide Zero* grandes (Plantilla 1 de la Lección 6), (E) 20 fichas para contar de dos caras en una bolsa de plástico transparente (frijoles blancos pintados con aerosol de color rojo de un lado, fichas para contar de dos caras comerciales, etc.), vínculo numérico (Plantilla) dentro de la pizarra blanca individual, 1 juego de tarjetas *Hide Zero*: 1 tarjeta *Hide Zero* de 10 (Plantilla 2 de la Lección 6) y tarjetas de grupos de 5 del 1 al 9 (Plantilla de fluidez 2 de la Lección 1) (por pareja)

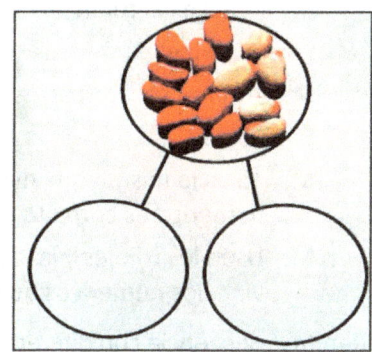

M: Éste es el número de Gregory con mis tarjetas *Hide Zero*.

M: Muestren el número de Gregory con sus fichas para contar de dos caras en el "lugar del total" de sus vínculos numéricos. Asegúrense de que 10 unidades sean de un color diferente a las otras unidades.

E: (Los estudiantes lo hacen).

M: ¡Nuestro vínculo numérico no está completo! ¡No hemos mostrado las partes!

M: ¿Qué partes del número están formadas por los dos colores?

E: 10 unidades y 5 unidades.

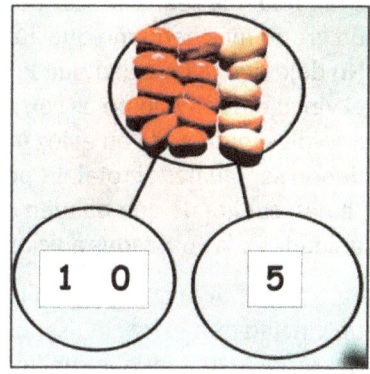

M: Muestren esas 2 partes con sus propias tarjetas *Hide Zero*.

M: (Observe las imágenes de la derecha). ¿15 frijoles es el mismo número que 10 y 5?

E: (Dé a los estudiantes tiempo para que vuelvan a contar). Sí.

M: ¡Ahora nuestro vínculo numérico es correcto!

M: Vamos a cambiarlo. Desplacen las fichas hacia abajo para que sean las dos partes: 10 unidades en una parte y 5 unidades en la otra.

M: Muestren 15 con sus tarjetas *Hide Zero* en el lugar del total del vínculo numérico.

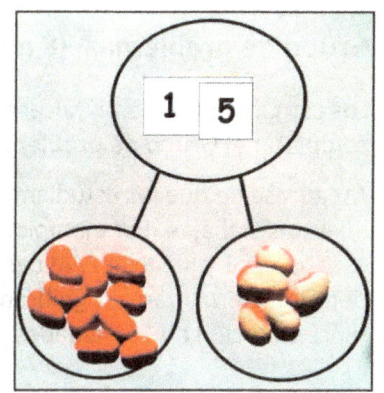

M: ¿El 15 nos dice el número total de frijoles en las 2 partes?

E: (Dé a los estudiantes tiempo para que cuenten). Sí.

M: ¡Ahora nuestro vínculo numérico es correcto otra vez!

M: Vamos a reemplazar las tarjetas *Hide Zero* con un número escrito. Saquen las tarjetas del lugar del total. ¿Qué número escribirán?

E: 15.

M: Saquen los frijoles de las partes. ¿Qué números escribirán en su lugar?

E: 10 y 5.

M: ¿15 es lo mismo que 10 y 5?

E: Sí.

UNA HISTORIA DE UNIDADES – EDICIÓN PARA TEKS   Lección 7 K • 5

M: ¿Cuál es el total?
E: 15 (o diez 5).
M: ¿Cuáles son las partes?
E: 10 y 5.
M: 15 es lo mismo que diez 5. ¡Nuestro vínculo numérico es correcto otra vez!
M: Usen los frijoles y las tarjetas *Hide Zero* para hacer vínculos numéricos que sean correctos.

Repita la secuencia con diferentes números de frijoles. Deje que los estudiantes trabajen de forma independiente a medida que sean capaces de hacerlo, mientras guía a un grupo más pequeño que aún necesite práctica guiada. No deje que la igualdad quede sin resolver. Por ejemplo, el vínculo numérico no es correcto si tienen 10 frijoles y 5 frijoles, pero nada en el lugar del total. Las partes siempre deben ser iguales al total. Es posible que los estudiantes se den cuenta de que pueden cambiar el orden de las 10 unidades y las unidades adicionales. ¡Eso está muy bien!

Para terminar la clase, pida a los estudiantes que escriban un vínculo numérico sin usar la plantilla. Éste es un repaso del Módulo 4, donde aprendieron sobre el "lugar del total" y cómo hacer un vínculo numérico.

Grupo de problemas (8 minutos)

Los estudiantes deberán hacer su mejor esfuerzo para completar el **Grupo de problemas** en el tiempo asignado.

Asegúrese de que los estudiantes hablen en voz baja mientras trabajan. Por ejemplo, cuando dicen "diez 2", escriben el 1 y luego el 2. Al decir "diez 2" al mismo tiempo, internalizan el significado del 1 como la representación de 10 unidades.

Reflexión (7 minutos)

Objetivo de la lección: Representar y escribir números del 10 al 20 como vínculos numéricos.

El objetivo de la **Reflexión** es invitar a pensar y procesar activamente la experiencia total de la lección. Invite a los estudiantes a revisar las soluciones del **Grupo de problemas**. Deben revisar el trabajo comparando las respuestas con un compañero. Vea si aún quedan

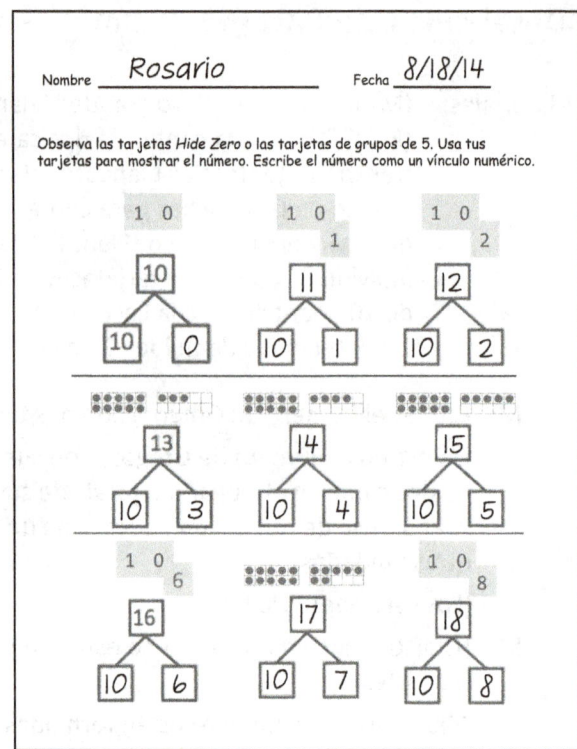

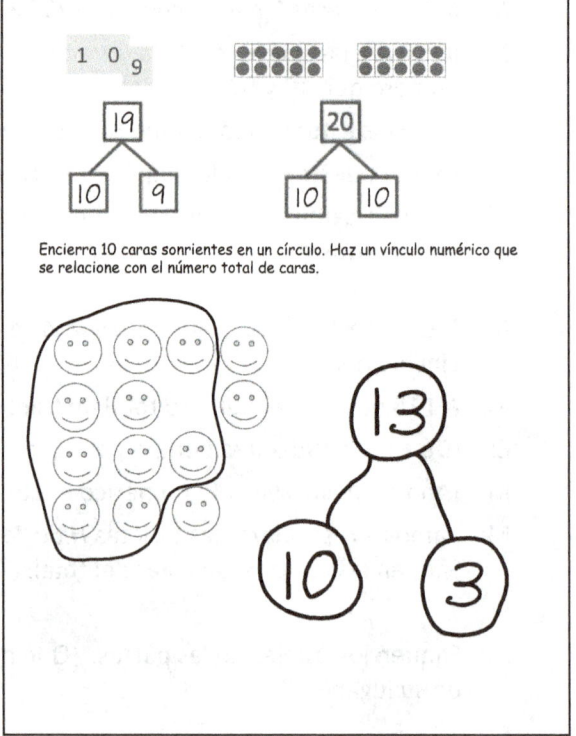

Lección 7: Representar y escribir números del 10 al 20 como vínculos numéricos.

conceptos erróneos o malentendidos que puedan resolverse en la **Reflexión**. Guíe a los estudiantes para que reflexionen sobre el **Grupo de problemas** y para que comprendan la lección.

Puede usar cualquier combinación de las preguntas de abajo para guiar la discusión.

- Cuéntenme sobre el patrón que ven en el **Grupo de problemas**.
- ¿Cómo los ayudan los vínculos numéricos y las tarjetas *Hide Zero* a comprender los números del once al veinte?
- ¿Cómo los ayuda el conteo con el método Decir diez a comprenderlos?
- ¿Por qué este 1 en el trece es igual que este 1 en el diecinueve? Cuando hicieron sus vínculos numéricos, ¿qué se mantuvo igual y qué cambió?
- Cuando ven el número once, ¿por qué esos dos 1 son diferentes?

Boleto de salida (3 minutos)

Después de la **Reflexión**, pida a los estudiantes que terminen el **Boleto de salida**. Revisar el trabajo de los estudiantes le permitirá evaluar si comprendieron los conceptos de la lección de hoy y planear de forma más eficaz las siguientes lecciones. Puede leer las preguntas en voz alta a los estudiantes.

UNA HISTORIA DE UNIDADES – EDICIÓN PARA TEKS Lección 7: Grupo de problemas K•5

Nombre _____ Fecha _____

Observa las tarjetas *Hide Zero* o las tarjetas de grupos de 5. Usa tus tarjetas para mostrar el número. Escribe el número como un vínculo numérico.

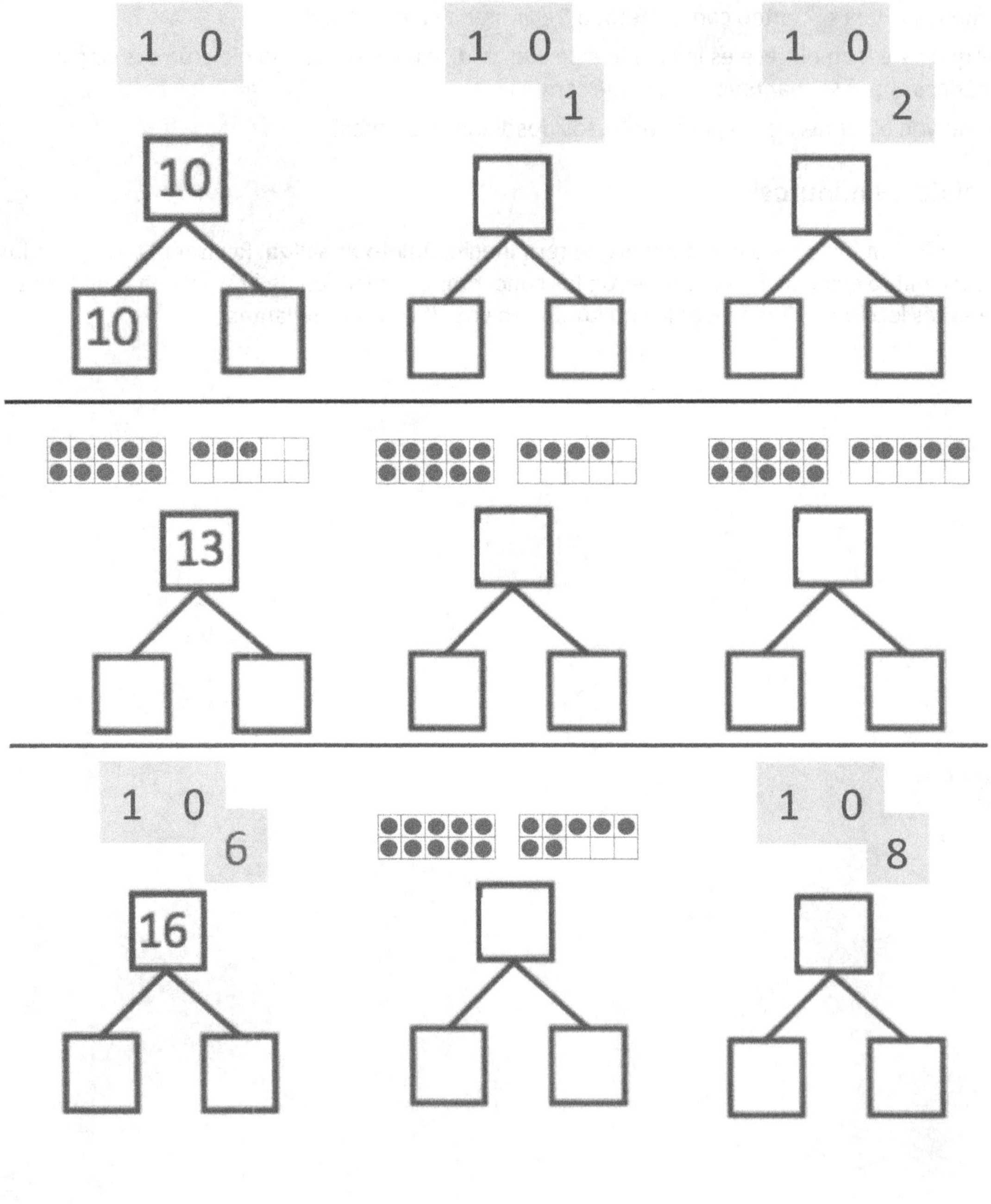

Lección 7: Representar y escribir números del 10 al 20 como vínculos numéricos.

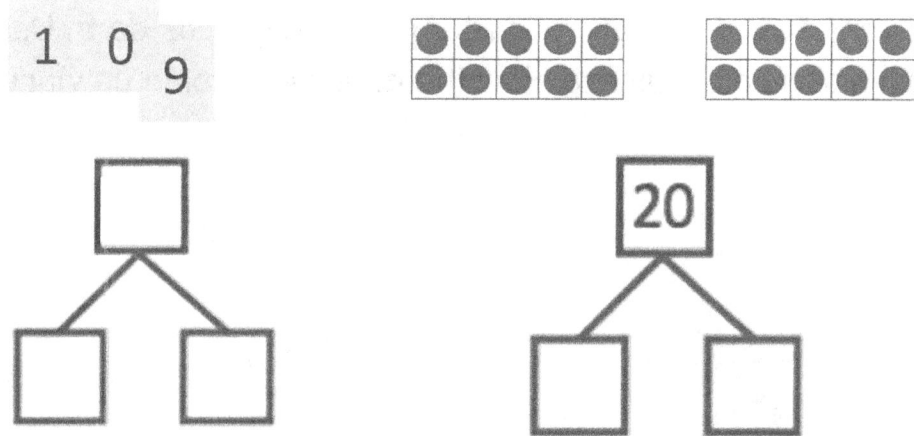

Encierra 10 caras sonrientes en un círculo. Haz un vínculo numérico que se relacione con el número total de caras.

Nombre _____ Fecha _____

Observa las tarjetas *Hide Zero* o las tarjetas de grupos de 5. Usa tus tarjetas para mostrar el número. Escribe el número como un vínculo numérico.

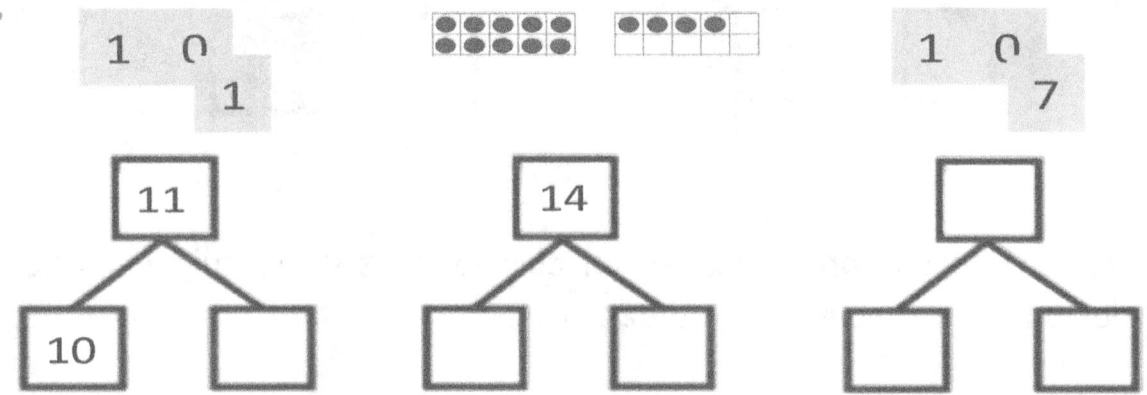

Lección 7: Representar y escribir números del 10 al 20 como vínculos numéricos.

Nombre _____ Fecha _____

Observa las tarjetas *Hide Zero* o las tarjetas de grupos de 5. Usa tus tarjetas para mostrar el número. Escribe el número como un vínculo numérico.

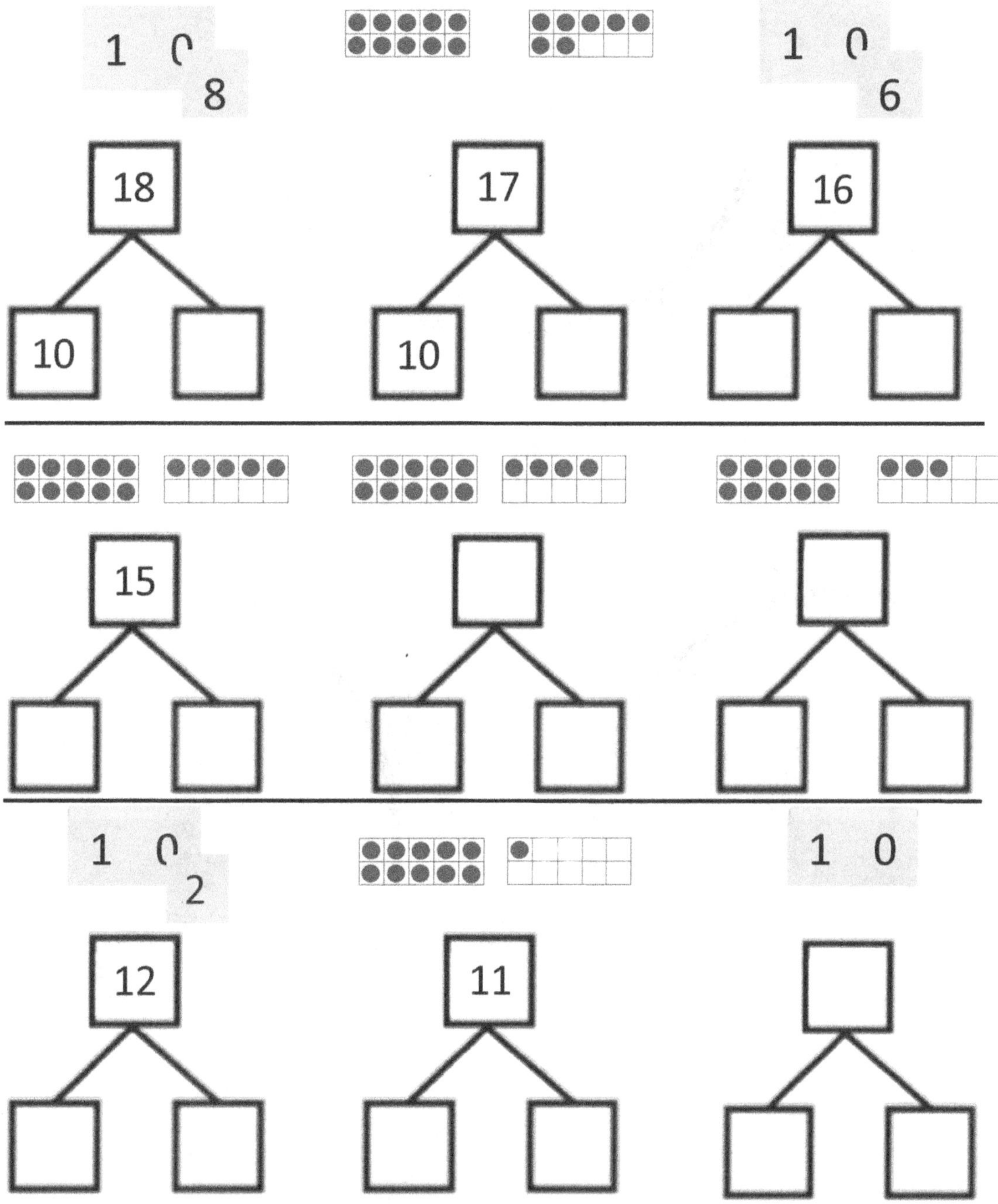

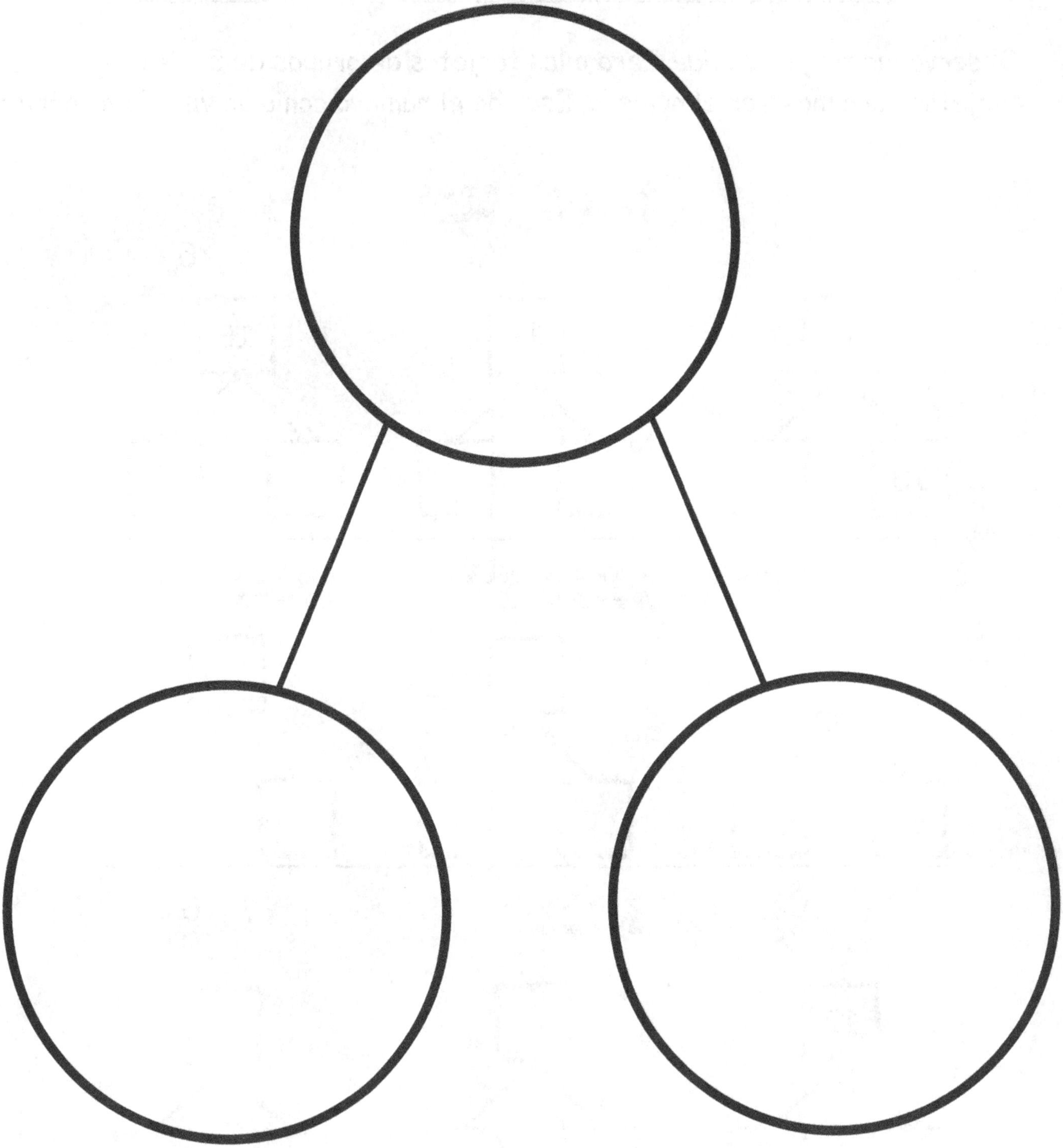

vínculo numérico

Lección 8

Objetivo: Representar números del 11 al 19 con materiales al pasar de un nivel abstracto a un nivel concreto.

Estructura sugerida para la lección

- Práctica de fluidez   (10 minutos)
- Puesta en práctica   (6 minutos)
- Desarrollo del concepto   (26 minutos)
- Reflexión   (8 minutos)

Tiempo total   **(50 minutos)**

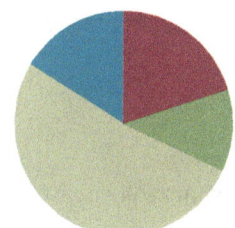

Práctica de fluidez (10 minutos)

- Vínculos numéricos de ocho **K.2I**   (4 minutos)
- Separar diez unidades dentro de números del 11 al 19 **K.2C** (3 minutos)
- Vínculos numéricos de números del 11 al 19 **K.2I**   (3 minutos)

Vínculos numéricos de ocho (4 minutos)

Materiales: (E) Tarjetas de puntos de 8 (Plantilla de fluidez de la Lección 6) (E) Pizarra blanca individual

Nota: Esta actividad de fluidez brinda a los estudiantes la oportunidad de familiarizarse aún más con las composiciones del ocho y repasar los vínculos numéricos.

M: (Muestre una tarjeta de puntos e indique 7 y 1 como las partes). Digan la parte más grande. (Dé a los estudiantes tiempo para que cuenten).

E: 7.

M: Digan la parte más pequeña.

E: 1.

M: ¿Cuál es el número total de puntos? (Dé tiempo para que cuenten).

E: 8.

M: Escriban el vínculo numérico.

Continúe con 5 y 3, 4 y 4, 6 y 2, 8 y 0.

UNA HISTORIA DE UNIDADES – EDICIÓN PARA TEKS Lección 8 K • 5

Separar diez unidades dentro de números del 11 al 19 (3 minutos)

Materiales: (E) Bolsa con aproximadamente 20 objetos pequeños

Nota: Esta actividad proporciona práctica continua de ubicar 10 unidades incluidas en los números del 11 al 19 y permite a los estudiantes experimentar la conservación.

- M: Vacíen la bolsa. Pongan todos los objetos en la plantilla de trabajo. Cuenten 10 unidades y júntenlas para hacer un grupo.
- M: (Espere mientras los estudiantes completan la tarea). ¿Cuántos objetos hay en su grupo?
- E: 10.
- M: ¿Hay algunos fuera de su grupo?
- E: Sí.
- M: Vuelvan a juntar todos los objetos. Espárzanlos sobre la plantilla de trabajo.

Repita este proceso dos o tres veces más.

Vínculos numéricos de números del 11 al 19 (3 minutos)

Materiales: (M) Tarjetas de vínculo numérico (Plantilla de fluidez)

Nota: Esta actividad continúa el trabajo con números del 11 al 19 pues permite a los estudiantes ver que las partes de un vínculo numérico pueden intercambiarse y el total sigue siendo el mismo.

- M: (Muestre un vínculo numérico con 10 y 5 como partes). Digan la oración numérica comenzando con 10.
- E: 10 y 5 hacen 15.
- M: Den vuelta a la tarjeta.
- E: 5 y 10 hacen 15.

Continúe con 10 y 1, 10 y 9, 10 y 4, 10 y 8, 10 y 2, 10 y 6, 10 y 3, 10 y 7.

Puesta en práctica (6 minutos)

Peter hizo un vínculo numérico de 13 como 10 y 3. Bill también hizo un vínculo numérico, pero él cambió de lugar el 10 y el 3. Muestren los vínculos numéricos de Bill y de Peter. Dibujen trece cosas como 10 unidades y 3 unidades. Expliquen a su compañero lo que observan sobre los dos vínculos numéricos.

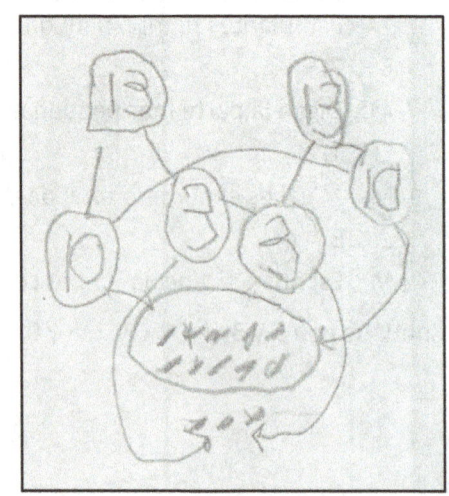

Nota: En el Módulo 4, los estudiantes observaron que las partes de un vínculo numérico pueden intercambiarse. Haga que les resulte interesante descubrir que las mismas reglas, o verdades matemáticas, también se aplican a números más grandes.

Lección 8:   Representar números del 11 al 19 con materiales al pasar de un nivel abstracto a un nivel concreto.

UNA HISTORIA DE UNIDADES – EDICIÓN PARA TEKS

Lección 8 K•5

Desarrollo del concepto (26 minutos)

Materiales: (E) Pizarra blanca individual; bolsa de tarjetas *Hide Zero*: 1 tarjeta *Hide Zero* de 10 (Plantilla 2 de la Lección 6) y tarjetas de grupos de 5 del 1 al 9 (Plantilla de fluidez 2 de la Lección 1), bolsa de 10 cubos conectables de un color y 10 cubos conectables de otro color (por pareja)

Parte 1: Representar números del 11 al 20 con cubos conectables y tarjetas *Hide Zero*

- M: Compañero A, abre la bolsa con las tarjetas *Hide Zero* y ponlas en tu plantilla de trabajo. Con tu compañero, ordénalas del 10 al 1. (Espere a que lo hagan).
- M: Compañero B, abre la bolsa con los cubos conectables y ponlos en tu plantilla de trabajo.
- M: (Escriba 11 en el pizarrón). ¿Qué número es éste?
- E: ¡Once!
- M: ¿Cómo lo dirían con el método Decir diez?
- E: Diez 1.
- M: Escriban el número 11 en sus pizarras blancas individuales. Cuando les pida que me muestren sus pizarras, muéstrenmelas.
- E: (Escriben 11).
- M: ¡Muéstrenme!
- E: (Sostienen en alto sus pizarras blancas individuales).
- M: Ahora, quiero que trabajen con su compañero para mostrarme el número. Compañero A, muéstrame el número con las tarjetas *Hide Zero* y ¡recuerda esconder el cero!
- M: Compañero B, muéstrame el número con los cubos conectables. Usa los de un color para mostrar 10 unidades y los del otro color para mostrar las otras unidades.
- M: Comprueben el trabajo del otro. Expliquen por qué ambos están mostrando el 11.

Repita el proceso con los números del 12 al 19.

Parte 2: Representar números del 11 al 20 con tarjetas *Hide Zero*

- M: (Escriba 15 en el pizarrón). ¿Cuál es el número?
- E: ¡Quince!
- M: ¿Y con el método Decir diez?
- E: Diez 5.
- M: Escriban 15 en sus pizarras blancas individuales y luego muéstrenmelo.
- M: Esta vez, el compañero A va a mostrar 15 con la cara con puntos de las tarjetas *Hide Zero*, y el compañero B va a mostrar 15 con la cara con numerales. Después de comprobar el trabajo del otro, intercambiarán roles.

Repita el proceso de arriba con los números del 11 al 19.

Lección 8: Representar números del 11 al 19 con materiales al pasar de un nivel abstracto a un nivel concreto.

Grupo de problemas (7 minutos)

Los estudiantes deberán hacer su mejor esfuerzo para completar el **Grupo de problemas** en el tiempo asignado. Pida a los estudiantes que usen la bolsa de 20 objetos pequeños de la actividad de fluidez de hoy para completar el **Grupo de problemas**.

Reflexión (8 minutos)

Objetivo de la lección: Representar números del 11 al 19 con materiales al pasar de un nivel abstracto a un nivel concreto.

El objetivo de la **Reflexión** es invitar a pensar y procesar activamente la experiencia total de la lección.

Invite a los estudiantes a revisar las soluciones del **Grupo de problemas**. Deben revisar el trabajo comparando las respuestas con un compañero. Vea si aún quedan conceptos erróneos o malentendidos que puedan resolverse en la **Reflexión**. Guíe a los estudiantes para que reflexionen sobre el **Grupo de problemas** y para que comprendan la lección.

Puede usar cualquier combinación de las preguntas de abajo para guiar la discusión.

Tenga un juego de tarjetas de grupos de 5, tarjetas *Hide Zero* y 20 cubos conectables de dos colores diferentes listos para mostrar.

- ¿En qué se parecen y en qué se diferencian las tarjetas de grupos de 5 y las tarjetas *Hide Zero*?
- ¿Cómo podemos demostrar que 20 es igual que 2 dieces?
- Cuando escriben el número 18 en sus pizarras blancas individuales, ¿en qué se parece y en qué se diferencia el número 18 cuando lo muestran con las tarjetas *Hide Zero* o con las tarjetas de grupos de 5?
- ¿Cuál es su manera favorita de mostrar un número: con cubos conectables, tarjetas *Hide Zero*, tarjetas de grupos de 5 o simplemente escribiendo el número? ¿Por qué?
- Cuenten hasta el 20 en forma estandarizada y cuenten hacia atrás hasta el 0 con el método Decir diez.
- ¿Quién puede demostrar que el 1 en el 14 es 10 unidades y no 1 unidad?

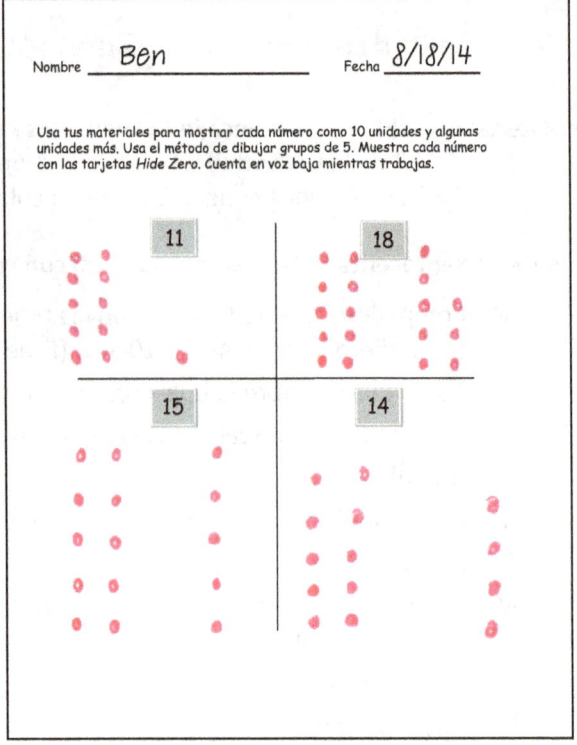

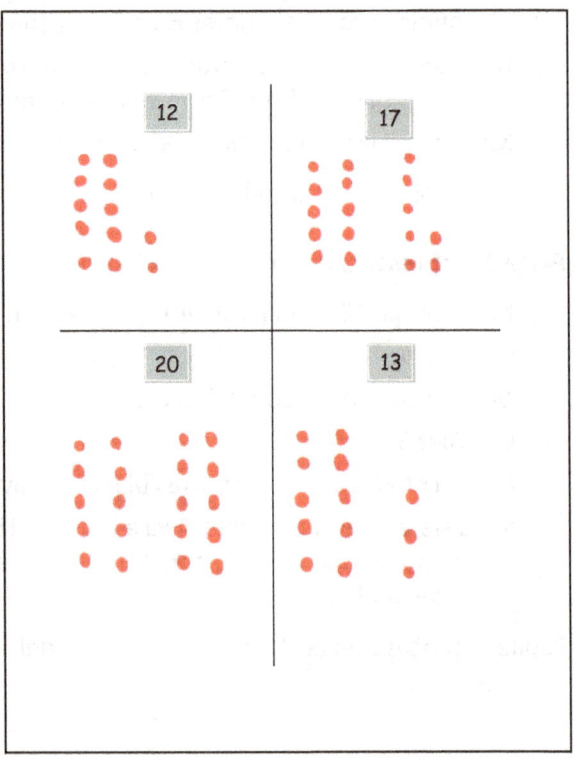

Boleto de salida (3 minutos)

Después de la **Reflexión**, pida a los estudiantes que terminen el **Boleto de salida**. Revisar el trabajo de los estudiantes le permitirá evaluar si comprendieron los conceptos de la lección de hoy y planear de forma más eficaz las siguientes lecciones. Puede leer las preguntas en voz alta a los estudiantes.

Lección 8: Representar números del 11 al 19 con materiales al pasar de un nivel abstracto a un nivel concreto.

Nombre _____ Fecha _____

Usa tus materiales para mostrar cada número como 10 unidades y algunas unidades más. Usa el método de dibujar grupos de 5. Muestra cada número con las tarjetas *Hide Zero*. Cuenta en voz baja mientras trabajas.

11	18
15	14

12	17
20	13

Lección 8: Representar números del 11 al 19 con materiales al pasar de un nivel abstracto a un nivel concreto.

Nombre _____ Fecha _____

Usa tus materiales para mostrar el número como 10 unidades y algunas unidades más. Usa el método de dibujar grupos de 5.

$$1\ 6$$

Usa tus cubos para mostrar el número. Luego, colorea los cubos para que se relacionen con el número.

$$1\ 2$$

Nombre _____ Fecha _____

Usa tus materiales para mostrar cada número como 10 unidades y algunas unidades más. Usa el método de dibujar grupos de 5.

1 5	1 3
Diez siete	Diez uno

Lección 8: Representar números del 11 al 19 con materiales al pasar de un nivel abstracto a un nivel concreto.

1 2	1 6
2 dieces	Diez cuatro

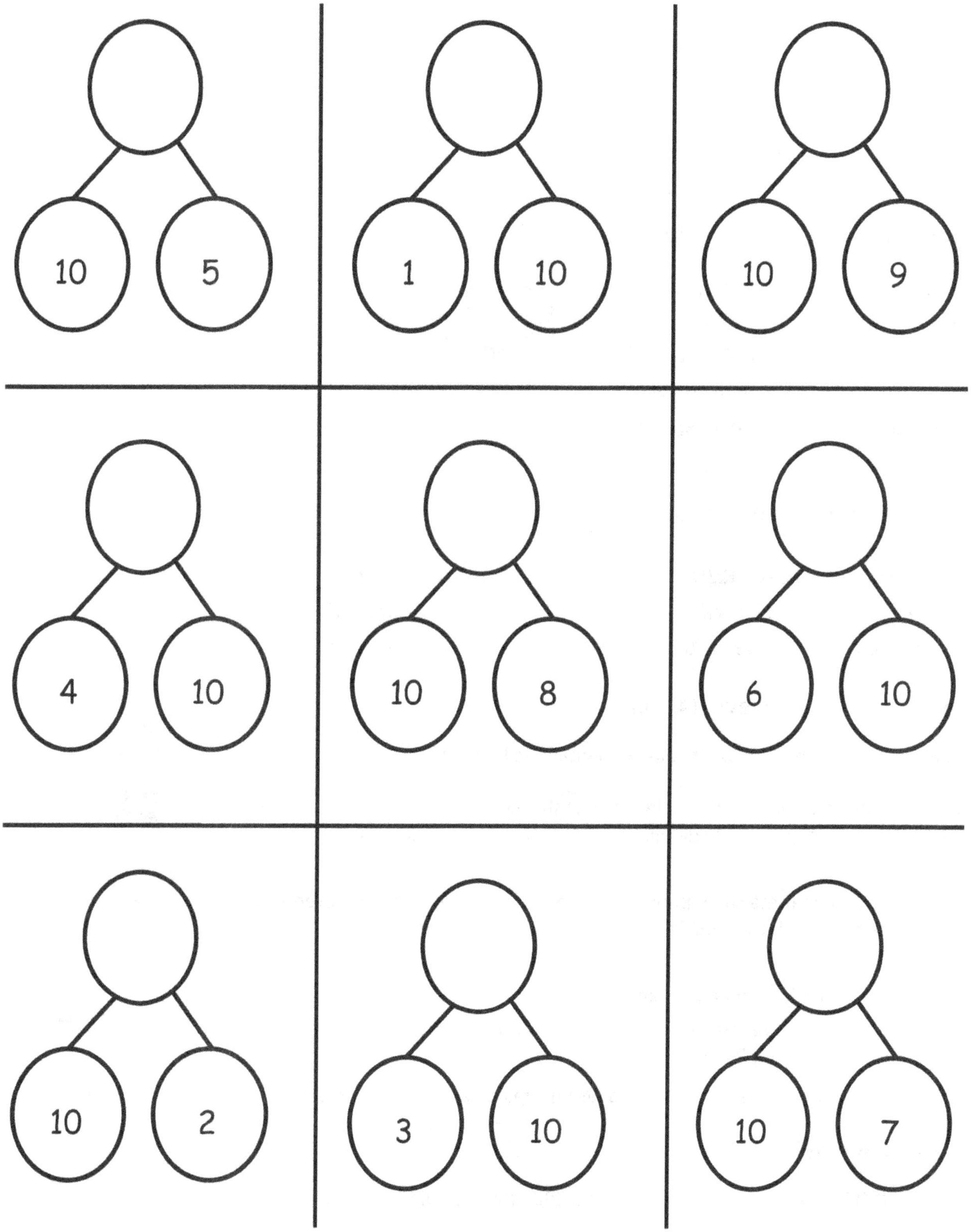

tarjetas de vínculo numérico

Lección 8: Representar números del 11 al 19 con materiales al pasar de un nivel abstracto a un nivel concreto.

Lección 9

Objetivo: Dibujar números del 11 al 19 al pasar de un nivel abstracto a un nivel pictórico.

Estructura sugerida para la lección

- ■ Práctica de fluidez   (10 minutos)
- ■ Puesta en práctica   (5 minutos)
- ■ Desarrollo del concepto   (27 minutos)
- ■ Reflexión   (8 minutos)
-   **Tiempo total**   **(50 minutos)**

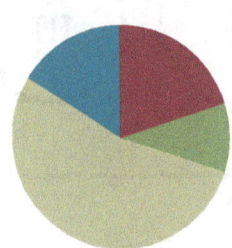

Práctica de fluidez (10 minutos)

- Tarjetas de puntos de nueve **K.2D, K.2I**   (4 minutos)
- ¿Cuánto es uno más? **K.2D, K.2F**   (2 minutos)
- Agrupar números del 11 al 19 en 10 unidades **K.2E, K.2I**   (4 minutos)

Tarjetas de puntos de nueve (4 minutos)

Materiales: (M/E) Tarjetas de puntos de 9 (Plantilla de fluidez)

Nota: Esta actividad de fluidez brinda a los estudiantes la oportunidad de familiarizarse aún más con las descomposiciones del nueve y practicar cómo ver las relaciones parte-total.

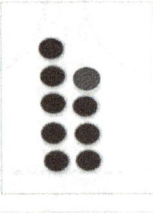
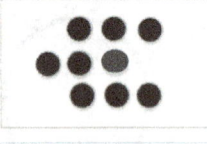

    M: (Muestre una tarjeta con 9 puntos). ¿Cuántos puntos cuentan? Esperen a que dé la señal para decírmelo. Prepárense (chasquee los dedos).

    E: 9.

    M: ¿Cómo los pueden ver en dos partes?

    E: (Los estudiantes se acercan a la tarjeta). Vi 5 aquí y 4 aquí. → Vi 3 aquí y 6 aquí. → Vi 2 aquí y 7 aquí.

Repita la actividad con otras tarjetas. Reparta las tarjetas para que los estudiantes trabajen con un compañero.

¿Cuántos es uno más? (2 minutos)

Materiales: (M) Tarjetas de grupos de 5 grandes (Plantilla de fluidez 1 de la Lección 1)

Nota: Esta actividad de fluidez continúa el trabajo conocido con el patrón de *1 más* ya que requiere que los estudiantes visualicen un punto adicional en los grupos de 5.

M: (Muestre 3). ¿Cuántos puntos ven?

E: 3.

M: ¿Cuánto es uno más que 3?

E: 4.

M: Continuemos sin las tarjetas de grupos de 5. Diré un número, y ustedes dirán el número que es 1 más. 3.

E: 4.

Repita la actividad con todos los números hasta el 10 en orden aleatorio.

Agrupar números del 11 al 19 en 10 unidades (4 minutos)

Materiales: (E) Bolsa con aproximadamente 20 objetos pequeños y plantilla de trabajo

Nota: Las bolsas deben tener entre 11 y 20 objetos distintos.

Nota: Practicar la separación y el conteo de objetos como diez unidades y algunas unidades consolida la comprensión de los estudiantes de los números del 11 al 19.

M: Vacíen la bolsa. Pongan todos los objetos en la plantilla de trabajo. Cuenten 10 unidades y júntenlas para hacer un grupo.

M: (Espere mientras trabajan). ¿Cuántas unidades hay en su grupo?

E: 10 unidades.

M: ¿Cuántas no están en el grupo?

E: 3 unidades.

M: Digan la oración numérica.

E: 10 unidades y 3 unidades es igual a 13 unidades.

M: Vuelvan a juntar todos los objetos. Espárzanlos sobre la plantilla de trabajo.

Repita el proceso 2 o 3 veces más. Pregunte a los estudiantes si el grupo contiene los mismos 10 objetos cada vez.

Puesta en práctica (5 minutos)

Jenny, una amiga de prekínder, dibujó 15 cosas con 1 ficha y 5 fichas más. Dibujen 15 cosas como 10 unidades y 5 unidades. Expliquen a su compañero por qué creen que Jenny cometió un error.

NOTAS SOBRE LAS DIFERENTES FORMAS DE REPRESENTACIÓN:

Puede que los estudiantes cuyo desempeño está bajo el nivel del grado necesiten representar el error de Jenny y contar la cantidad para poder compararla con las quince fichas. Dé a los estudiantes fichas para contar para que puedan mostrar la solución correcta del problema y explicar el error de Jenny.

NOTAS SOBRE LAS DIFERENTES FORMAS DE ACCIÓN Y EXPRESIÓN:

Para desafiar a los estudiantes cuyo desempeño está sobre el nivel del grado, amplíe la **Puesta en práctica** y pregunte: "Si Jenny comete el mismo error al representar el 18, ¿cómo podría mostrarlo?" y "¿Cuántas fichas más necesita Jenny para corregir su error?".

UNA HISTORIA DE UNIDADES – EDICIÓN PARA TEKS
Lección 9 K•5

Desarrollo del concepto (27 minutos)

Materiales: (E) Marco de 10 doble (Plantilla) dentro de la pizarra blanca individual

M: Voy a escribir un número en el pizarrón. Quiero que muestren ese número poniendo círculos o puntos dentro de los marcos de 10.

M: (Escriba 10 en el pizarrón). Digan el número.

E: ¡Diez!

M: Dibujen círculos o puntos para mostrar diez. Cuando les diga que me lo muestren, sostengan en alto sus pizarras blancas individuales.

M: Muéstrenme. ¿Cuántas unidades dibujaron?

E: Diez unidades.

M: Muy bien. Borren sus pizarras. (Escriba 14). Digan el número.

E: ¡Catorce!

M: Digan el número en voz baja con el método Decir diez mientras completan sus marcos de 10 para mostrarlo.

E: Diez 4 (lo dicen en voz baja mientras completan los marcos de 10).

M: Conversen con un compañero para explicar lo que dibujaron y cómo agruparon los puntos.

M: (Escriba 18). Digan el número con el método Decir diez.

E: Diez 8.

M: Digan el número en voz baja con el método normal a medida que completan sus marcos de 10.

E: Dieciocho (lo dicen en voz baja mientras completan los marcos de 10).

M: Conversen con su compañero. Expliquen por qué el dibujo que hicieron muestra diez 8.

Continúe de esta manera con el 15 y el 19.

M: Ahora, intentemos algo diferente. Volteen sus pizarras para trabajar sobre el lado en blanco. Voy a mostrarles un número. Quiero que hagan un dibujo que muestre esa cantidad de círculos. Luego, quiero que encierren 10 unidades en un círculo para que podamos ver las partes que forman el número.

M: (Muestre el 16. Espere a que dibujen).

M: Muéstrenme.

M: ¿Cuántas unidades dibujaron?

E: Dieciséis unidades.

M: ¿Cómo agruparon las dieciséis unidades?

E: Diez unidades y 6 unidades.

M: ¡Sí! Resolvamos otro problema.

Continúe de esta manera con los otros números del 11 al 19.

Lección 9: Dibujar números del 11 al 19 al pasar de un nivel abstracto a un nivel pictórico.

UNA HISTORIA DE UNIDADES – EDICIÓN PARA TEKS   Lección 9   K • 5

Grupo de problemas

Los estudiantes deberán hacer su mejor esfuerzo para completar el **Grupo de problemas** en el tiempo asignado. Pida a los estudiantes que cuenten mientras representan los números. Pídales que cuenten en voz baja mientras trabajan y que completen un marco de 10 por completo antes de pasar al siguiente. Pídales que muestren sus números con las tarjetas *Hide Zero*.

Reflexión (8 minutos)

Objetivo de la lección: Dibujar números del 11 al 19 al pasar de un nivel abstracto a un nivel pictórico.

El objetivo de la **Reflexión** es invitar a pensar y procesar activamente la experiencia total de la lección.

Invite a los estudiantes a revisar las soluciones del **Grupo de problemas**. Deben revisar el trabajo comparando las respuestas con un compañero. Vea si aún quedan conceptos erróneos o malentendidos que puedan resolverse en la **Reflexión**. Guíe a los estudiantes para que reflexionen sobre el **Grupo de problemas** y para que comprendan la lección.

Puede usar cualquier combinación de las preguntas de abajo para guiar la discusión.

- ¿En qué se parecen y en qué se diferencian sus dibujos de marcos de 10 y sus dibujos de círculos?
- Observen sus dibujos de marcos de 10 con su compañero. ¿Dibujaron el número 17 de la misma manera? Si no lo hicieron, expliquen por qué ambos dibujos muestran 17. Hagan lo mismo para el número 16.
- Comparen sus dibujos de marcos de 10 con sus dibujos de círculos. ¿Un dibujo es más fácil de leer y comprender que el otro? Expliquen su razonamiento.
- (Haga un conteo rápido con los dedos en orden mixto del 10 al 20 y pida a los estudiantes que digan el número con el método Decir diez).

Boleto de salida (3 minutos)

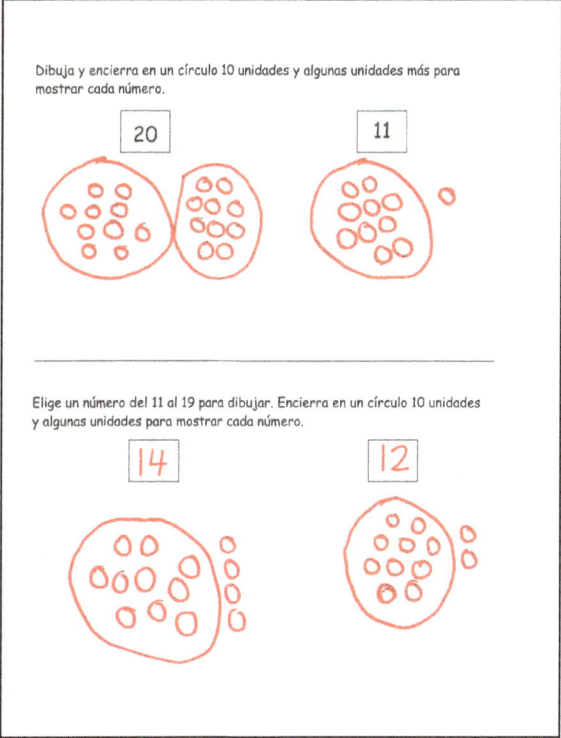

Después de la **Reflexión**, pida a los estudiantes que terminen el **Boleto de salida**. Revisar el trabajo de los estudiantes le permitirá evaluar si comprendieron los conceptos de la lección de hoy y planear de forma más eficaz las siguientes lecciones. Puede leer las preguntas en voz alta a los estudiantes.

Lección 9:   Dibujar números del 11 al 19 al pasar de un nivel abstracto a un nivel pictórico.

Nombre _____ Fecha _____

Cuenta en voz baja mientras dibujas el número. Primero, completa un marco de 10. Muestra tus números con las tarjetas *Hide Zero*.

12

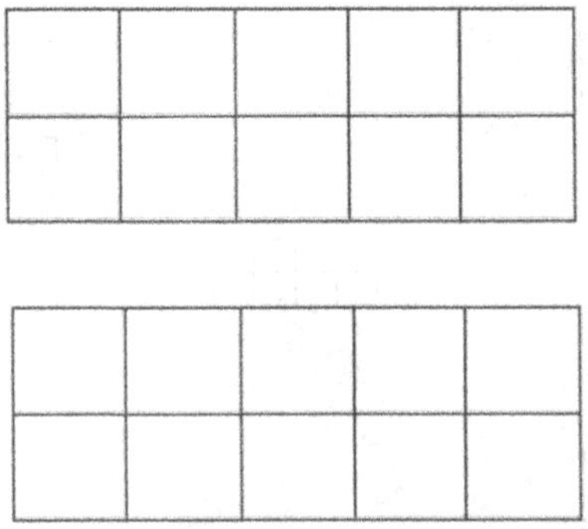

17

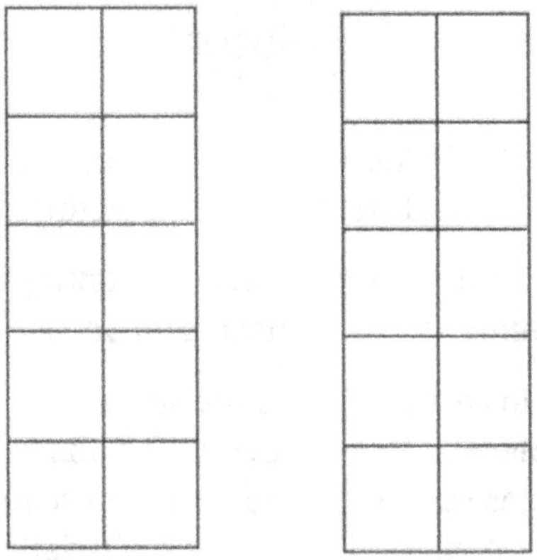

16

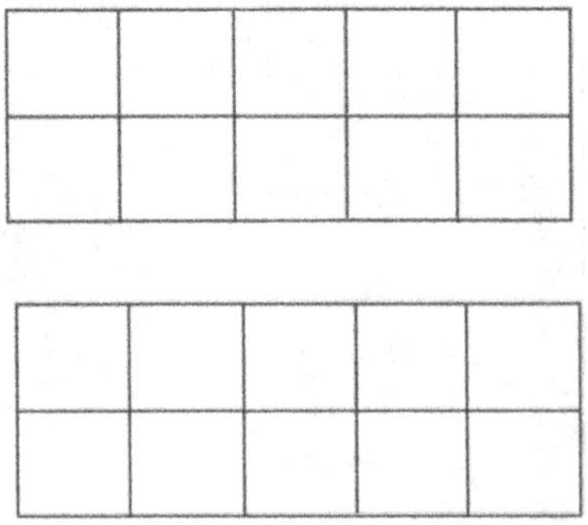

13

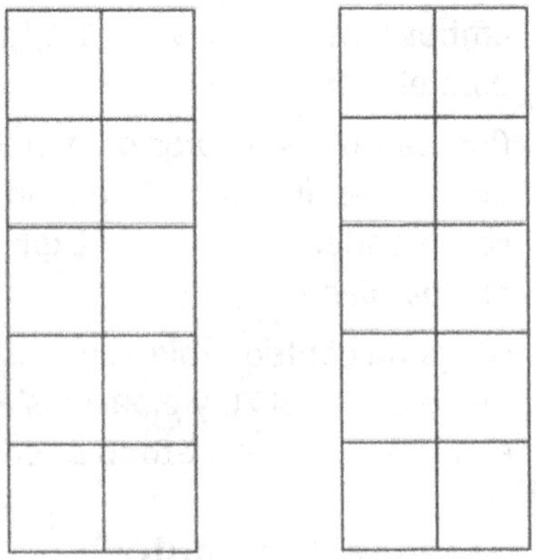

Lección 9: Dibujar números del 11 al 19 al pasar de un nivel abstracto a un nivel pictórico.

Dibuja y encierra en un círculo 10 unidades y algunas unidades más para mostrar cada número.

20   11

___

Elige un número del 11 al 19 para dibujar. Encierra en un círculo 10 unidades y algunas unidades para mostrar cada número.

Lección 9: Dibujar números del 11 al 19 al pasar de un nivel abstracto a un nivel pictórico.

Nombre _____   Fecha _____

Completa los marcos de 10 con círculos para mostrar el número.

15

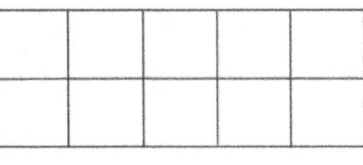

19

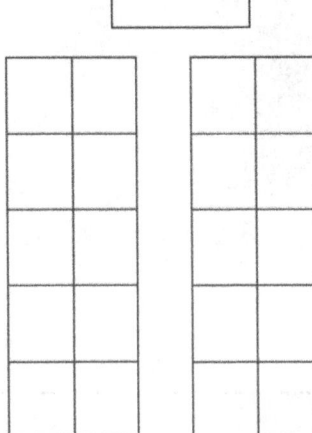

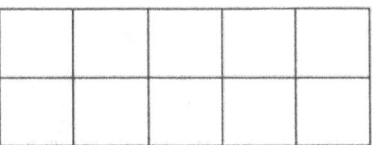

Dibuja círculos para mostrar el número. Encierra 10 unidades en un círculo.

18

14

Nombre _____ Fecha _____

Para cada número, haz un dibujo que muestre esa cantidad de objetos. Encierra 10 unidades en un círculo.

11

16

20

| 19 |

| 14 |

| 12 |

Lección 9: Dibujar números del 11 al 19 al pasar de un nivel abstracto a un nivel pictórico.

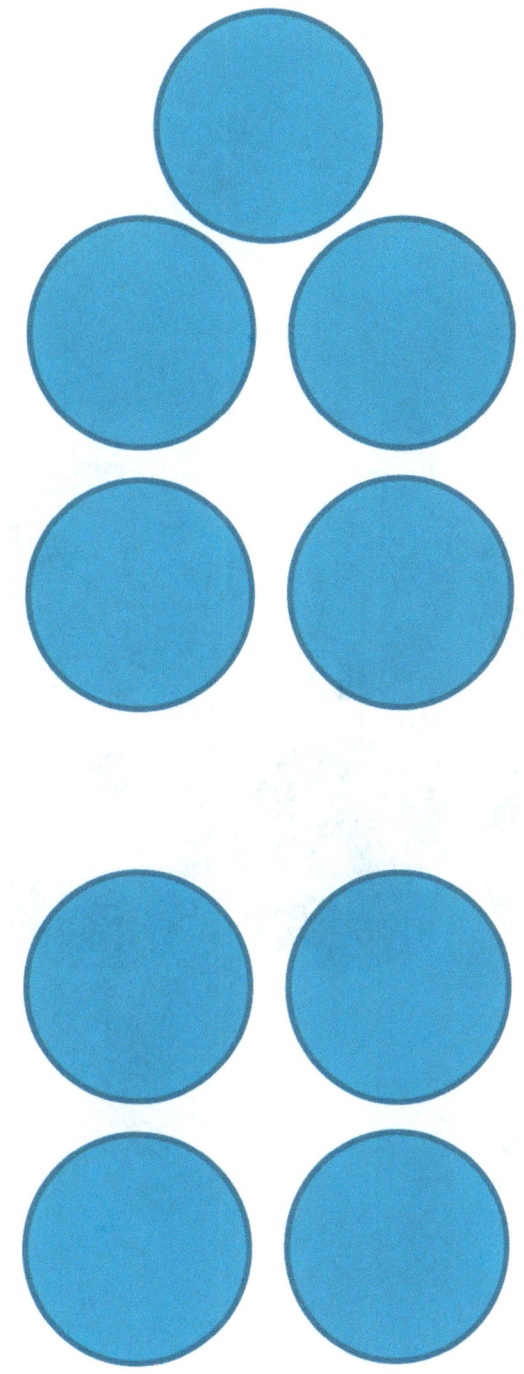

tarjetas de puntos de 9

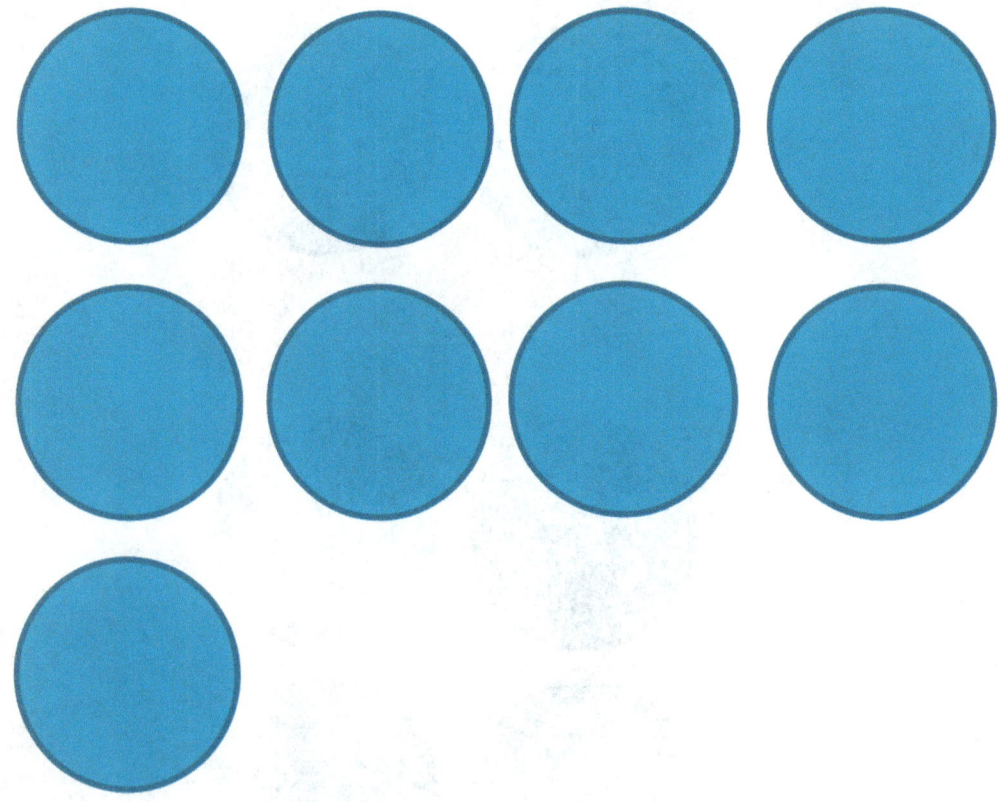

tarjetas de puntos de 9

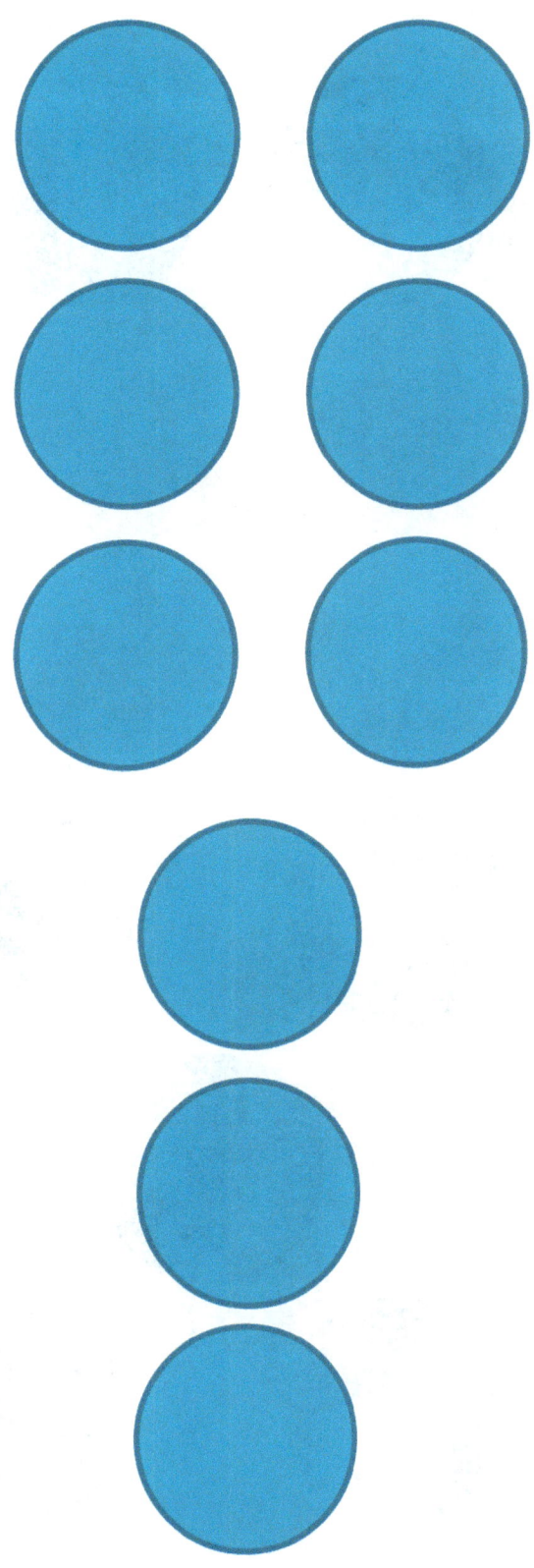

tarjetas de puntos de 9

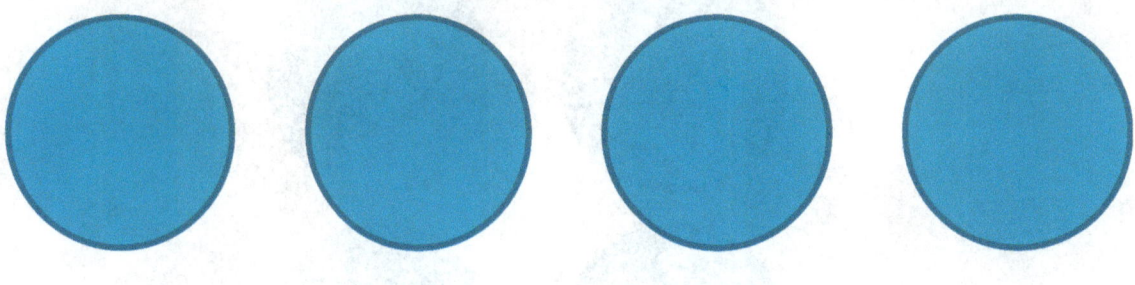
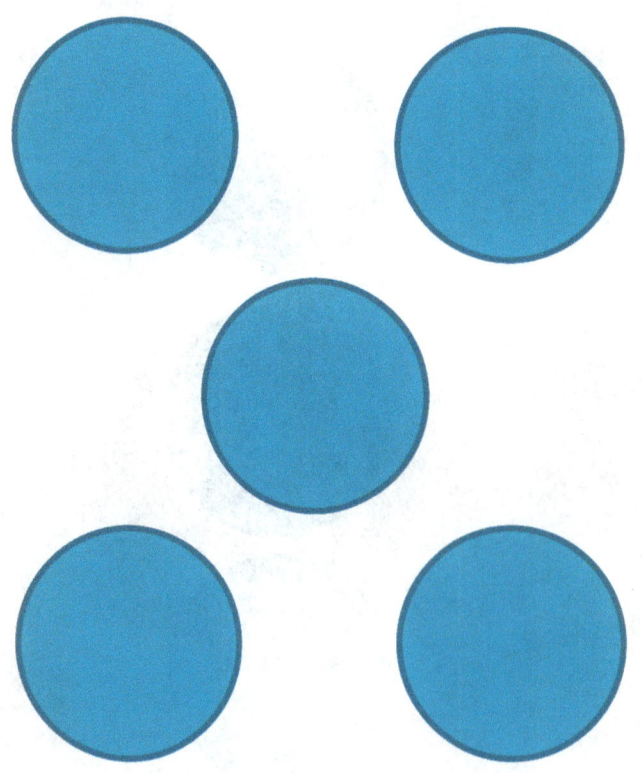

tarjetas de puntos de 9

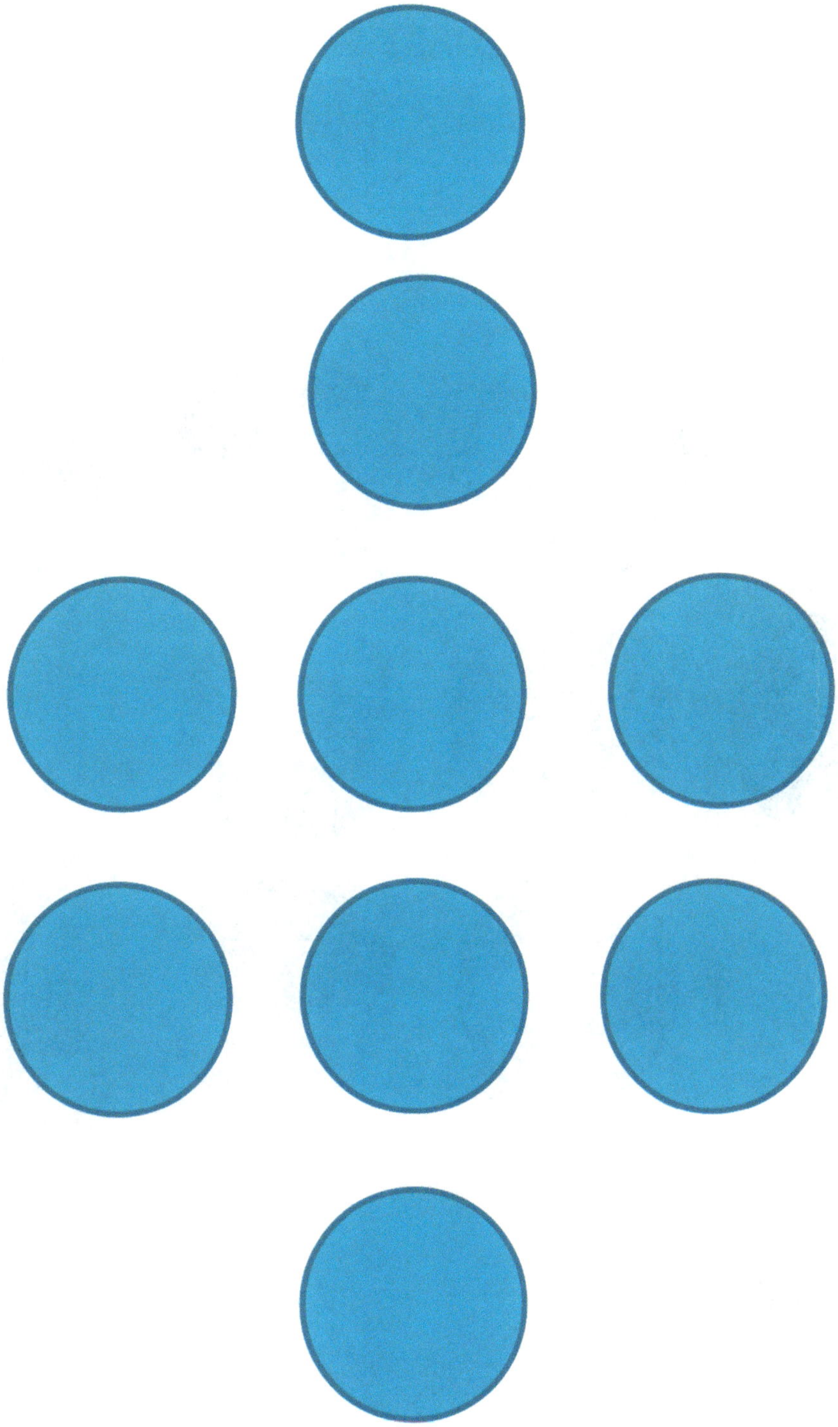

tarjetas de puntos de 9

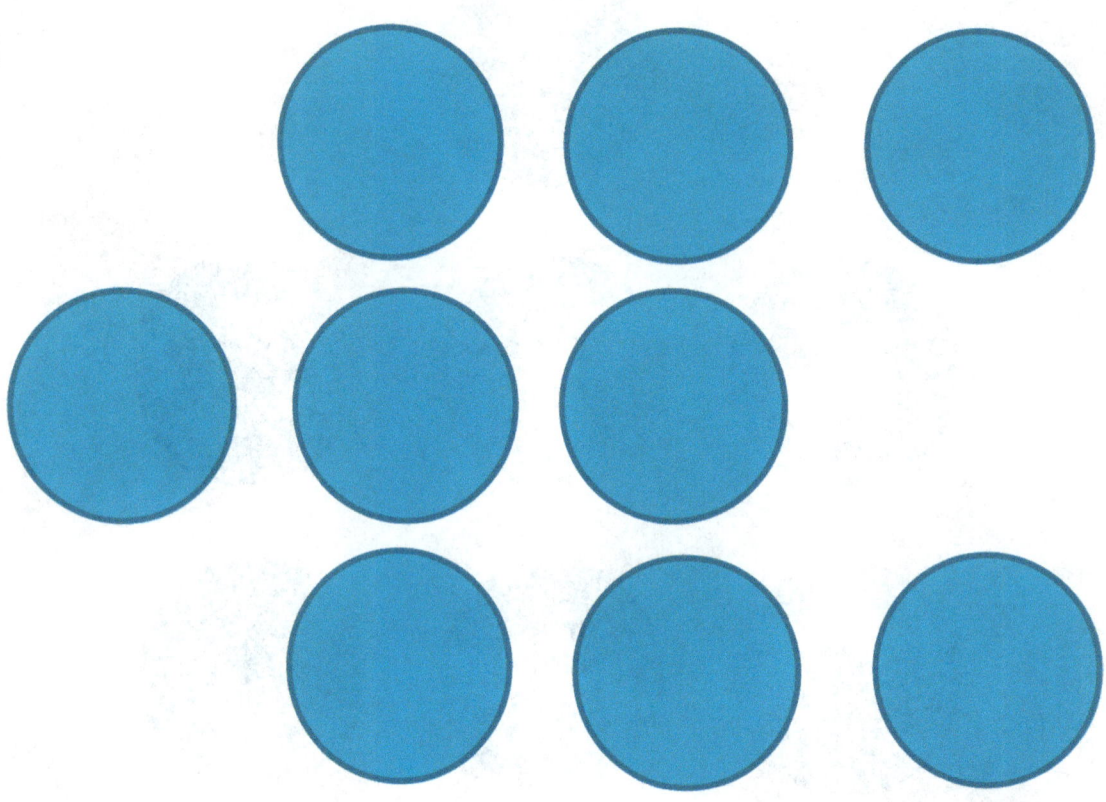

tarjetas de puntos de 9

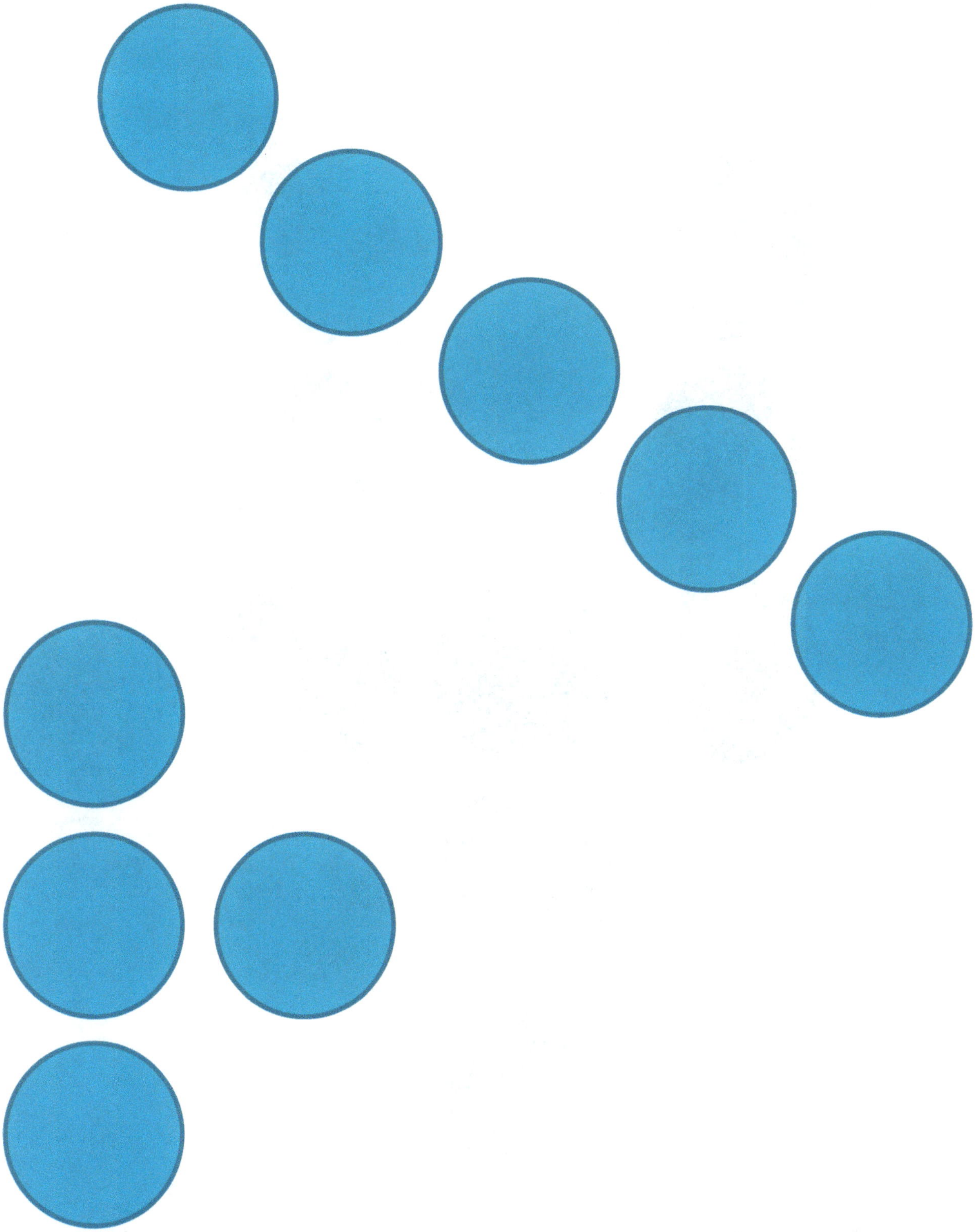

tarjetas de puntos de 9

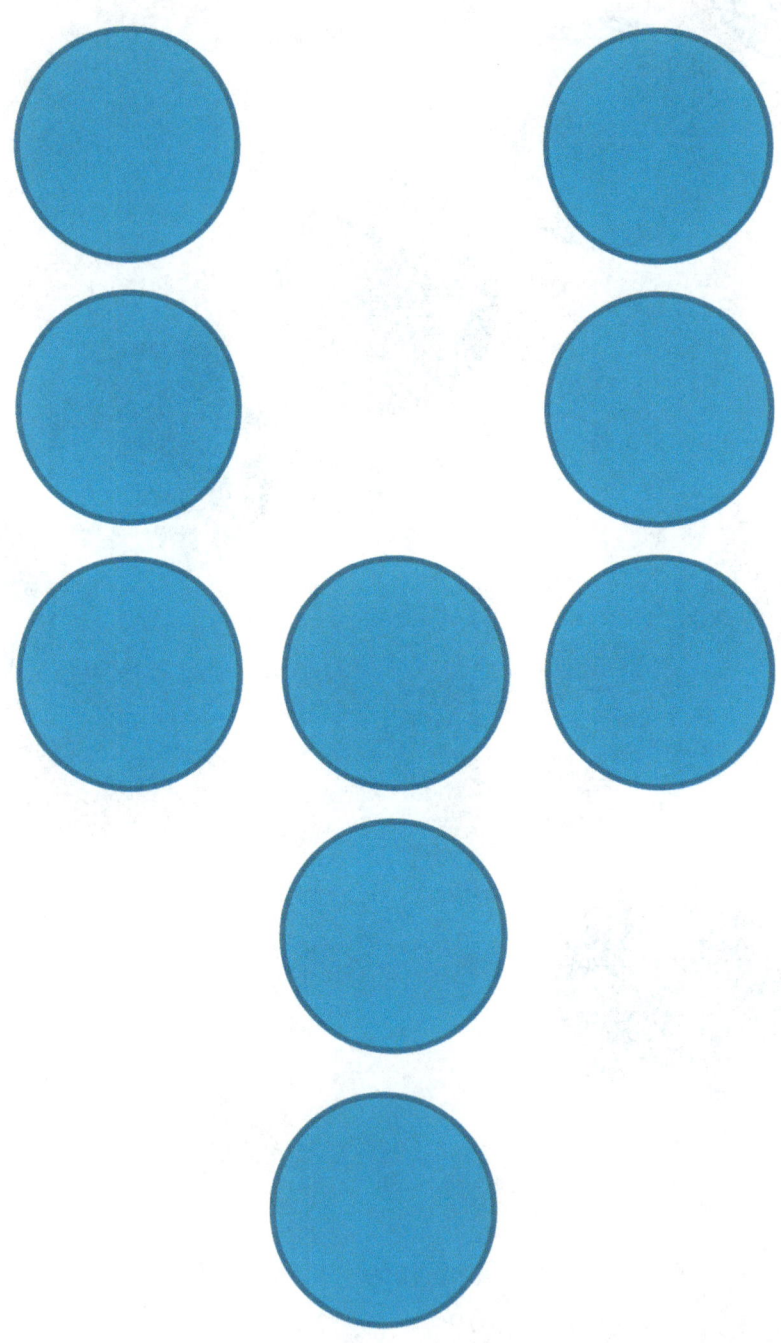

tarjetas de puntos de 9

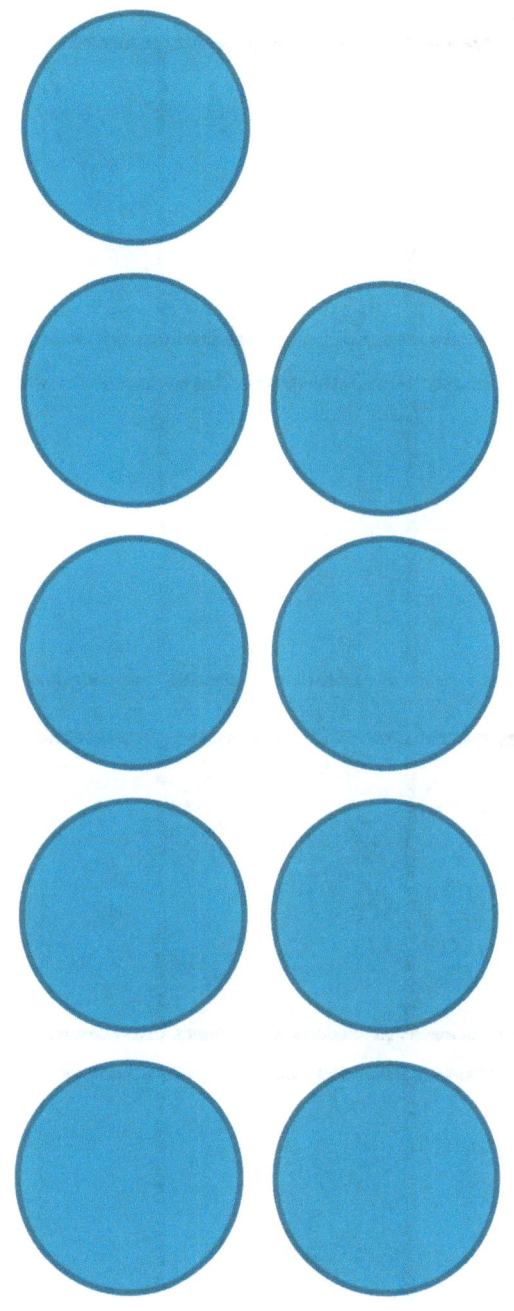

tarjetas de puntos de 9

marco de 10 doble

UNA HISTORIA DE UNIDADES — **EDICIÓN PARA TEKS**

Currículo de matemáticas

KINDERGARTEN • MÓDULO 5

Tema C

Descomposición de números del 11 al 20 y conteo para responder preguntas de "¿Cuántos?" en distintas configuraciones

K.2A, K.2C, K.2D, K.2E, K.2F, K.2G, K.2B

Enfoque en los estándares:	K.2A	Cuente hacia adelante y hacia atrás por lo menos hasta el número 20 con y sin objetos.
	K.2C	Cuente un conjunto de por lo menos 20 objetos y demuestre que el último número que cuente indica el número de objetos en el conjunto sin importar cómo están acomodados o el orden.
	K.2D	Reconozca inmediatamente la cantidad de un grupo pequeño de objetos acomodados en forma organizada y al azar.
	K.2E	Genere un conjunto utilizando modelos concretos y pictóricos que representen un número que es mayor que, menor que e igual a un número dado por lo menos hasta el 20.
	K.2F	Genere un número que es uno más o uno menos que otro número por lo menos hasta el 20.
	K.2G	Compare conjuntos de por lo menos 20 objetos en cada uno utilizando lenguaje comparativo.
Días para cubrir esta enseñanza:	5	
Coherencia -Se desprende de:	GPK–M5	Cuentos de suma y resta, y contar hasta el 20
-Se relaciona con:	G1–M2	Introducción al valor de posición mediante la suma y la resta hasta el 20

El Tema C comienza con la Lección 10, donde los estudiantes construyen un ábaco rekenrek de 20 cuentas, que usarán para contar y representar números durante el resto del año. Profundizan su comprensión de la composición y descomposición de números del 11 al 19 como 10 unidades y algunas unidades más al mostrar, contar y escribir (**K.2B**) los números del 11 al 20 en diferentes configuraciones: configuraciones de torres verticales, lineales, de matriz y circulares. En cada configuración, los estudiantes cuentan para responder preguntas de "¿cuántos?" (**K.2C**) y se dan cuenta de que, independientemente de la configuración, un número del 11 al 19 se puede descomponer en 10 unidades y algunas unidades.

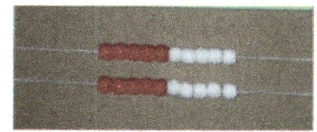

Las Lecciones 11 y 12 representan cada número del 11 al 19 como parte de un conjunto de escaleras de números hasta el 20. Cada torre vertical se coloca dentro de la sucesión ordenada. Esta configuración permite a los estudiantes ver cada número del 11 al 19 en relación con los otros, como uno más grande que el número anterior (**K.2F**), en relación con 10, y en relación con los números del 1 al 9, ya que el **Grupo de problemas** de la lección tiene un cambio de color después de 10 unidades. A continuación, en la Lección 13, los estudiantes mueven cantidades del 11 al 19 hacia adelante y hacia atrás entre configuraciones lineales y de matriz, practican estrategias de conteo y reconocen que cuando responden "¿Cuántos hay?", el total no ha cambiado. Por último, el tema concluye con la configuración más desafiante, el círculo. Los estudiantes encierran 10 en un círculo y observan que sí, el círculo también está compuesto por 10 unidades y algunas unidades. Adquieren competencia para contar en todas las configuraciones para responder preguntas de "¿cuántos?" (**K.2C**).

Secuencia de enseñanza para el dominio de la descomposición de números del 11 al 20 y conteo para responder preguntas de "¿Cuántos?" en distintas configuraciones	
Objetivo 1:	Construir un ábaco rekenrek de 20 cuentas. (Lección 10)
Objetivo 2:	Mostrar, contar y escribir números del 11 al 20 en configuraciones de torre que aumentan de a 1 (patrón de *1 más grande*). (Lección 11)
Objetivo 3:	Representar números del 20 al 11 en configuraciones de torre que disminuyen de a 1 (patrón de *1 más pequeño*). (Lección 12)
Objetivo 4:	Mostrar, contar y escribir para responder preguntas de *cuántos* en configuraciones lineales y de matriz. (Lección 13)
Objetivo 5:	Mostrar, contar y escribir para responder preguntas de *cuántos* en configuraciones circulares con hasta 20 objetos. (Lección 14)

Lección 10

Objetivo: Construir un ábaco rekenrek de 20 cuentas.

Estructura sugerida para la lección

- Práctica de fluidez   (10 minutos)
- Puesta en práctica   (7 minutos)
- Desarrollo del concepto (13 minutos)
- Reflexión   (20 minutos)
- **Tiempo total**   **(50 minutos)**

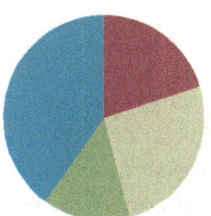

Práctica de fluidez (10 minutos)

- Escribir números del 11 al 19 **K.2B**   (4 minutos)
- Mostrar números con las manos **K.2B**   (3 minutos)
- Conteo **K.5**   (3 minutos)

Escribir números del 11 al 19 (4 minutos)

Materiales: (M) Cubos conectables (E) Pizarra blanca individual

Nota: Al escribir el numeral correspondiente para cada parte, y luego el total, a los estudiantes se les recuerda continuamente que el *1* en los números del 11 al 19 se refiere a 10 unidades.

    M: (Muestre 3 cubos). Escriban el número.
    E: (Los estudiantes escriben el numeral 3).
    M: (Muestre 10 cubos). Escriban el número.
    E: (Los estudiantes escriben el numeral 10).
    M: (Muestre 13 cubos). Escriban el número.
    E: (Los estudiantes escriben el 13).

Repita el proceso con la siguiente secuencia posible: 10, 13, 19, 5, 17, 8, 18, 15, 12, 14, 16.

Mostrar números con las manos (3 minutos)

Materiales: (M) Ábaco rekenrek de 20 cuentas

Nota: Relacionar el grupo de 10 en el ábaco rekenrek con las manos de los estudiantes los ayuda a internalizar la estructura de los números del 11 al 19.

M: (Muestre 12 en el ábaco rekenrek).

M: Muestren las dos partes del número con los dedos. Digan las partes al mismo tiempo.

E: 10 (muestran rápido diez dedos) y 2 (muestran dos dedos).

Continúe con la siguiente secuencia posible: 13, 14, 19, 16, 18, 15, 11, 17, 20.

Conteo (3 minutos)

Materiales: (M) Ábaco rekenrek de 20 cuentas

Nota: En esta actividad, los estudiantes relacionan el conteo con el método Decir diez con los nombres convencionales de los números del 11 al 19. Contar con los dos métodos, y en ambos sentidos, garantiza que los estudiantes estén alertas a la secuencia y no que simplemente extiendan un patrón de números escritos. Si los estudiantes tienen dificultades, vuelva a trabajar con un rango más manejable (como hasta el 13 o el 15), y luego avance gradualmente hasta el 20.

Cuenten de uno en uno del 11 al 20, cambiando el sentido, con el método Decir diez y con el método normal.

Puesta en práctica (7 minutos)

La Sra. García se está pintando las uñas. Se pintó todas las uñas de la mano izquierda menos la del pulgar. ¿Cuántas uñas más se tiene que pintar? ¿Cuántas uñas le faltarán pintar después de pintar la del pulgar de la mano izquierda? Hagan un dibujo como ayuda.

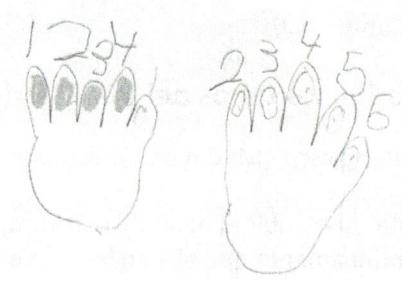

Nota: En este problema de la **Puesta en práctica**, los estudiantes aprenden el número que hace un grupo de 10 a partir de cualquier número menor que 10. Como problema escrito, éste es un problema de *cambio desconocido*, que es un tipo de problema de 1.er grado. Por lo tanto, no se pide la oración numérica, ya que los sumandos faltantes se presentan en el primer semestre de 1.er grado.

Desarrollo del concepto (13 minutos)

Materiales: (E) Grupo de problemas, 10 cuentas con agujero rojas, 10 cuentas con agujero blancas, un crayón rojo, un crayón negro

M: (Pida a los estudiantes que coloquen las cuentas en los círculos debajo del primer par de manos, 5 rojas a la izquierda y 5 blancas a la derecha).

M: Imaginen que estas cuentas rojas son las uñas pintadas de la Sra. García. Muéstrenme cuántas se pintó primero (en la **Puesta en práctica**). Pónganlas en sus uñas.

NOTAS SOBRE LAS DIFERENTES FORMAS DE PARTICIPACIÓN:

Para incentivar el razonamiento de los estudiantes cuyo desempeño está sobre el nivel del grado, pregunte: "¿Qué sucedería si la Sra. García también se pintara las uñas de los pies? ¿Cuántas uñas estarán pintadas cuando haya terminado por completo?". Considere ampliar más su razonamiento y pregunte: "Si la Sra. García se pinta dos lunares verdes en cada dedo, ¿cuántos lunares se pinta en total?".

Lección 10: Construir un ábaco rekenrek de 20 cuentas.

E: (Mueven 4 cuentas de los círculos a las uñas, comenzando con el dedo meñique de la mano izquierda).

M: ¿Cuántas uñas se pintó y cuántas necesita pintarse? Usen estas palabras como ayuda. Escuchen.

M: "Se pintó ____ uñas. Necesita pintarse ____ uñas".

E: Se pintó 4 uñas. Necesita pintarse 6 uñas.

M: Pinten una uña más de la mano izquierda. (Haga una pausa). Díganme cuántas se pintó y cuántas necesita pintarse.

E: Se pintó 5 uñas. Necesita pintarse 5 uñas.

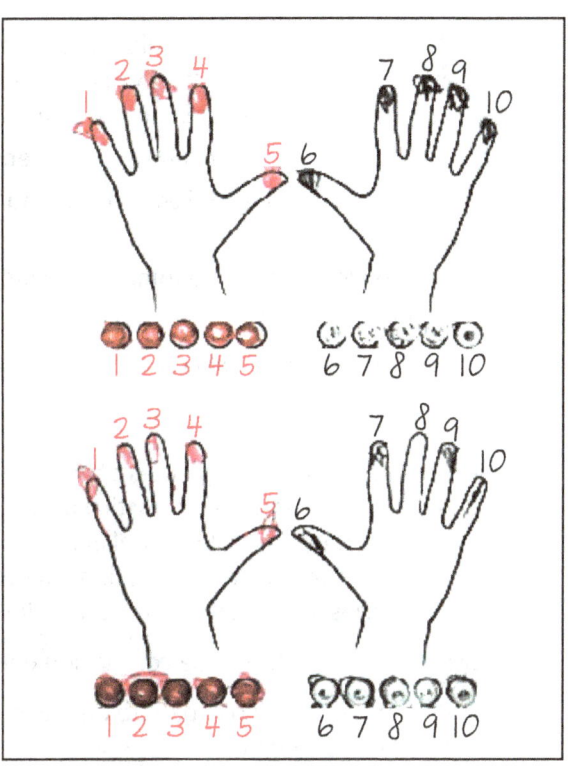

Continúe el patrón de pintar una uña más y hacer afirmaciones que describan cuántas se pintaron y cuántas necesitan pintarse. Pida a los estudiantes que trabajen de forma independiente en cuanto puedan. Una vez que hayan completado el primer par de manos, pídales que usen el segundo par de manos para representar las uñas sin pintar de la hija de la Sra. García. Pídales que pongan las cuentas en los dedos, a medida que cuentan y hacen afirmaciones. Anímelos a contar todas las cuentas y a analizar cuántas son rojas y cuántas son blancas, cuántas están en las manos izquierdas y cuántas en las manos derechas.

Grupo de problemas (5 minutos)

Los estudiantes colorean las uñas de las manos izquierdas de rojo y las uñas de las manos derechas de negro (en lugar de blanco), a medida que cuentan. Colorean las *cuentas* correspondientes debajo para que se relacionen con las manos, a medida que cuentan. También pueden escribir los números del 1 al 10.

Reflexión (20 minutos)

Objetivo de la lección: Construir un ábaco rekenrek de 20 cuentas.

El objetivo de la **Reflexión** es invitar a pensar y procesar activamente la experiencia total de la lección.

Invite a los estudiantes a revisar las soluciones del **Grupo de problemas**. Deben revisar el trabajo comparando las respuestas con un compañero. Pueden contar a partir de un número o contar todos los números, según sea necesario. Vea si aún quedan conceptos erróneos o malentendidos que puedan resolverse en la **Reflexión**. Guíe a los estudiantes para que reflexionen sobre el **Grupo de problemas** y para que comprendan la lección. Puede usar cualquier combinación de las preguntas de abajo para guiar la discusión.

Materiales: (E) 10 cuentas con agujero rojas y 10 blancas del Desarrollo del concepto, dos elásticos de 12 pulgadas de longitud, un trozo de cartón prensado de 2.75 pulgadas por 5.5 pulgadas (o una tira de cartón) con una hendidura (tenga en cuenta que con cada trozo de cartón prensado de 8 ½ pulgadas por 11 pulgadas se hacen 4 ábacos rekenrek).

M: Vamos a hacer un ábaco rekenrek. Pongan las cuentas rojas encima de las puntos rojos y las cuentas blancas encima de las puntos negros, a medida que cuentan.

M: ¿Qué saben acerca del número de cuentas rojas y blancas?

E: Ambos tienen diez. → Son el mismo número. → Son un número igual.

M: ¿Cómo dicen el número total de cuentas con el método Decir diez?

E: 2 dieces.

M: ¿Cuántas cuentas son con el método normal?

E: Veinte.

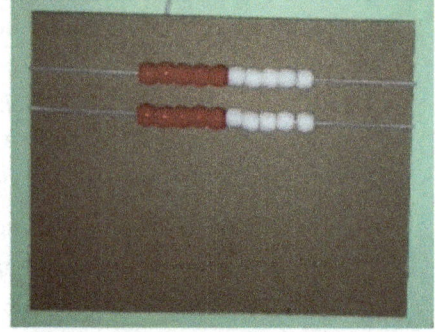

Después de mostrar a los estudiantes cómo enhebrar el elástico de izquierda a derecha, con las cuentas rojas primero, dé a cada estudiante un elástico de 12 pulgadas. Cuando hayan terminado una fila, pídales que hagan la otra fila. Muéstreles cómo agarrar el elástico por cualquiera de los extremos para tomar la fila y colocarla en su cartón prensado (o tira de cartón), una fila debajo de la otra. El maestro puede recorrer el salón y atar los elásticos, o pedirles a los ayudantes que aten los elásticos después de la clase para usarlos en lecciones futuras.

La discusión debe establecer una correlación entre las uñas de los estudiantes y las cuentas del ábaco rekenrek.

- Comenten con su compañero en qué se parecen y en qué se diferencian el número de sus uñas y el número de cuentas.
- ¿Cuántas personas necesitamos para que haya el mismo número de uñas que hay en su ábaco rekenrek?
- Si las cuentas fueran de color morado y verde, ¿cuántas uñas y cuentas serían moradas y cuántas serían verdes?
- ¿Qué sucedería si escondieran dos manos? ¿Cuántas cuentas verían?

Boleto de salida (3 minutos)

Después de la **Reflexión**, pida a los estudiantes que terminen el **Boleto de salida**. Revisar el trabajo de los estudiantes le permitirá evaluar si comprendieron los conceptos de la lección de hoy y planear de forma más eficaz las siguientes lecciones. Puede leer las preguntas en voz alta a los estudiantes.

UNA HISTORIA DE UNIDADES – EDICIÓN PARA TEKS Lección 10: Grupo de problemas K•5

Nombre _____ Fecha _____

Lección 10: Construir un ábaco rekenrek de 20 cuentas.

Nombre _____ Fecha _____

Usa el crayón rojo y el crayón amarillo para dibujar las cuentas de tu ábaco rekenrek en dos líneas.

¿Cuántas cuentas dibujaste?

Traza el contorno de tus manos. Dibuja tus uñas. ¿Cuántas uñas tienes en las dos manos?

Nombre _____ Fecha _____

Colorea el número de uñas y cuentas para que se relacionen con el vínculo numérico. Para mostrarlo, colorea 10 unidades arriba y algunas unidades abajo. Completa los vínculos numéricos.

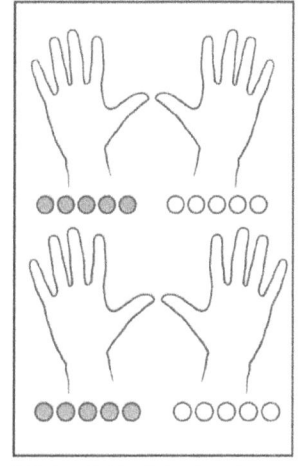 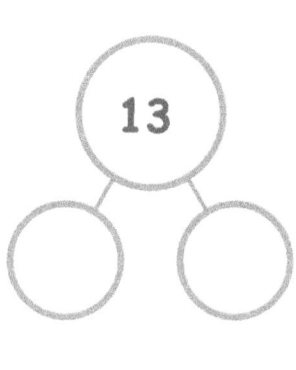 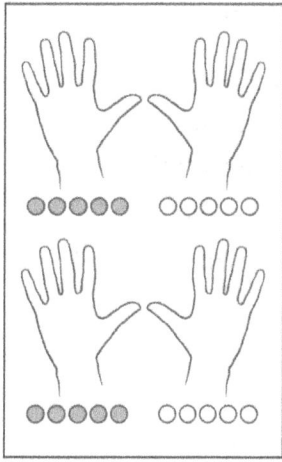 

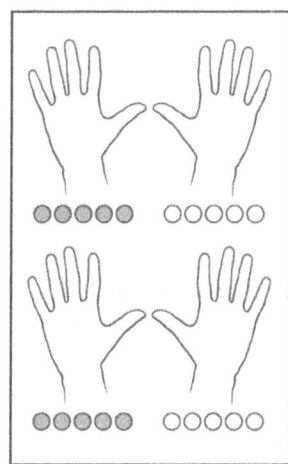  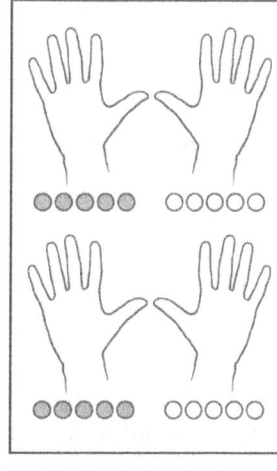 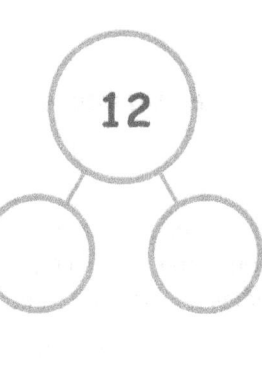

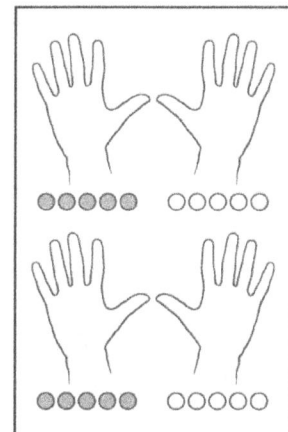 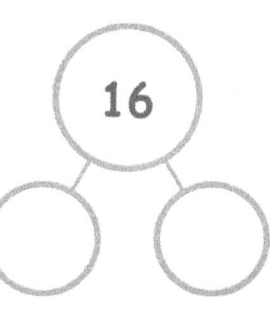 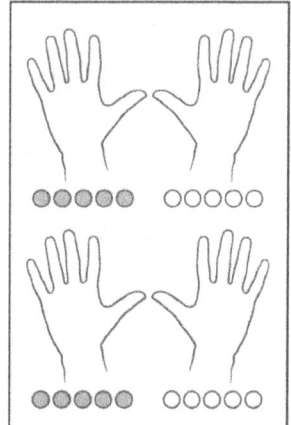 

Lección 10: Construir un ábaco rekenrek de 20 cuentas.

Lección 11

Objetivo: Mostrar, contar y escribir números del 11 al 20 en configuraciones de torre que aumentan de a 1 (patrón de *1 más grande*).

Estructura sugerida para la lección

- Práctica de fluidez (9 minutos)
- Puesta en práctica (7 minutos)
- Desarrollo del concepto (26 minutos)
- Reflexión (8 minutos)
- **Tiempo total** **(50 minutos)**

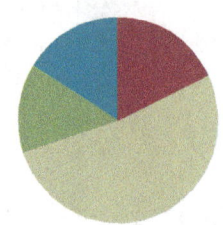

Práctica de fluidez (9 minutos)

- Contar en un ábaco rekenrek **K.2B** (4 minutos)
- Decir números del 11 al 19 con el método Decir diez **K.5** (2 minutos)
- Uno más **K.2F** (3 minutos)

Contar en un ábaco rekenrek (4 minutos)

Materiales: (E) Ábaco rekenrek individual (construido en la Lección 10)

Nota: Anime a los estudiantes a que muestren los números del 11 al 19 tanto con orientación horizontal (p. ej., 13 como 10 en la fila de arriba y 3 en la fila de abajo) como vertical (p. ej., 13 como 10 rojas y 3 blancas). Los estudiantes también pueden mostrar los números en 2 partes (p. ej., 5 como 3 y 2).

   M: Saquen el ábaco rekenrek que hicieron ayer. Voy a decir un número y quiero que ustedes lo muestren en su ábaco rekenrek. (Espere mientras los estudiantes preparan sus ábacos rekenrek).

Secuencia posible: 1, 2, 5, 6, 10, 11, 12, 13, 14, 15, 16, 15, 16, 17, 18, 19, 20, 19, 18, 17, 16, 15, 10, 5, 4, 3, 2, 1.

Decir números del 11 al 19 con el método Decir diez (2 minutos)

Nota: Ahora que los estudiantes tuvieron suficiente experiencia con el conteo con el método Decir diez, el objetivo es desarrollar la velocidad y la precisión.

   M: Voy a decir un número. Ustedes lo deben decir con el método Decir diez. Once.
   E: Diez 1.
   M: Doce.
   E: Diez 2.

Repita el proceso con esta secuencia posible: 13, 17, 19, 14, 16, 18, 15, 20.

Uno más (3 minutos)

Materiales: (M) Ábaco rekenrek de 20 cuentas

Nota: Los estudiantes usan el patrón de 1 más en los números del 1 al 9 para determinar 1 más con los números del 11 al 19. Saber que 4 unidades son parte de 14, por ejemplo, les permite determinar que 1 más es 15, al igual que 1 más que 4 es 5.

- M: Quiero que digan uno más que el número que ven en el ábaco rekenrek. (Muestre 3).
- E: 4.
- M: (Muestre 13).
- E: 14.

Continúe con la siguiente secuencia posible: 5, 15, 1, 11, 4, 14, 7, 17, 8, 18, 9, 19, 6, 16.

- M: Continuemos sin usar el ábaco rekenrek. Yo diré un número y ustedes dirán el número que es uno más. 1 diez, 3.
- E: 1 diez, 4.
- M: Díganlo con el método normal.
- E: 14.

Continúe con los otros números del 11 al 19 en orden aleatorio. Abandone el método Decir diez cuando lo considere adecuado.

- M: 15.
- E: 16.

Continúe con los números del 11 al 19 en orden aleatorio.

Puesta en práctica (7 minutos)

Mary tiene 10 camiones de juguete. Le dijo a su mamá que le gusta desparramarlos por el suelo. Le dijo que no le gusta guardarlos de forma ordenada en la cajita de juguetes porque así hay menos juguetes.
Hagan un dibujo para demostrar a Mary que el número de camiones de juguete es igual cuando están desparramados que cuando están guardados en la cajita de juguetes.

Nota: Esta **Puesta en práctica** brinda a los estudiantes la oportunidad de representar la conservación. Los estudiantes hacen dibujos para demostrar que el número de objetos sigue siendo el mismo, a pesar del cambio de percepción.

Desarrollo del concepto (26 minutos)

Materiales: (M) Esquema de oración (Plantilla) (E) Dos sets de 10 cubos conectables (10 de un color y 10 de otro color)

Nota: Tenga en cuenta que no estamos diciendo "20 es 1 más *que* 19".
Esto es muy complejo desde el punto de vista lingüístico para muchos estudiantes de Kindergarten que pueden decir "19 es más que 18" sin cuantificar la diferencia. Los estudiantes simplemente ven y analizan que cada número sucesivo es uno más grande (**K.2F**).

Lección 11: Mostrar, contar y escribir números del 11 al 20 en configuraciones de torre que aumentan de a 1 (patrón de *1 más grande*).

UNA HISTORIA DE UNIDADES – EDICIÓN PARA TEKS — Lección 11 — K•5

- M: Muéstrenme una torre de 10 cubos usando un color.
- M: (Los estudiantes muestran una torre de 10). ¿Cuántos cubos están sosteniendo?
- E: Diez.
- M: ¿Cuántas unidades son?
- E: 10 unidades.
- M: ¿Cuántos cubos más necesitan poner en su torre para hacer 11?
- E: ¡1 más!
- M: Muéstrenme 11. (Señale el primer esquema de oración). Mientras lo hacen, digan: "10. 1 más es 11.".
- E: 10. 1 más es 11.
- M: ¿Y cómo decimos 11 con el método Decir diez?
- E: Diez 1.
- M: ¡Bien! Pongan un cubo más en la torre.
- E: (Muestran 12).
- M: ¿Cuántos cubos tienen ahora?
- E: 12.
- M: Repitan conmigo: "11. 1 más es 12.".
- E: 11. 1 más es 12.

Use los esquemas de oraciones para ayudar a los estudiantes a expresar la relación de cada número con el número anterior. Continúe sumando un cubo más a cada número hasta el 20. Permita que la mayor cantidad posible de estudiantes continúe el patrón con un compañero: "13. 1 más es 14.". Permita que cada vez más estudiantes continúen el patrón con un compañero a medida que demuestren destreza y comprensión.

Grupo de problemas (7 minutos)

Los estudiantes deberán hacer su mejor esfuerzo para completar el **Grupo de problemas** en el tiempo asignado. A medida que los estudiantes colorean los cuadrados y escriben los números para completar el patrón, pídales que continúen diciendo la relación de cada número con el número anterior. Ejemplo: Catorce. 1 más es 15. Quince. 1 más es 16, etc.

Nota: Pida a los estudiantes que usen un crayón de otro color después de colorear 10 unidades.

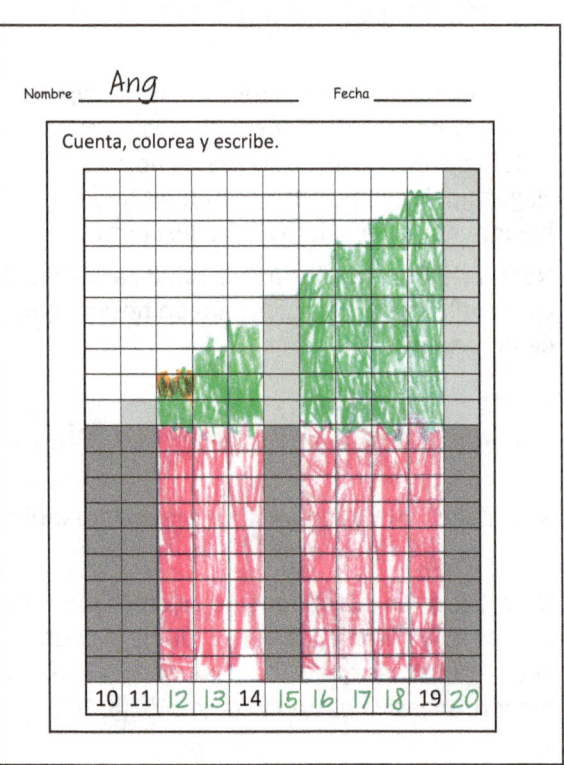

Lección 11: Mostrar, contar y escribir números del 11 al 20 en configuraciones de torre que aumentan de a 1 (patrón de *1 más grande*).

Reflexión (8 minutos)

Objetivo de la lección: Mostrar, contar y escribir números del 11 al 20 en configuraciones de torre que aumentan de a 1 (patrón de *1 más grande*).

El objetivo de la **Reflexión** es invitar a pensar y procesar activamente la experiencia total de la lección.

Invite a los estudiantes a revisar las soluciones del **Grupo de problemas**. Deben revisar el trabajo comparando las respuestas con un compañero. Pueden contar a partir de un número o contar todos los números, según necesiten. Vea si aún quedan conceptos erróneos o malentendidos que puedan resolverse en la **Reflexión**. Guíe a los estudiantes para que reflexionen sobre el **Grupo de problemas** y para que comprendan la lección.

Puede usar cualquier combinación de las preguntas de abajo para guiar la discusión.

> **NOTAS SOBRE LAS DIFERENTES FORMAS DE ACCIÓN Y EXPRESIÓN:**
>
> Para los estudiantes cuyo desempeño está bajo el nivel del grado, pídales que trabajen regularmente con usted cuando lleguen a la alfombra en lugar de trabajar con un compañero. Esto les brindará el tiempo adicional con el maestro que necesitan.

- ¿Qué notan cuando observan su hoja?
- ¿En qué se parece su dibujo a las torres que hicieron?
- ¿Cuántos cubos pusieron en la torre cada vez?
- ¿El número se hizo más grande o más pequeño cuando pusieron uno más?
- ¿En qué se parece la torre de números que hicieron al ábaco rekenrek que hicieron? ¿En qué se diferencia?
- Plieguen su hoja por la mitad y observen sólo las escaleras verdes. ¿En qué se parecen y en qué se diferencian de las escaleras para los números más grandes?

Boleto de salida (3 minutos)

Después de la **Reflexión**, pida a los estudiantes que terminen el **Boleto de salida**. Revisar el trabajo de los estudiantes le permitirá evaluar si comprendieron los conceptos de la lección de hoy y planear de forma más eficaz las siguientes lecciones. Puede leer las preguntas en voz alta a los estudiantes.

Nombre _____ Fecha _____

Cuenta, colorea y escribe.

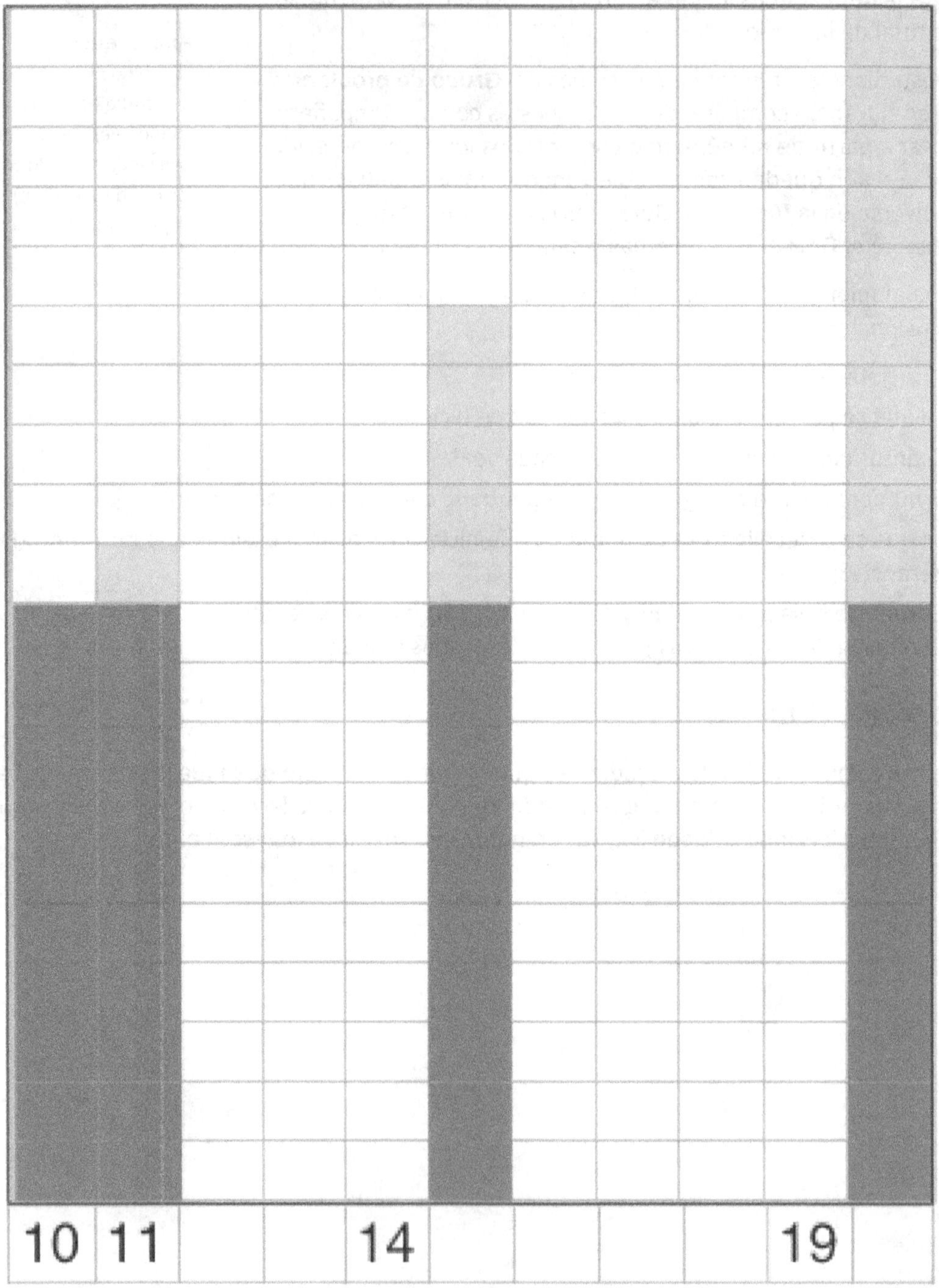

| 10 | 11 | | | 14 | | | | | 19 | |

Nombre _____ Fecha _____

Comienza en la parte de abajo. Traza líneas para poner los números en orden en la torre. Luego, escribe los números en la torre. Di cada número con el método normal y con el método Decir diez mientras trabajas.

12 ●

19 ●

16 ●

14 ●

17 ●

20
18
15
13
11
10

Nombre _____   Fecha _____

Escribe los números que faltan. Luego, cuenta y dibuja X y O para completar el patrón.

10		12		14		16	17	18		20

Lección 11: Mostrar, contar y escribir números del 11 al 20 en configuraciones de torre que aumentan de a 1 (patrón de *1 más grande*).

_____ . 1 más es . _____

esquema de oración

Lección 12

Objetivo: Representar números del 20 al 11 en configuraciones de torre que disminuyen de a 1 (patrón de *1 más pequeño*).

Estructura sugerida para la lección

- Práctica de fluidez   (9 minutos)
- Puesta en práctica   (7 minutos)
- Desarrollo del concepto   (26 minutos)
- Reflexión   (8 minutos)
- **Tiempo total**   **(50 minutos)**

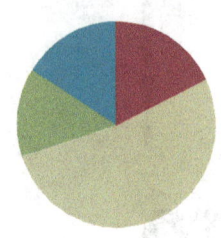

Práctica de fluidez (9 minutos)

- Escribir números del 11 al 19 **K.2B**   (3 minutos)
- Mostrar números del 11 al 19 **K.2B**   (3 minutos)
- Contar con el método Decir diez **K.2A, K.5**   (3 minutos)

Escribir números del 11 al 19 (3 minutos)

Materiales: (E) Una barra de 10 cubos conectables del mismo color, 10 cubos sueltos de un color diferente, pizarra blanca individual

Nota: Al escribir el numeral correspondiente para cada parte, y luego el total, a los estudiantes se les recuerda continuamente que el 1 en los números del 11 al 19 se refiere a 10 unidades.

- M: Pongan su barra de diez cubos en sus pizarras blancas individuales.
- M: Pongan 3 cubos junto a sus 10 cubos.
- M: Escriban el número de cubos que pusieron en sus pizarras.
- M: (Los estudiantes escriben 13). Digan el número.
- E: Diez 3. → ¡Trece!

Repita el proceso para varios números del 11 al 19 más.

Mostrar números del 11 al 19 (3 minutos)

Materiales: (E) Una barra de 10 cubos conectables del mismo color, 10 cubos sueltos de un color diferente

Nota: Un cambio de color en el 10 hace que las dos partes resalten visualmente, lo que permite a los estudiantes componer números del 11 al 19 con eficiencia.

| UNA HISTORIA DE UNIDADES – EDICIÓN PARA TEKS | Lección 12 K•5 |

   M: Sostengan en alto su barra de 10 cubos.

   M: Muéstrenme 11 cubos. Digan el número con el método Decir diez.

   E: Diez 1.

   M: Quiten la unidad adicional y vuelvan a ponerla en el montón de 10 unidades.

Repita el proceso para varios números del 11 al 19 más.

Contar con el método Decir diez (3 minutos)

Nota: Contar hacia adelante y hacia atrás prepara a los estudiantes para trabajar con el patrón de 1 menos en el **Desarrollo del concepto**.

   M: Vamos a contar con el método Decir diez.

Guíe a los estudiantes para que cuenten hacia adelante y hacia atrás entre el 10 y el 20.

Puesta en práctica (7 minutos)

Peter estaba sentado comiendo papas fritas durante el almuerzo. Contó que quedaban 8 papas fritas en el plato. Comió 1 papa frita. Comió otra papa frita. Luego, comió otra. ¿Cuántas papas fritas le quedaron a Peter?

Nota: El propósito de esta **Puesta en práctica** es simplemente preparar a los estudiantes para pensar en 1 menos. Ocho. 1 menos es 7. Siete. 1 menos es 6.

Desarrollo del concepto (26 minutos)

Materiales: (M) Esquema de oración (Plantilla) (E) 2 sets de 10 cubos conectables (10 de un color y 10 de otro color)

Nota: Tenga en cuenta que no estamos diciendo "19 es uno menos *que* 20". Esto es muy complejo desde el punto de vista lingüístico para muchos estudiantes de Kindergarten que pueden decir "19 es menos que 20" sin cuantificar la diferencia. Ésta es simplemente una extensión del concepto de "uno más" de la lección anterior a "uno menos", lo que da a los estudiantes la oportunidad de contar números del 11 al 19 en una configuración lineal.

   M: Construyan una torre con todos los cubos de un color.

   M: ¿Cuántos cubos hay en su torre?

   E: ¡Diez!

   M: ¿Cuántas unidades son?

   E: ¡10 unidades!

> **NOTAS SOBRE LAS DIFERENTES FORMAS DE ACCIÓN Y EXPRESIÓN:**
>
> Para desafiar a los estudiantes cuyo desempeño está sobre el nivel del grado, proporcione extensiones de la **Puesta en práctica** para que las resuelvan. Pregunte: "Si Peter comiera dos papas fritas por vez, ¿cuántas le quedarían? Si Peter comenzara con 18 papas fritas y comiera una por vez, ¿cuántas le quedarían? Y si Peter tuviera 50 papas fritas y comiera 1, luego otra y luego otra, ¿cuántas le quedarían?".

Lección 12: Representar números del 20 al 11 en configuraciones de torre que disminuyen de a 1 (patrón de *1 más pequeño*).

M: Ahora, construyan una torre usando los otros cubos.

M: ¿Cuántos cubos hay en esta torre?

E: ¡Diez!

M: Unan las dos torres. ¿Cuánto es 10 unidades y 10 unidades?

E: ¡Veinte! → ¡2 dieces!

M: ¿Cómo podemos mostrar 19?

E: Quitando 1 cubo. (Los estudiantes quitan un cubo).

M: Digan esto conmigo: "20. 1 menos es 19.". (Use el esquema de oración como ayuda).

E: 20. 1 menos es 19.

M: Quiten un cubo. Asegúrense de quitar un cubo del mismo color del que quitaron antes. Conversen con su compañero. ¿Cuántos cubos hay en su torre ahora?

E: (Dé tiempo para que los estudiantes lo averigüen). 18.

Los estudiantes continúan de esta manera, quitando un cubo cada vez, hasta 10. A medida que quitan cada cubo, pídales que expresen la relación de cada número con el número anterior, por ejemplo, 18. 1 menos es 17. Al igual que en la lección anterior, permita que los estudiantes trabajen de forma independiente en cuanto sea posible.

Grupo de problemas (7 minutos)

Los estudiantes deberán hacer su mejor esfuerzo para completar el **Grupo de problemas** en el tiempo asignado. Mientras los estudiantes colorean los cuadrados y escriben los números para completar el patrón, pídales que continúen diciendo la relación de cada número con el número anterior, por ejemplo, 13. 1 menos es 12. 12. 1 menos es 11.

Reflexión (8 minutos)

Objetivo de la lección: Representar números del 20 al 11 en configuraciones de torre que disminuyen de a 1 (patrón de *1 más pequeño*).

El objetivo de la **Reflexión** es invitar a pensar y procesar activamente la experiencia total de la lección.

Invite a los estudiantes a revisar las soluciones del **Grupo de problemas**. Deben revisar el trabajo comparando las respuestas con un compañero. Vea si aún quedan conceptos erróneos o malentendidos que puedan resolverse en la **Reflexión**. Guíe a los estudiantes para que reflexionen sobre el **Grupo de problemas** y para que comprendan la lección.

Puede usar cualquier combinación de las preguntas de abajo para guiar la discusión.

- ¿Qué notan cuando observan su trabajo?
- ¿En qué se parece su dibujo a las torres que hicieron?

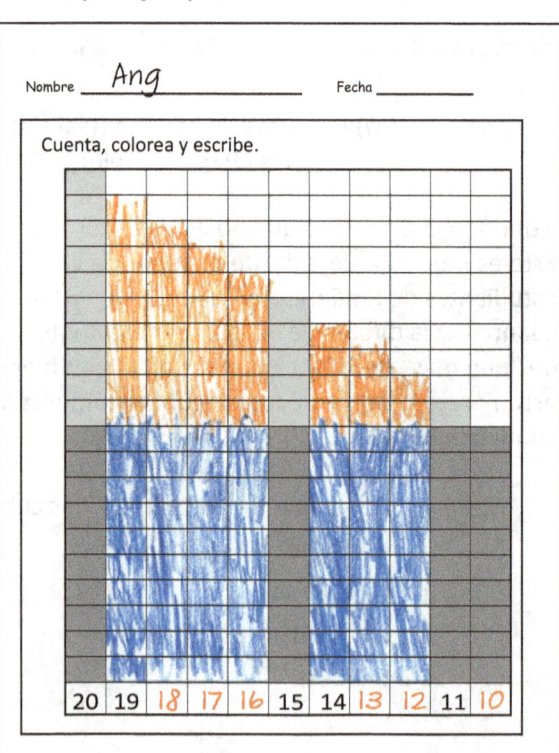

- ¿Cuántos cubos quitaron de la torre cada vez?
- Cuando quitan un cubo, ¿el número se hace más grande o más pequeño?
- ¿En qué se parece este trabajo al problema con historia de las papas fritas?
- ¿En qué se parece y en qué se diferencia lo que hicimos hoy y lo que hicimos ayer?

Boleto de salida (3 minutos)

Después de la **Reflexión**, pida a los estudiantes que terminen el **Boleto de salida**. Revisar el trabajo de los estudiantes le permitirá evaluar si comprendieron los conceptos de la lección de hoy y planear de forma más eficaz las siguientes lecciones. Puede leer las preguntas en voz alta a los estudiantes.

Lección 12: Representar números del 20 al 11 en configuraciones de torre que disminuyen de a 1 (patrón de *1 más pequeño*).

Nombre _____ Fecha _____

Cuenta, colorea y escribe.

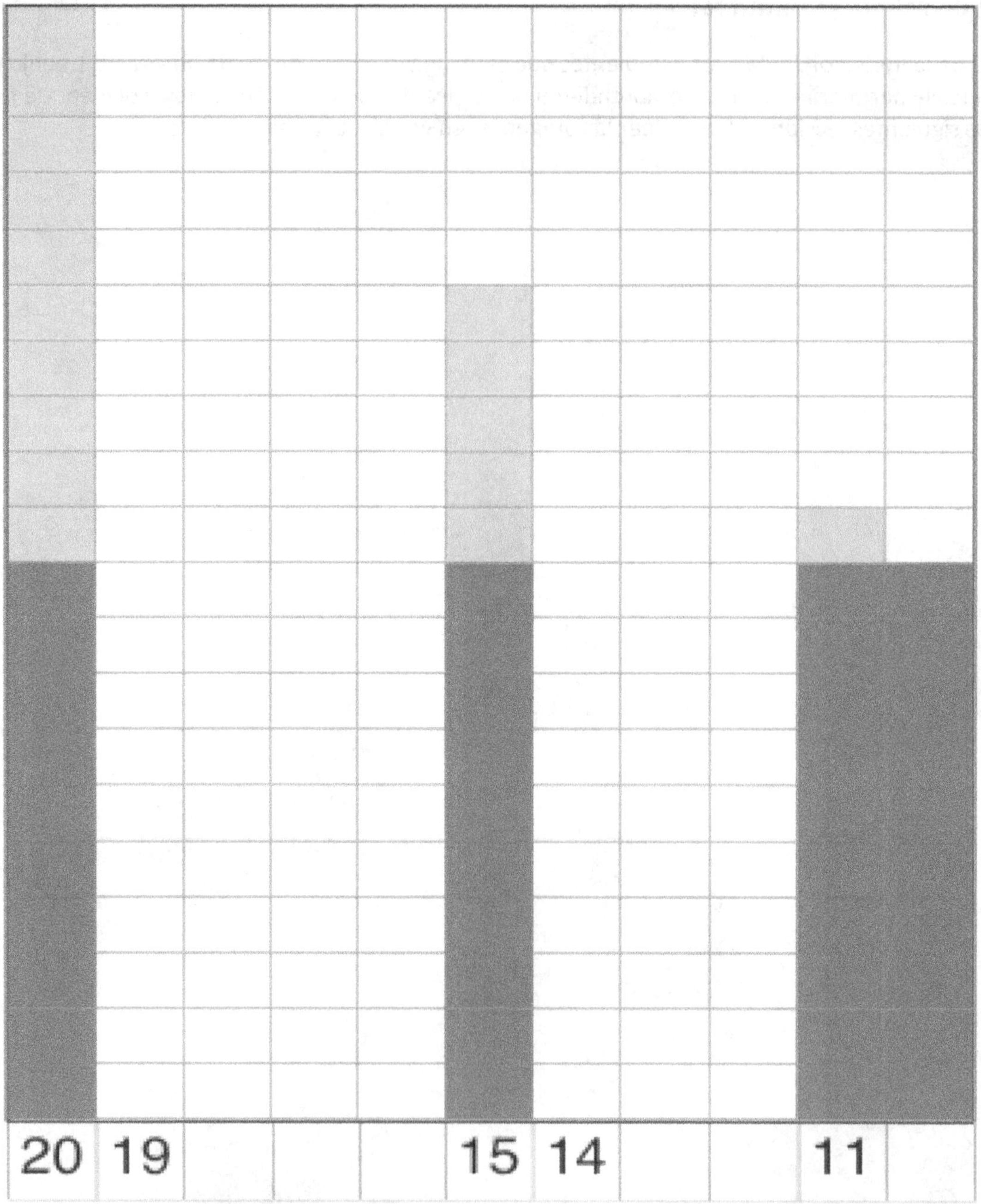

| 20 | 19 | | | | 15 | 14 | | | 11 | |

Lección 12: Representar números del 20 al 11 en configuraciones de torre que disminuyen de a 1 (patrón de *1 más pequeño*).

Nombre _____ Fecha _____

Escribe los números que faltan contando hacia atrás.

14,	13,	12,	11,	_____
15,	14,	_____,	12,	_____, _____
13,	12,	_____,	_____,	_____

Nombre _____ **Fecha** _____

Escribe los números que faltan. Luego, dibuja X y O para completar el patrón.

X X X X X X X X X X O O O O O O O O O O	X X X X X X X X X O O O O O O O O O O	X X X X X X X X O O O O O O O O O O	X X X X X X X O O O O O O O O O O				X O O O O O O O O O	
20		18		16		14	13	12	10

Lección 12: Representar números del 20 al 11 en configuraciones de torre que disminuyen de a 1 (patrón de *1 más pequeño*).

_____ 1 menos es _____.

esquema de oración

Lección 13

Objetivo: Mostrar, contar y escribir para responder preguntas de *cuántos* en configuraciones lineales y de matriz.

Estructura sugerida para la lección

- ■ Práctica de fluidez   (9 minutos)
- ■ Puesta en práctica   (5 minutos)
- ■ Desarrollo del concepto   (28 minutos)
- ■ Reflexión   (8 minutos)
- **Tiempo total**   **(50 minutos)**

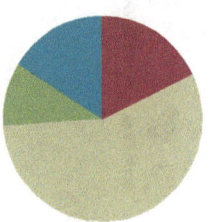

Práctica de fluidez (9 minutos)

- Contar con el método Decir diez **K.2A, K.5**   (3 minutos)
- Mostrar números del 11 al 19 **K.2B**   (3 minutos)
- Escribir números del 11 al 19 en configuraciones de torre **K.2B** (3 minutos)

Contar con el método Decir diez (3 minutos)

Nota: Contar hacia adelante y hacia atrás prepara a los estudiantes para contar y responder preguntas de *cuántos* con precisión en el **Desarrollo del concepto**.

    M: Vamos a contar con el método Decir diez.

Guíe a los estudiantes para que cuenten hacia adelante y hacia atrás entre el 10 y el 20.

Mostrar números del 11 al 19 (3 minutos)

Materiales: (E) 2 barras de 10 cubos conectables de diferentes colores

Nota: Esta actividad proporciona a los estudiantes práctica continua del conteo en configuraciones lineales y los guía hacia la eficiencia con el cambio de color en el 10.

    M: Hay 10 cubos en cada una de sus barras. Conecten las 2 barras de cubos.
    E: (Los estudiantes conectan las barras de cubos).
    M: Digan el número con el método Decir diez.
    E: 2 dieces.
    M: Quiten 1 cubo y colóquenlo en el espacio de la alfombra que tienen frente a ustedes.
    E: (Los estudiantes lo hacen).
    M: Digan cuántos tienen ahora con el método Decir diez.

UNA HISTORIA DE UNIDADES – EDICIÓN PARA TEKS Lección 13 K•5

E: Diez 9.
M: Digan cuántos tienen con el método normal.
E: 19.

Repita el proceso para otros tres o cuatro números del 11 al 19.

Escribir números del 11 al 19 en configuraciones de torre (3 minutos)

Materiales: (M) 1 barra de 10 cubos conectables del mismo color, 10 cubos sueltos de un color diferente
(E) Pizarra blanca individual

Nota: El cambio de color, junto con el método Decir diez, brinda apoyo a los estudiantes para que escriban los números del 11 al 19 con precisión. Guíe a los estudiantes para que reconozcan los grupos de cubos como diez unidades y algunas unidades en lugar de contarlos todos.

M: (Sostenga una torre de 12 cubos conectables unidos, con los 10 de abajo de un color diferente a los 2 de arriba). Escriban el número en sus pizarras blancas individuales.
E: (Los estudiantes escriben 12).
M: Digan el número con el método Decir diez.
E: Diez 2.
M: Digan el número con el método normal.
E: 12.

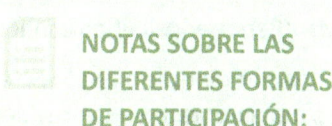

NOTAS SOBRE LAS DIFERENTES FORMAS DE PARTICIPACIÓN:

Para facilitar el aprendizaje de los estudiantes con discapacidades, proporcióneles ayuda en forma de fichas para contar para representar los problemas de la **Puesta en práctica**. Deles una plantilla de vínculo numérico para completar la tarea. Proveer soportes para la **Puesta en práctica** permite a los estudiantes con discapacidades completar la tarea y enfocarse en la lección.

Repita el proceso para varios números del 11 al 19 más.

Puesta en práctica (5 minutos)

El padre de Vincent preparó 15 tacos para la familia. Muestren los 15 tacos como 10 tacos y 5 tacos. Hagan un vínculo numérico que se relacione con el problema.

Nota: Esta **Puesta en práctica** es una experiencia simple de descomposición. Podemos pedir a los estudiantes que dibujen la descomposición en grupos de 5, otro nombre para una configuración de marco de diez, pero que tiene la ventaja de enfatizar el cinco.

Desarrollo del concepto (28 minutos)

Materiales: (E) 2 barras de 10 cubos conectables con un cambio de color en el cinco, pizarra blanca individual, ábaco rekenrek individual (de la Lección 10); juego de tarjetas *Hide Zero*: 1 tarjeta *Hide Zero* de 10 (Plantilla 2 de la Lección 6) y tarjetas de grupos de 5 del 1 al 9 (Plantilla de fluidez 2 de la Lección 1) (por pareja)

M: Cuenten en orden del 1 al 20.
E: 1, 2, 3… 20.
M: Cuenten del 10 al 20 con el método Decir diez.

Lección 13: Mostrar, contar y escribir para responder preguntas de *cuántos* en configuraciones lineales y de matriz.

E: Diez 1, diez 2, diez 3, diez 4, diez 5, diez 6, diez 7, diez 8, diez 9, 2 dieces.

M: Compañero A, muestra el número que es uno más que 13 en el ábaco rekenrek.

M: Compañero B, muestra el número que es uno más que 13 con las tarjetas *Hide Zero*.

M: Comprueben que están mostrando el mismo número. ¿Cuál es el número?

E: El 14.

M: Cuenten del 14 al 20.

E: 14, 15, 16, 17, 18, 19, 20.

M: Compañero B, muestra el número que es uno más que 7 en el ábaco rekenrek.

M: Compañero A, muestra el número que es uno más que 7 con las tarjetas *Hide Zero*.

M: ¿Cuál es el número?

E: El 8.

M: Cuenten del 8 al 20.

Repita la actividad con dos números más de modo que cada compañero use ambas herramientas de representación por segunda vez.

M: (Reparta los cubos conectables).

Pida a los estudiantes que conecten los cubos conectables para crear un tren de números continuos hasta el 20. Pídales que cuenten para ver si tienen 2 barras de 10 unidades.

M: Muéstrenme diez 7 cubos.

M: (Dé a los estudiantes tiempo para que terminen el trabajo). ¿Cuántos cubos son?

E: Diez 7. → ¡Diecisiete!

M: Hagan otra vez su tren de números largo de 2 barras de 10. Sepárenlo y coloquen 1 barra debajo de la otra. ¿Cuántos cubos tienen ahora?

E: (Cuentan otra vez, según sea necesario). 10 aquí y 10 aquí. → 2 dieces. → ¡Veinte!

Pida a los estudiantes que separen las barras de cubos conectables en el cambio de color. Pídales que coloquen las barras más cortas una debajo de la otra. Guíe a los estudiantes para que coloquen las barras en cuatro filas y vuelvan a contar los cubos de izquierda a derecha, comenzando en la parte de arriba con el número 1 y continuando de esta manera hasta la cuarta fila del 16 al 20. Pídales que vuelvan a contar para hacerlo cada vez mejor. Disfrutarán tener la oportunidad de volver a contar.

M: (Dé a los estudiantes tiempo para que terminen el trabajo). ¿Cuántos cubos contaron?

E: 20.

M: (Repase el proceso). Vuelvan a colocar las barras para hacer un tren del 1 al 20. Cuenten. Separen la barra en 2 barras de 10 cubos. Cuenten. Separen las barras para hacer 4 barras de 5. Cuenten.

M: (Dé a los estudiantes tiempo para que terminen el trabajo). ¿Cuántos cubos tienen ahora? Cuenten para comprobarlo.

E: 20.

UNA HISTORIA DE UNIDADES – EDICIÓN PARA TEKS   Lección 13   K • 5

Antes de resolver el **Grupo de problemas**, dé a los estudiantes pizarras blancas individuales u hojas en blanco y pídales que usen sus barras de 10 cubos para dibujar lo que acaban de hacer en la lección.

Grupo de problemas (7 minutos)

Los estudiantes deberán hacer su mejor esfuerzo para completar el **Grupo de problemas** en el tiempo asignado.

Reflexión (8 minutos)

Objetivo de la lección: Mostrar, contar y escribir para responder preguntas de *cuántos* en configuraciones lineales y de matriz.

El objetivo de la **Reflexión** es invitar a pensar y procesar activamente la experiencia total de la lección.

Pida a los estudiantes que siempre comprueben su trabajo con su compañero una vez que lo llevan a la alfombra. Anímelos a darse cuenta, si no lo hicieron ya, de que el número de patos es el mismo. Pregunte: "¿En qué se diferencian?". "¿Hay otra manera en que podríamos poner los 16 patos?".

Asegúrese de que comparen cómo mostraron 15 y 12 en filas en los últimos dos problemas. Luego, en lo posible, comenten lo siguiente:

- M: Cuenten los cubos mientras los pongo sobre la alfombra. (Coloque 10 unidades en una línea horizontal).
- E: 1, 2, 3, 4, 5, 6, 7, 8, 9, 10.
- M: ¿Cuánto es uno más que 10? (Agregue un cubo).
- E: 11.
- M: ¿Uno más que 11? (Agregue un cubo).
- E: 12.
- M: ¿Cuántos cubos ven?
- E: 12.
- M: (Deslice los cubos para formar una línea vertical). ¿Sigo teniendo 12 cubos? ¿Cómo lo saben?
- M: (Deslice los cubos en diferentes configuraciones de matriz rectangular y pregunte después de cada cambio: "¿Cuántos tengo ahora?").

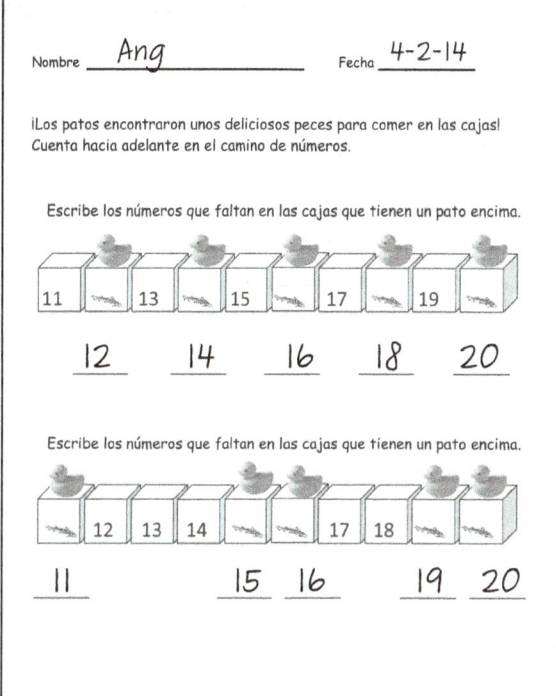

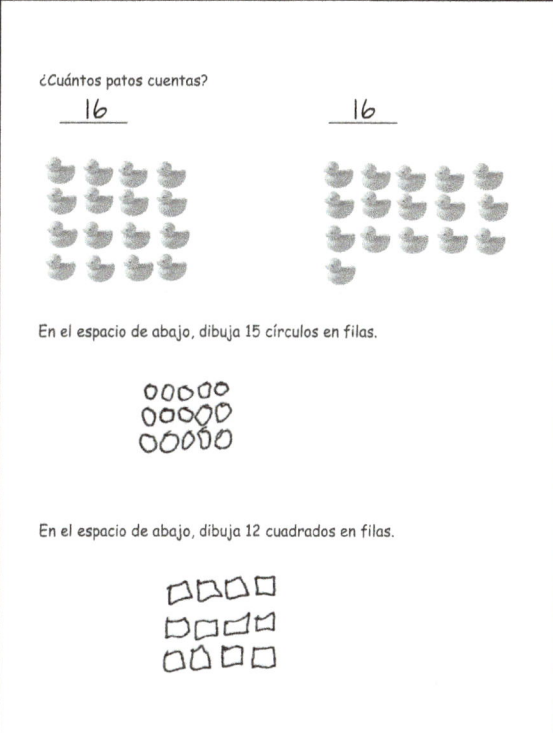

Lección 13: Mostrar, contar y escribir para responder preguntas de *cuántos* en configuraciones lineales y de matriz.

Guíe a los estudiantes para que vean que el número de objetos es el mismo independientemente de cómo estén organizados. Déjelos terminar la lección haciendo que muestren 12 cubos en diferentes filas a un compañero. (Las filas no tienen que estar completas).

Boleto de salida (3 minutos)

Después de la **Reflexión**, pida a los estudiantes que terminen el **Boleto de salida**. Revisar el trabajo de los estudiantes le permitirá evaluar si comprendieron los conceptos de la lección de hoy y planear de forma más eficaz las siguientes lecciones. Puede leer las preguntas en voz alta a los estudiantes.

Lección 13: Mostrar, contar y escribir para responder preguntas de *cuántos* en configuraciones lineales y de matriz.

Nombre _____ Fecha _____

¡Los patos encontraron unos deliciosos peces para comer en las cajas! Cuenta hacia adelante en el camino de números.

Escribe los números que faltan en las cajas que tienen un pato encima.

____   ____   ____   ____   ____

Escribe los números que faltan en las cajas que tienen un pato encima.

____   ____   ____   ____   ____

¿Cuántos patos cuentas?

_____   _____

   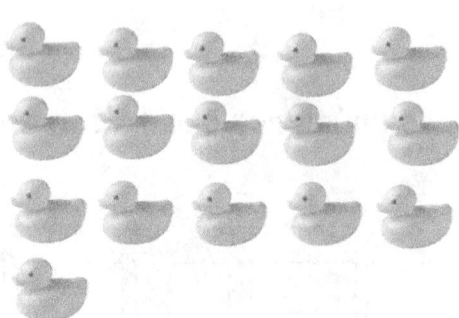

En el espacio de abajo, dibuja 15 círculos en filas.

En el espacio de abajo, dibuja 12 cuadrados en filas.

UNA HISTORIA DE UNIDADES – EDICIÓN PARA TEKS   Lección 13: Boleto de salida   K•5

Nombre _____   Fecha _____

Cuenta y escribe cuántas estrellas hay.

☆ ☆ ☆ ☆
☆ ☆ ☆ ☆
☆ ☆ ☆   _____

Observa los 3 grupos de bloques de abajo. Cuenta los bloques sombreados de cada grupo. Encierra en un círculo el grupo que tiene un número de bloques sombreados igual al número de estrellas.

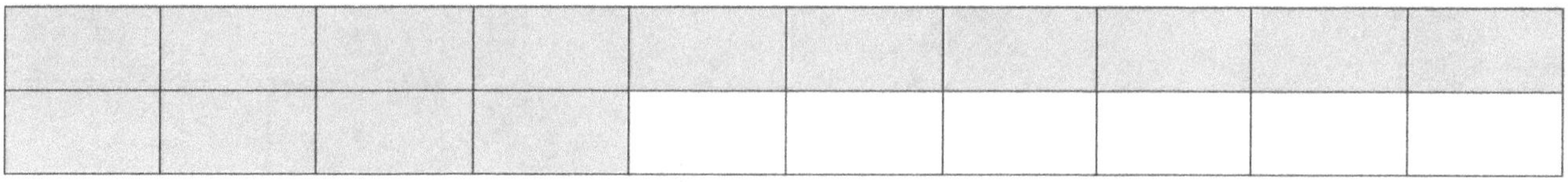

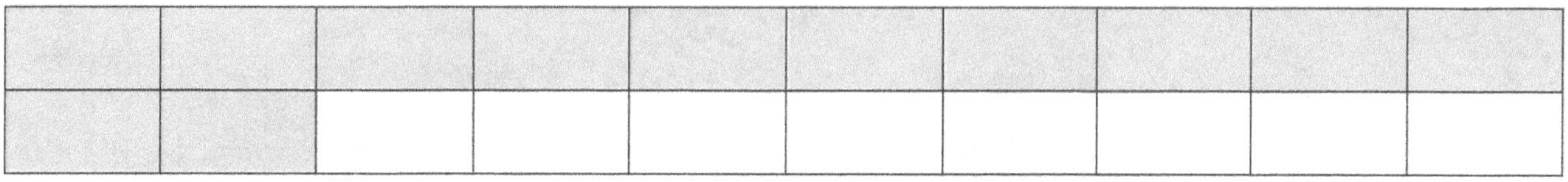

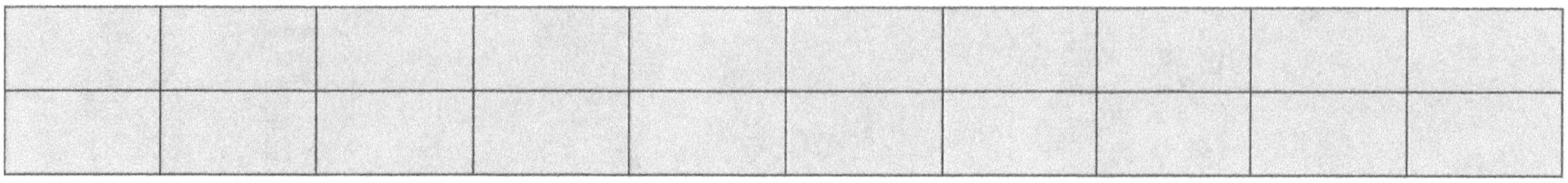

Estudiantes que terminen primero: ¿Qué fue más fácil de contar: las estrellas o los bloques? ¿Por qué?

Lección 13: Mostrar, contar y escribir para responder preguntas de *cuántos* en configuraciones lineales y de matriz.

Nombre _____ Fecha _____

Cuenta los objetos. Dibuja puntos para mostrar el mismo número en los marcos de 10 dobles.

Lección 13: Mostrar, contar y escribir para responder preguntas de *cuántos* en configuraciones lineales y de matriz.

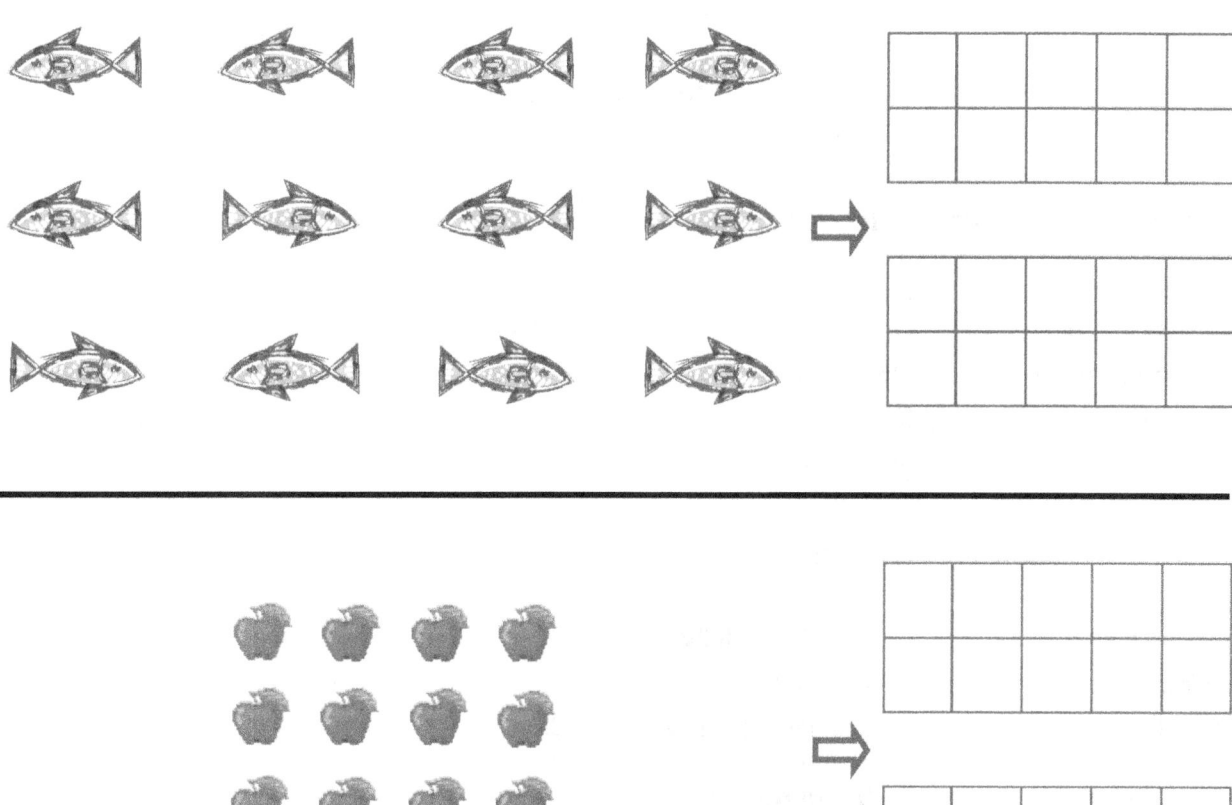

Lección 14

Objetivo: Mostrar, contar y escribir para responder preguntas de *cuántos* en configuraciones circulares con hasta 20 objetos.

Estructura sugerida para la lección

- 🟥 Práctica de fluidez   (9 minutos)
- 🟩 Puesta en práctica   (7 minutos)
- 🟨 Desarrollo del concepto   (26 minutos)
- 🟦 Reflexión   (8 minutos)
- **Tiempo total**   **(50 minutos)**

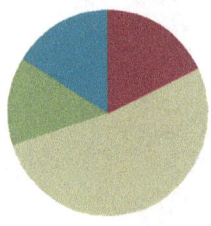

Práctica de fluidez (9 minutos)

- Escribir números del 11 al 19 con matrices **K.2B**   (3 minutos)
- *Hide Zero* para números del 11 al 19 **K.5**   (3 minutos)
- Plantilla de matriz de conteo de números del 11 al 19 **K.2C, K.2D** (3 minutos)

Escribir números del 11 al 19 con matrices (3 minutos)

Materiales: (M) Matrices dibujadas previamente (E) Pizarra blanca individual

Nota: Ahora que se ha presentado el conteo en matrices con números del 11 al 19, el objetivo es desarrollar velocidad y precisión. Anime a los estudiantes a ubicar 2 cincos, o un grupo de 10, dentro de cada matriz para facilitar el conteo.

> M: (Proyecte una matriz de estrellas de 5 por 3). En sus pizarras blancas individuales, escriban el número de estrellas que ven.
> E: (Los estudiantes escriben 15).
> M: Digan el número con el método Decir diez.
> E: Diez 5.
> M: Digan el número con el método normal.
> E: 15.

Repita el proceso para otros tres o cuatro números del 11 al 19.

Hide Zero para números del 11 al 19 (3 minutos)

Materiales: (M) Tarjetas *Hide Zero* grandes (Plantilla 1 de la Lección 6)

Nota: Esta actividad les recuerda a los estudiantes que el *1* en los números del 11 al 19 se refiere a 10 unidades y los prepara para responder preguntas de *cuántos* por escrito.

M: (Sostenga la tarjeta de 10 y la tarjeta de 5 para que formen un 15). Digan el número.

E: 15.

M: Digan el número con el método Decir diez.

E: Diez 5.

Separe las tarjetas en 10 y 5. Repita el proceso para otros números del 11 al 19.

Plantilla de matriz de conteo de números del 11 al 19 (3 minutos)

Materiales: (E) Matriz de conteo de números del 11 al 19 (Plantilla de fluidez)

Nota: Las experiencias repetidas de conteo en matrices aumentan la eficiencia de los estudiantes con el tiempo. Guíe a los estudiantes para que vean 10 como 2 cincos para determinar el total con destreza.

Pida a los estudiantes que ubiquen la matriz de conteo de números del 11 al 19. Pídales que cuenten cuántos hay en cada matriz.

Puesta en práctica (7 minutos)

Eva puso 12 galletas en una bandeja en 2 filas de 6. Dibujen las galletas de Eva. Muestren las 12 galletas como un vínculo numérico de 10 unidades y 2 unidades usando sus tarjetas *Hide Zero*. Encierren en un círculo las 10 galletas que están dentro de las 12 galletas.

Pida a los estudiantes que expliquen cómo se relacionan las partes del vínculo numérico con las partes de su dibujo y con las tarjetas *Hide Zero* con un compañero.

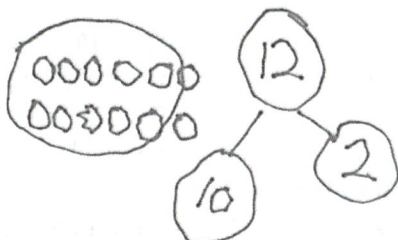

Nota: Este problema de la **Puesta en práctica** sirve como un puente de la lección anterior, la cual se enfocaba en organizar y contar objetos en una configuración de matriz. También repasa el estándar del nivel del grado de comprender números del 11 al 19 como diez unidades y algunas unidades más.

Desarrollo del concepto (26 minutos)

Materiales: (E) Plantilla de marco de 10 doble (Plantilla de la Lección 9) dentro de la pizarra blanca individual; tarjetas de numeral y de puntos de números del 11 al 19 (sólo tarjetas de numeral del 10 al 20) (Plantilla), plato de cartón o plantilla redonda, bolsa de 20 objetos para contar (por pareja)

Lección 14: Mostrar, contar y escribir para responder preguntas de *cuántos* en configuraciones circulares con hasta 20 objetos.

UNA HISTORIA DE UNIDADES – EDICIÓN PARA TEKS — Lección 14 K•5

M: ¡Vamos a ver qué tan bien pueden mostrar, contar y escribir números!

M: Compañero A, toma una tarjeta y di a tu compañero el número. Puedes decir el número con el método normal o con el método Decir diez.

M: Compañero B, pon ese número de objetos alrededor del borde exterior de tu plato. (Guíelos para que usen el borde del plato para hacer una configuración circular).

M: Ahora, túrnense para contar los objetos. ¿Cuántos hay?

M: Compañero B, ahora tú tomarás la tarjeta y el compañero A la mostrará.

M: Cuenta los objetos. ¿Cuántos hay?

Repita el proceso dos o tres veces.

M: Ahora, intentemos algo diferente. No usaremos las tarjetas numéricas para esto.

M: Compañero A, pon cualquier número de objetos que quieras en un círculo alrededor del borde de tu plato.

M: Compañero B, cuenta los objetos y escribe el número en tu pizarra blanca individual.

M: Ahora, el compañero B pondrá cualquier número de objetos en un círculo alrededor del borde del plato y el compañero A los contará y escribirá el número en su pizarra blanca individual.

Repita el proceso dos o tres veces.

M: Esta vez, compañero A, escribe cualquier número entre el 11 y el 20 en tu pizarra blanca individual. Compañero B, cuenta ese número de objetos mientras los pones en un círculo alrededor del borde del plato. ¿Cuántos objetos hay?

M: Compañero A, cuenta cada objeto mientras lo mueves del círculo y lo pones en el marco de 10 para comprobar que el conteo sea correcto. ¿Cuántos objetos hay?

M: Ahora, compañero B, escribirás cualquier número entre el 11 y el 20 en tu pizarra blanca individual. Compañero A, cuenta ese número de objetos mientras los pones en un círculo alrededor del borde del plato. ¿Cuántos objetos hay?

M: Compañero B, cuenta cada objeto mientras lo mueves del círculo y lo pones en el marco de 10 para comprobar que el conteo sea correcto. ¿Cuántos objetos hay?

Repita el proceso dos o tres veces.

Antes de usar el **Grupo de problemas**, pida a los estudiantes que usen el plato para dibujar puntos en una forma circular y contar los puntos de su compañero. Pídales que encierren 10 puntos en un círculo para demostrar que contaron correctamente (ver imagen a la derecha).

> **NOTAS SOBRE LAS DIFERENTES FORMAS DE ACCIÓN Y EXPRESIÓN:**
>
> Para los estudiantes cuyo desempeño está bajo el nivel del grado, provea soportes para el trabajo del **Desarrollo del concepto**. Proporcione un plato con 20 círculos vacíos dibujados alrededor del borde. Esto servirá como recipiente visual para los estudiantes cuando estén mostrando números hasta el 20. Para brindar más apoyo, etiquete los círculos con los números del 1 al 20 para ayudar a los estudiantes con la clasificación.

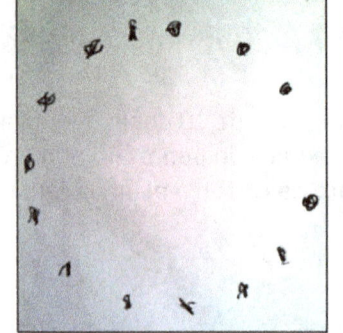 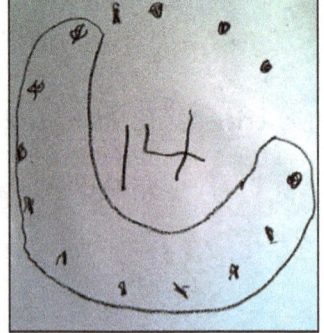

Lección 14: Mostrar, contar y escribir para responder preguntas de *cuántos* en configuraciones circulares con hasta 20 objetos.

UNA HISTORIA DE UNIDADES – EDICIÓN PARA TEKS   Lección 14   K•5

Grupo de problemas (7 minutos)

Los estudiantes deberán hacer su mejor esfuerzo para completar el **Grupo de problemas** en el tiempo asignado.

Reflexión (8 minutos)

Objetivo de la lección: Mostrar, contar y escribir para responder preguntas de *cuántos* en configuraciones circulares con hasta 20 objetos.

El objetivo de la **Reflexión** es invitar a pensar y procesar activamente la experiencia total de la lección.

Invite a los estudiantes a revisar las soluciones del **Grupo de problemas**. Deben revisar el trabajo comparando las respuestas con un compañero. Vea si aún quedan conceptos erróneos o malentendidos que puedan resolverse en la **Reflexión**. Guíe a los estudiantes para que reflexionen sobre el **Grupo de problemas** y para que comprendan la lección.

Puede usar cualquier combinación de las preguntas de abajo para guiar la discusión.

- ¿Qué observan acerca de todas las imágenes?
- ¿Es más fácil o más difícil para ustedes contar objetos cuando están en forma de círculos como estas imágenes? ¿Por qué?
- ¿Cómo les resulta más fácil contar: cuando mostramos el número en forma de círculo o cuando lo mostramos como una torre? ¿Por qué?
- ¿El número cambió cuando movieron los objetos del círculo y los pusieron en el marco de 10? ¿Por qué no?
- (Muestre objetos en una configuración circular y pida a los estudiantes que cuenten cuántos hay. Luego, desplace los objetos para convertir el círculo en una línea). ¿De qué manera pueden demostrar que el número sigue siendo el mismo? Díganselo a su compañero. ¿Su compañero se los pudo demostrar? ¿Cuáles son algunas maneras en que lo demostraron? ¿Cuáles fueron las más convincentes?

NOTAS SOBRE LAS DIFERENTES FORMAS DE PARTICIPACIÓN:

Para los estudiantes cuyo desempeño está sobre el nivel del grado, proporcione una oportunidad de profundizar la comprensión.

- Pregunte a los estudiantes de cuántas maneras diferentes pueden contar los objetos.
- Respuestas posibles: de uno en uno, de dos en dos, de tres en tres y contando un grupo de diez y luego contando los objetos restantes.

Lección 14: Mostrar, contar y escribir para responder preguntas de *cuántos* en configuraciones circulares con hasta 20 objetos.

Boleto de salida (3 minutos)

Después de la **Reflexión**, pida a los estudiantes que terminen el **Boleto de salida**. Revisar el trabajo de los estudiantes le permitirá evaluar si comprendieron los conceptos de la lección de hoy y planear de forma más eficaz las siguientes lecciones. Puede leer las preguntas en voz alta a los estudiantes.

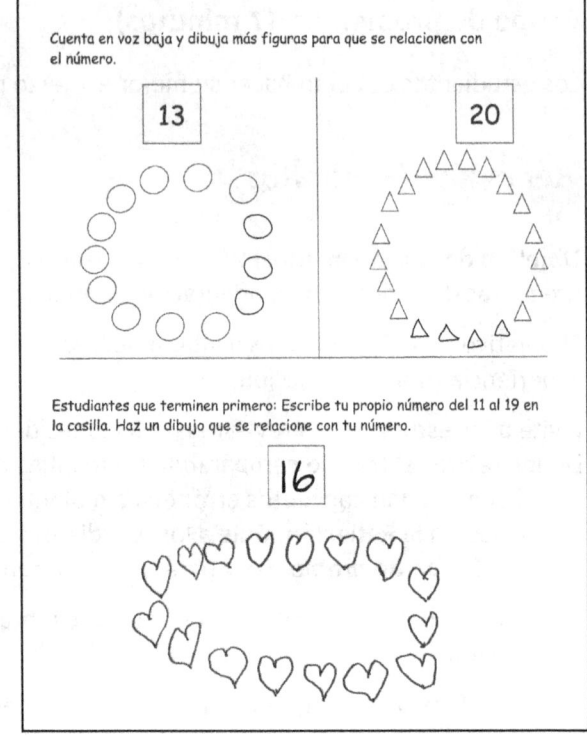

Lección 14: Mostrar, contar y escribir para responder preguntas de *cuántos* en configuraciones circulares con hasta 20 objetos.

Nombre _____ Fecha _____

Cuenta en voz baja cuántos objetos hay. Escribe el número.

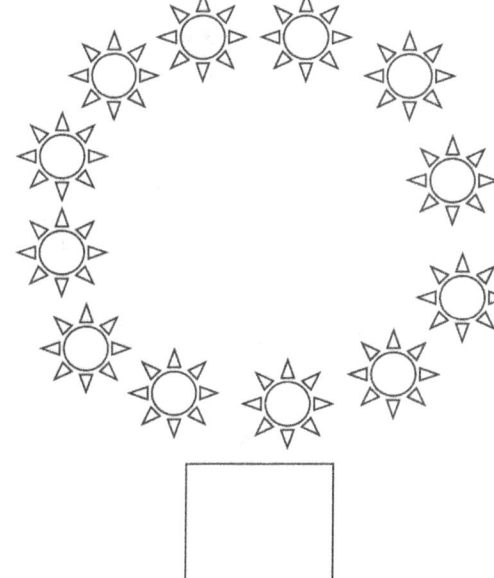

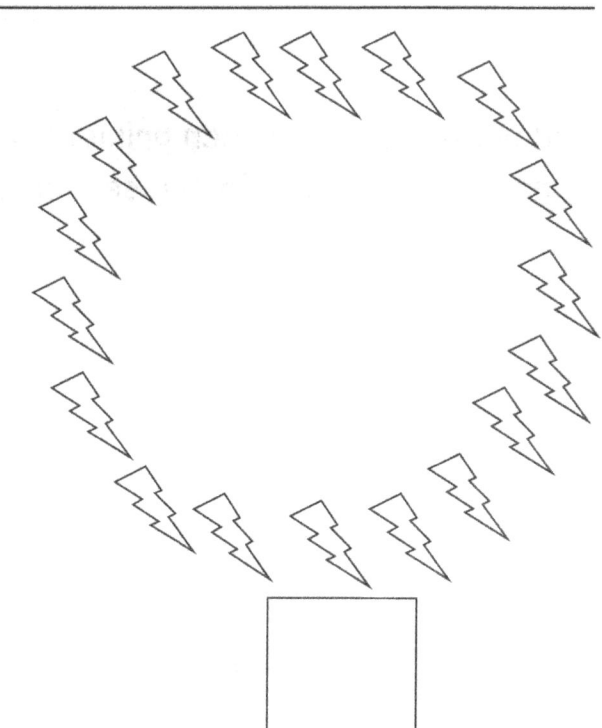

Cuenta en voz baja y dibuja más figuras para que se relacionen con el número.

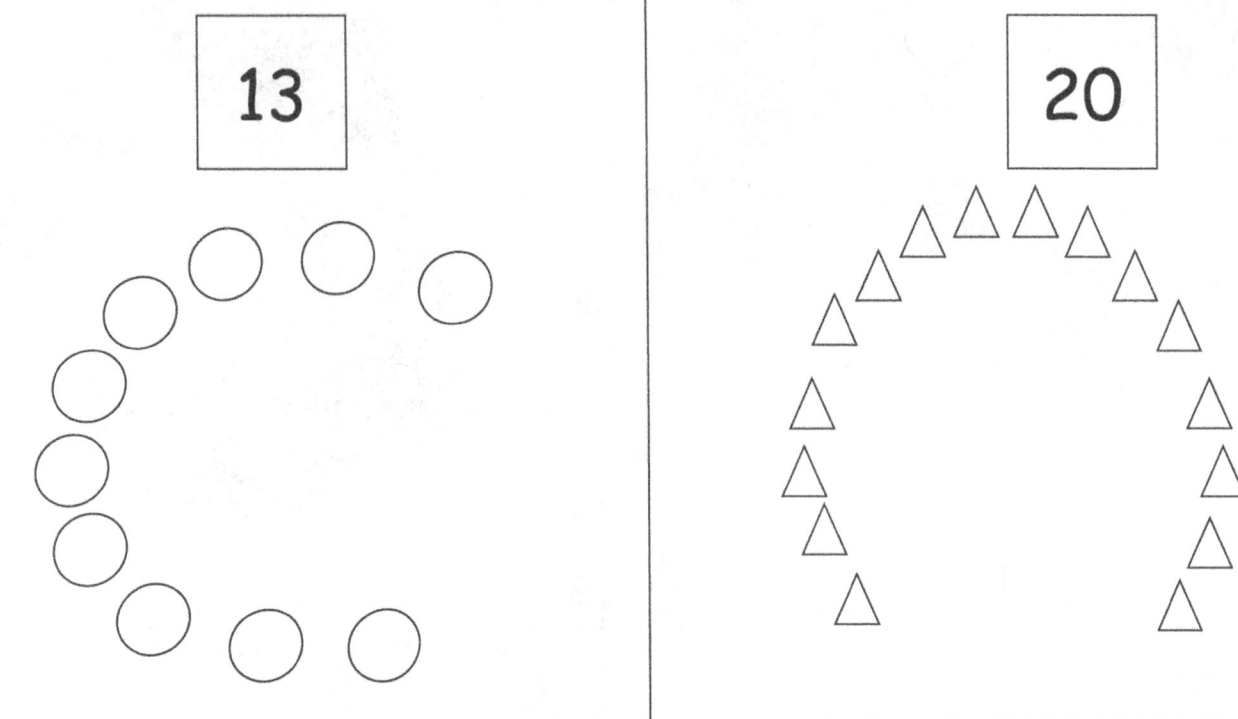

Estudiantes que terminen primero: Escribe tu propio número del 11 al 19 en la casilla. Haz un dibujo que se relacione con tu número.

Nombre _____ Fecha _____

Cuenta las estrellas. Escribe el número en la casilla.

Cuenta en voz baja y dibuja más puntos para que se relacionen con el número.

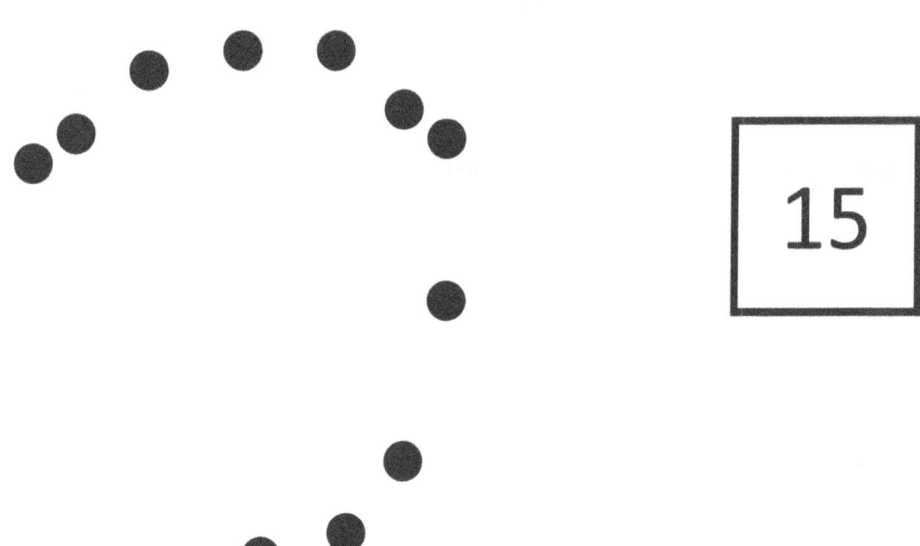

Nombre _____ Fecha _____

Cuenta los objetos que hay en cada grupo. Escribe el número en las casillas debajo de las imágenes.

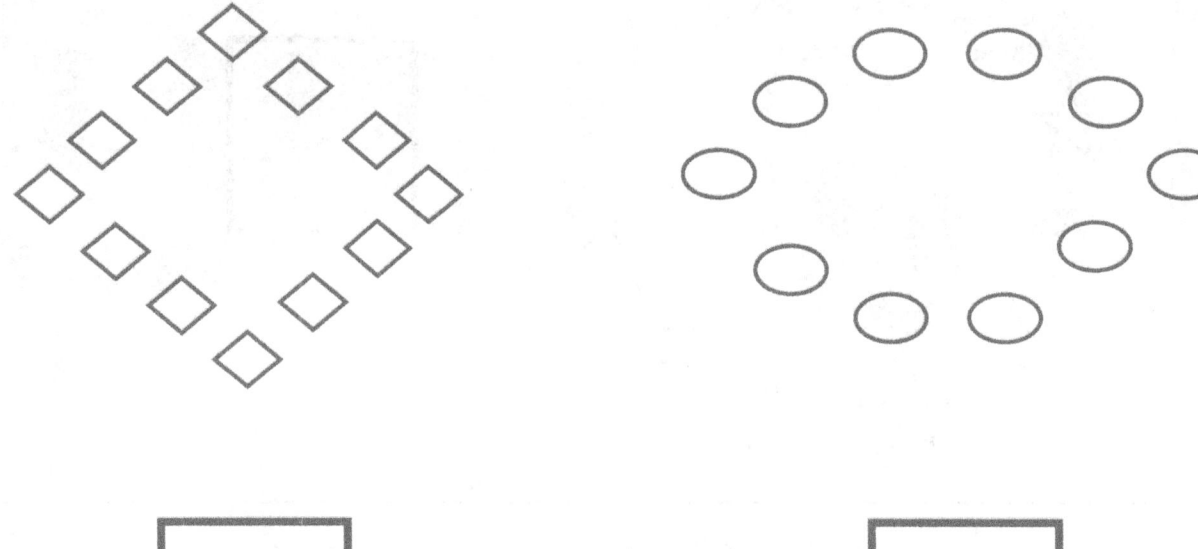

Cuenta y dibuja más figuras para que se relacionen con el número.

19

Cuenta los puntos. Dibuja cada punto en el marco de 10. Escribe el número en la casilla debajo de los marcos de 10.

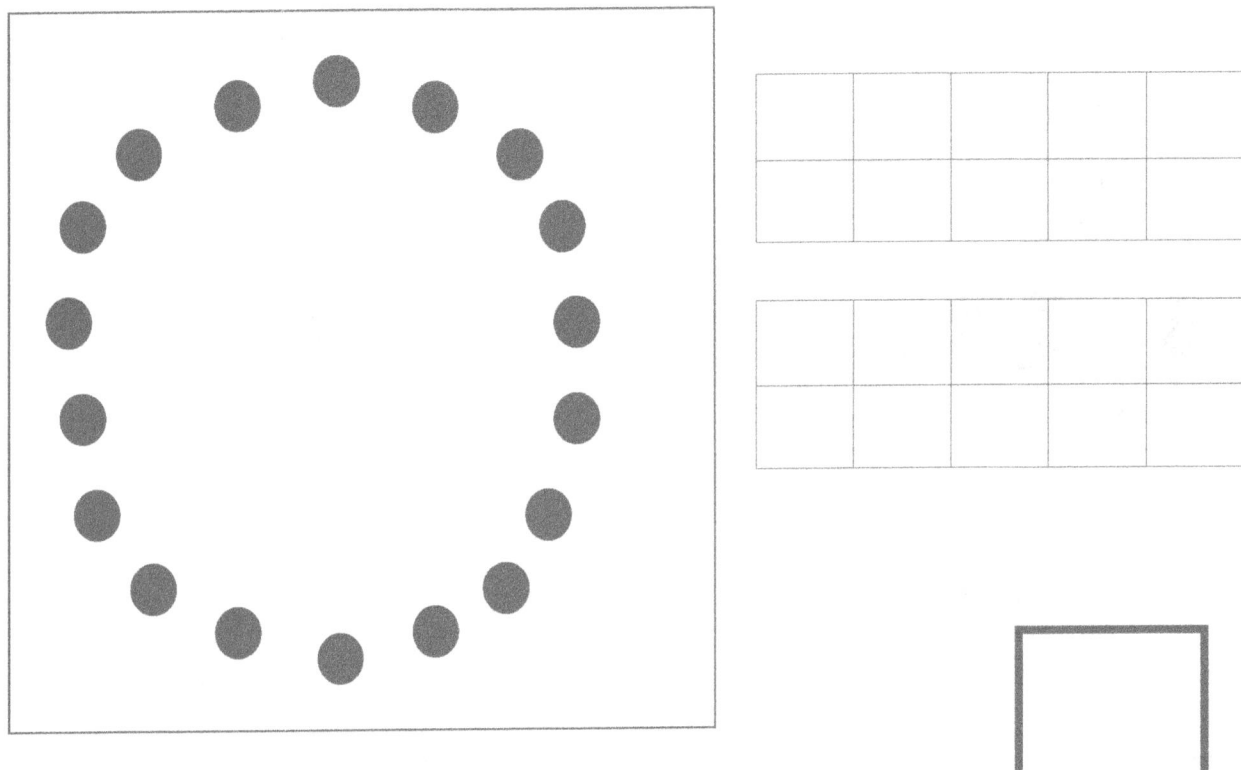

Escribe un número del 11 al 19 en la casilla de abajo. Haz un dibujo que se relacione con tu número.

Nombre _____ Fecha _____

Cuenta los objetos que hay en cada grupo y escribe el número.

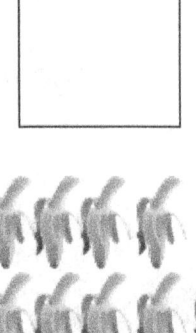
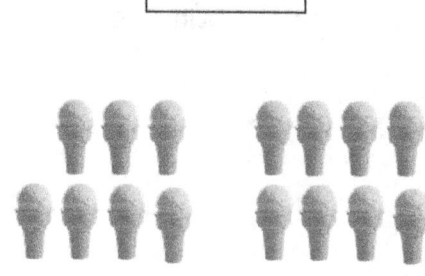

matriz de conteo de números del 11 al 19

UNA HISTORIA DE UNIDADES – EDICIÓN PARA TEKS Lección 14: Plantilla K•5

10	11	12
13	14	15
16	17	18

tarjetas de numeral de números del 11 al 19

Lección 14: Mostrar, contar y escribir para responder preguntas de *cuántos* en configuraciones circulares con hasta 20 objetos.

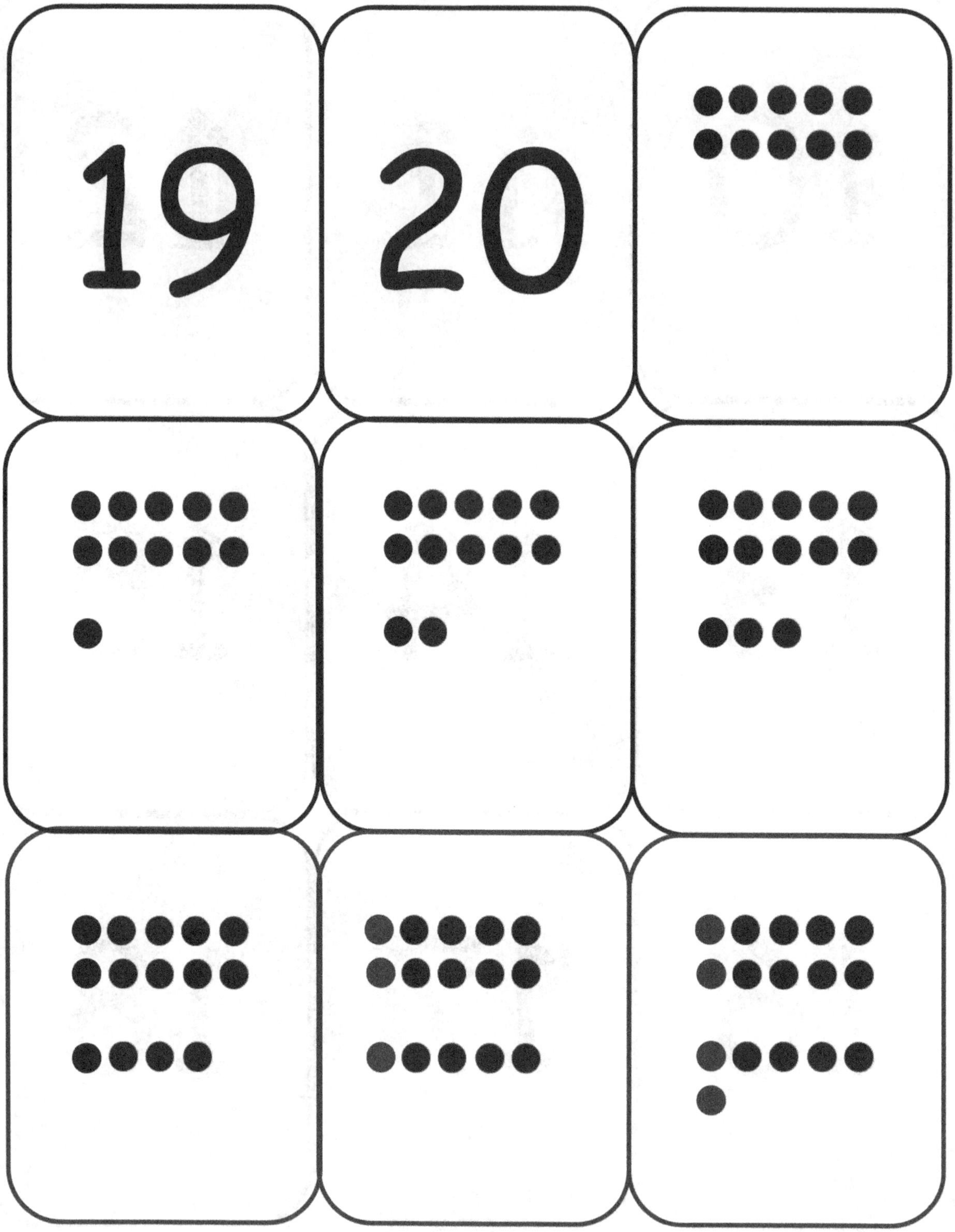

UNA HISTORIA DE UNIDADES – EDICIÓN PARA TEKS   Lección 14: Plantilla   K•5

tarjetas de numeral y de puntos de números del 11 al 19

Lección 14: Mostrar, contar y escribir para responder preguntas de *cuántos* en configuraciones circulares con hasta 20 objetos.

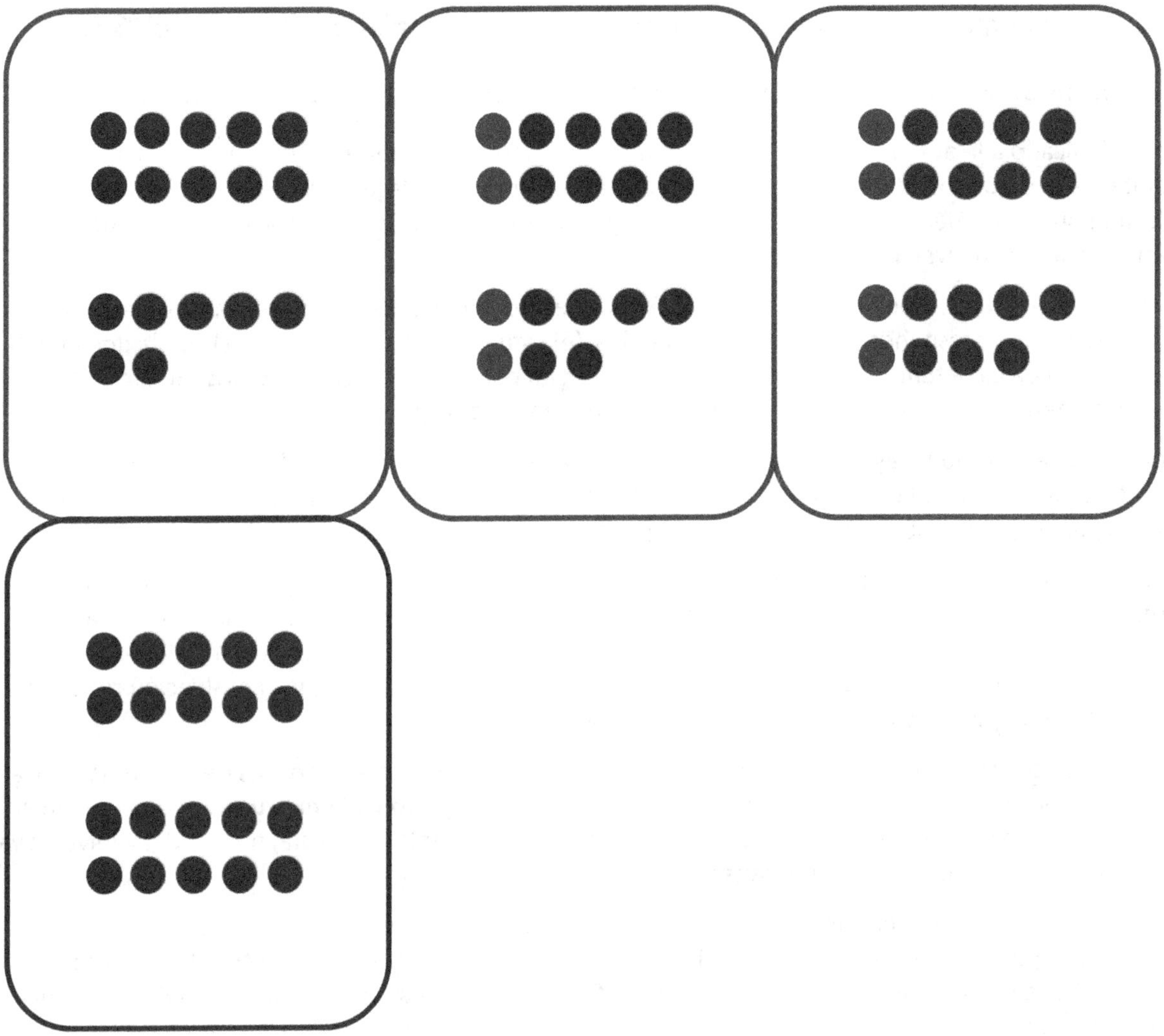

UNA HISTORIA DE UNIDADES – EDICIÓN PARA TEKS

Lección 14: Plantilla

Nota: En esta lección, sólo se usan las tarjetas de numeral. Guarde el juego completo para usar más adelante. Considere copiar las tarjetas en cartulina para que sean más duraderas.

---

tarjetas de numeral y de puntos de números del 11 al 19

Lección 14: Mostrar, contar y escribir para responder preguntas de *cuántos* en configuraciones circulares con hasta 20 objetos.

Evaluación de la mitad del Módulo 5 de Kindergarten (Administrar después del Tema C)

Evaluación final del Módulo 5 de Kindergarten (Administrar después del Tema E)

El tiempo dedicado a la evaluación es un componente sumamente importante en la relación del maestro con el estudiante. Es particularmente importante en los primeros grados establecer una actitud positiva y colaborativa al analizar el progreso. Siéntese al lado del estudiante en vez de enfrente y ayúdelo a ver los beneficios de compartir y evaluar su nivel de dominio.

Por favor, use el lenguaje específico de la evaluación. Si el estudiante no responde, dele aproximadamente 15 segundos para que responda. Registre los resultados del estudiante de dos formas: (1) con la documentación narrativa al final de cada tema y (2) con la puntuación general por tema usando la **Progresión hacia el dominio**. Use un cronómetro para registrar el tiempo transcurrido para cada respuesta.

Dentro de cada evaluación, hay un grupo de problemas que aborda cada tema. Cada conjunto tiene tres o cuatro preguntas relacionadas. Documente lo que el estudiante hizo y dijo en la narrativa y use los criterios de evaluación para la puntuación general de cada conjunto.

Si el estudiante no es capaz de hacer alguna parte del conjunto, su puntuación no puede exceder el Paso 3. Sin embargo, si el estudiante no puede usar palabras para expresar lo que hizo, no lo considere negativamente desde el punto de vista cuantitativo. Si el estudiante necesita o pide pistas o apoyo sustancial, puede proporcionárselos, pero la puntuación bajará automáticamente. Esto garantiza que la evaluación refleje la situación real de lo que el estudiante puede hacer de manera independiente.

Si la puntuación de un estudiante está en el Paso 1 o 2, repita ese conjunto a intervalos de dos semanas y anote la fecha de la nueva evaluación en la parte superior de la **Hoja de registro de la puntuación**. Documente el progreso en este único formulario. Si el estudiante tarda mucho en dar la respuesta, pero la da, vuelva a evaluar para ver si hay un cambio en el tiempo transcurrido.

Guarde las evaluaciones en una carpeta o en el expediente del estudiante. Al final del año, habrá 10 evaluaciones por estudiante. Los Módulos 1, 3, 4 y 5 tienen dos evaluaciones; los Módulos 2 y 6 sólo tienen una. Use la **Hoja de registro de la clase** como referencia rápida para consultar las fortalezas y debilidades de los estudiantes.

Las evaluaciones pueden ser muy útiles para la planificación diaria, las reuniones con los padres y la preparación de los maestros de 1.ᵉʳ grado que van a recibir a estos estudiantes.

| UNA HISTORIA DE UNIDADES – EDICIÓN PARA TEKS | Evaluación de la mitad del módulo | K • 5 |

Nombre del estudiante _____

Tema A: Conteo de 10 unidades y algunas unidades

Puntuación de los criterios de evaluación _____
Tiempo transcurrido _____

	Fecha 1	Fecha 2	Fecha 3
Tema A			
Tema B			
Tema C			

Materiales: (E) 19 popotes sueltos (u otro grupo de objetos del salón de clases)

- M: Cuenta 10 popotes para hacer un montón. Cuenta en voz baja para que te pueda escuchar.
- M: Cuenta 6 popotes más para hacer un montón diferente.
- M: Cuenta 10 popotes y 6 popotes más con el método Decir diez. (Haga una pausa). ¿Cuántos popotes tienes? (Si el estudiante dice el número con el método Decir diez, pídale que también lo diga con el método normal).

¿Qué hizo el estudiante?	¿Qué dijo el estudiante?

Tema B: Composición de números del 11 al 20 con 10 unidades y algunas unidades; representación y escritura de números del 11 al 19

Puntuación de los criterios de evaluación _____ Tiempo transcurrido _____

Materiales: (E) 19 cubos, plantilla de trabajo, marcador, tarjetas *Hide Zero*: 1 tarjeta *Hide Zero* de 10 (Plantilla 2 de la Lección 6) y tarjetas de grupos de 5 del 1 al 9 (Plantilla de fluidez 2 de la Lección 1)

- M: (Muestre el numeral 13). Mueve esta cantidad de cubos a tu plantilla de trabajo.
- M: Usa las tarjetas *Hide Zero* para mostrar el número de cubos en tu plantilla de trabajo.
- M: Entrégame el número de cubos que nos indica el 1. (Señale el 1 del 13 en el numeral 13).
- M: (Coloque 3 cubos más). Éstos son 16 cubos. Escribe el número 16 en tu plantilla de trabajo.

¿Qué hizo el estudiante?	¿Qué dijo el estudiante?

Módulo 5: Números del 10 al 20, contar hasta el 100 y comprensión del trabajo

UNA HISTORIA DE UNIDADES – EDICIÓN PARA TEKS | Evaluación de la mitad del módulo | K • 5

Tema C: Descomposición de números del 11 al 20 y conteo para responder preguntas de "¿Cuántos?" en distintas configuraciones

Puntuación de los criterios de evaluación _____ Tiempo transcurrido _____

Materiales: (E) 19 cubos

- M: (Coloque 15 cubos en una configuración dispersa). Cuenta 12 cubos y colócalos en línea recta. (Haga una pausa). ¿Cuántos cubos hay si cuentas con el método normal? ¿Y con el método Decir diez?
- M: Mueve los cubos para hacer 2 filas.
    a. ¿Cuántos cubos hay? (Se evalúa la conservación).
    b. Muéstrame cómo cuentas estos cubos que ahora están en filas.
- M: Mueve los cubos para hacer un círculo.
    a. ¿Cuántos cubos hay? (Se evalúa la conservación).
    b. Muéstrame cómo puedes contar estos cubos que ahora están en un círculo.
- M: Pon un cubo más en tu círculo. ¿Cuántos cubos tienes ahora?

¿Qué hizo el estudiante?	¿Qué dijo el estudiante?

Evaluación de la mitad del módulo	Temas A–C
Estándares abordados	

Números y operaciones

Se espera que el estudiante:

K.2A	cuente hacia adelante y hacia atrás por lo menos hasta el número 20 con y sin objetos;
K.2B	lea, escriba y represente números enteros del 0 hasta por lo menos el 20 con y sin objetos o ilustraciones;
K.2C	cuente un conjunto de por lo menos 20 objetos y demuestre que el último número que cuente indica el número de objetos en el conjunto sin importar cómo están acomodados o el orden;
K.2D	reconozca inmediatamente la cantidad de un grupo pequeño de objetos acomodados en forma organizada y al azar;
K.2E	genere un conjunto utilizando modelos concretos y pictóricos que representen un número que es mayor que, menor que e igual a un número dado por lo menos hasta el 20;
K.2F	genere un número que es uno más o uno menos que otro número por lo menos hasta el 20;
K.2G	compare conjuntos de por lo menos 20 objetos cada uno utilizando lenguaje comparativo.

Razonamiento algebraico

Se espera que el estudiante:

K.5	cuente en voz alta los números por lo menos hasta el 100 de uno en uno y de diez en diez comenzando con cualquier número dado.

Evaluación del resultado del aprendizaje del estudiante

Se proporciona una **Progresión hacia el dominio** con el fin de describir y cuantificar los pasos que llevan a la comprensión gradual que van desarrollando los estudiantes *en su camino hacia un desempeño satisfactorio*. En la siguiente tabla, el progreso se presenta de izquierda (Paso 1) a derecha (Paso 4). El objetivo de aprendizaje de los estudiantes es alcanzar el dominio del Paso 4. Estos pasos buscan ayudar a maestros y estudiantes a identificar y celebrar lo que los estudiantes SON CAPACES de hacer ahora, y a identificar aquellas cosas en las que tienen que seguir trabajando.

Progresión hacia el dominio				
Elemento de la evaluación y estándares evaluados	PASO 1 Poca evidencia de razonamiento sin una respuesta correcta (1 punto)	PASO 2 Evidencia de algún razonamiento sin una respuesta correcta (2 puntos)	PASO 3 Evidencia de algún razonamiento con una respuesta correcta o evidencia de razonamiento sólido con una respuesta incorrecta (3 puntos)	PASO 4 Evidencia de razonamiento sólido con una respuesta correcta (4 puntos)
Tema A K.2A K.2E K.2F K.5	El estudiante muestra poca evidencia de comprensión o habilidad para el conteo. Casi no responde.	El estudiante muestra evidencia de que está comenzando a comprender el conteo de números que pasan del 10, pero cuenta la cantidad de forma incorrecta (sin organización, con contradicciones en la correspondencia uno a uno, etc.).	El estudiante, de forma correcta, cuenta 10 popotes para hacer un montón y luego 6 popotes, pero no puede contar hasta el 16.	El estudiante, de forma correcta: • cuenta 10 popotes para hacer un montón y luego 6 popotes. • cuenta del 1 al 16. • cuenta con el método Decir diez, comenzando con el grupo de 10 (diez, diez 1, diez 2, diez 3, diez 4, diez 5, diez 6).
Tema B K.2A K.2B K.2E K.2F	El estudiante muestra poca evidencia de comprender cómo representar un número del 11 al 19 o usar las tarjetas *Hide Zero*. El estudiante escribe el número 16 de forma incorrecta.	El estudiante muestra que comienza a comprender cómo representar los números del 11 al 19 y usar las tarjetas *Hide Zero*, pero no puede responder de forma correcta. El estudiante escribe el número 16 de forma incorrecta.	El estudiante, de forma correcta, cuenta 13 cubos y usa con precisión las tarjetas *Hide Zero*, pero muestra una cantidad incorrecta para representar el 1 en 13. O El estudiante identifica un grupo de 10 que representa el 1 en 13, pero no puede usar las tarjetas *Hide Zero* con precisión. El estudiante escribe el numeral 16 de forma correcta.	El estudiante, de forma correcta: • cuenta 13 cubos y selecciona las tarjetas *Hide Zero* de 10 y 3 para hacer 13 con precisión. • identifica un grupo de 10 que es representativo del 1 en el numeral 13. • escribe el numeral 16.

Progresión hacia el dominio				
Tema C K.2A K.2C K.2D K.2E K.2F K.2G	El estudiante muestra poca evidencia de comprender cómo hacer o contar objetos en matrices y círculos.	El estudiante muestra evidencia de que comienza a comprender cómo contar matrices y círculos, pero no puede hacerlo de manera precisa y sistemática.	El estudiante organiza y cuenta cada matriz y círculo de forma correcta, pero no puede sumar uno más e identificar la nueva cantidad. El estudiante vuelve a contar para saber que es 12. O El estudiante suma uno más e identifica la nueva cantidad, pero tiene dificultad con una o más de las tareas con matrices de conteo.	El estudiante, de forma correcta: - cuenta 12 cubos. - organiza y cuenta cada matriz y sabe que el total es 12 sin volver a contar. - organiza y cuenta en un círculo y sabe que el total es 12 sin volver a contar. - suma 1 más a la cantidad y determina la nueva cantidad volviendo a contar o sin volver a contar.

UNA HISTORIA DE UNIDADES – EDICIÓN PARA TEKS | Evaluación de la mitad del módulo | K•5

Hoja de registro de la puntuación de los criterios de evaluación de la clase: Módulo 5				
Nombres de los estudiantes:	**Tema A:** Conteo de 10 unidades y algunas unidades	**Tema B:** Composición de números del 11 al 20 con 10 unidades y algunas unidades; representación y escritura de números del 11 al 19	**Tema C:** Descomposición de números del 11 al 20 y conteo para responder preguntas de "¿Cuántos?" en distintas configuraciones	**Próximos pasos:**

Módulo 5: Números del 10 al 20, contar hasta el 100 y comprensión del trabajo

UNA HISTORIA DE UNIDADES — **EDICIÓN PARA TEKS**

Currículo de matemáticas

KINDERGARTEN • MÓDULO 5

Tema D

Ampliación de la secuencia de conteo con el método normal y con el método Decir diez hasta el 100

K.5, K.2B, K.2D, K.2E, K.2F

Enfoque en el estándar:	K.5	Cuente en voz alta los números por lo menos hasta el 100 de uno en uno y de diez en diez comenzando con cualquier número dado.
Días para cubrir esta enseñanza:	5	
Coherencia -Se desprende de:	GPK–M5	Cuentos de suma y resta, y contar hasta el 20
-Se relaciona con:	G1–M2	Introducción al valor de posición mediante la suma y la resta hasta el 20

El Tema D presenta a los estudiantes números mayores que los números del 11 al 19, hasta el 100 (**K.5**). Comienzan contando hacia adelante y hacia atrás hasta el 100 tanto con el método normal (diez, veinte, treinta…) como con el método Decir diez (diez, 2 dieces, 3 dieces…). En las Lecciones 16 a 18, su trabajo con los números del 11 al 19 sienta las bases para un trabajo exitoso al darse cuenta de que la secuencia numérica del 1 al 9 se repite una y otra vez dentro de cada decena a medida que cuentan hasta el 100. Los estudiantes comienzan contando primero en una misma decena y, luego, pasando de una decena (p. ej., 28, 29, 30, 31, 32) (**K.5**). Los estudiantes también escriben algunos de los números que van del 21 al 100 en las Lecciones 15 a 17, lo que excede el estándar de Kindergarten y se extiende al estándar de 1.ᵉʳ grado **1.2C.** La escritura de numerales del 21 al 100 se incluye aquí debido a que dichos numerales hacen posible realizar un rango más amplio de actividades; los estudiantes aceptan fácilmente este desafío, que no se evalúa. La última lección de este tema es una exploración opcional de la descomposición de números hasta el 100 en el ábaco rekenrek.

Secuencia de enseñanza para el dominio de la ampliación de la secuencia de conteo con el método normal y con el método Decir diez hasta el 100

Objetivo 1: Contar de diez en diez hacia adelante y hacia atrás hasta el 100 con el método Decir diez y el método normal.
(Lección 15)

Objetivo 2: Contar de uno en uno en una misma decena.
(Lección 16)

Objetivo 3: Contar de uno en uno pasando de una decena hasta el 40.
(Lección 17)

Objetivo 4: Contar de uno en uno pasando de una decena hasta el 100 con y sin objetos.
(Lección 18)

Objetivo 5: Explorar los números en el ábaco rekenrek. (Opcional)
(Lección 19)

Lección 15

Objetivo: Contar de diez en diez hacia adelante y hacia atrás hasta el 100 con el método Decir diez y el método normal.

Estructura sugerida para la lección

- Práctica de fluidez   (11 minutos)
- Puesta en práctica   (7 minutos)
- Desarrollo del concepto   (24 minutos)
- Reflexión   (8 minutos)
- **Tiempo total**   **(50 minutos)**

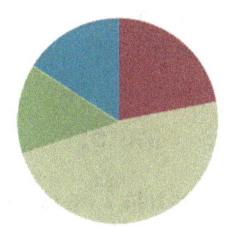

NOTA SOBRE LA ALINEACIÓN DE LOS ESTÁNDARES:

En esta lección, los estudiantes escriben múltiplos de 10 hasta el 100, lo que sirve de puente entre el contenido de Kindergarten de escritura de números hasta el 20 (**K.2B**) y el contenido de 1.er grado de escritura de números hasta el 120 (**1.2C**).

Práctica de fluidez (11 minutos)

- Escribir números del 11 al 19 en configuraciones circulares **K.2B, K.2D**   (3 minutos)
- Conteo circular de números del 11 al 19 **K.2C**   (5 minutos)
- *Hide Zero* para números del 11 al 19 **K.2B, K.5**   (3 minutos)

Escribir números del 11 al 19 en configuraciones circulares (3 minutos)

Materiales: (M) Configuraciones circulares dibujadas previamente (E) Pizarra blanca individual

Nota: Ahora que ya se ha presentado el conteo de números del 11 al 19 en configuraciones circulares, el objetivo es desarrollar la precisión. Anime a los estudiantes a seleccionar un punto de partida que puedan recordar, para que sepan cuando detenerse.

- M: (Proyecte 13 estrellas en una configuración circular). En sus pizarras blancas individuales, escriban el número de estrellas que ven.
- E: (Los estudiantes escriben el 13).
- M: Digan el número con el método Decir diez.
- E: Diez 3.
- M: Digan el número con el método normal.
- E: 13.

Repita el proceso para otros 3 o 4 números del 11 al 19.

Conteo circular de números del 11 al 19 (5 minutos)

Materiales: (E) Conteo circular de números del 11 al 19 (Plantilla de fluidez)

Nota: Esta actividad presenta un grado de complejidad mayor que la anterior, ya que contar un conjunto nuevo es más difícil que contar un conjunto existente. Contar en voz baja y establecer el punto de partida facilita la precisión en el conteo de números del 11 al 19 en una configuración circular.

Después de distribuir las plantillas de conteo circular de números del 11 al 19, pida a los estudiantes que digan cada número con el método normal y con el método Decir diez. Luego, pídales que cuenten en voz baja mientras dibujan más figuras que se relacionen con el número indicado.

Hide Zero para números del 11 al 19 (3 minutos)

Materiales: (M) Tarjetas *Hide Zero* grandes (Plantilla 1 de la Lección 6)

Nota: Esta actividad refuerza el estándar del nivel del grado que requiere que los estudiantes comprendan que los números del 11 al 19 están compuestos por diez unidades y algunas unidades más.

- M: (Coloque la tarjeta de 7 encima de la tarjeta de 10 para mostrar 17). Digan el número.
- E: 17.
- M: Digan el número con el método Decir diez.
- E: Diez 7.

Separe las tarjetas en 10 y 7.

Repita este proceso para otros números del 11 al 19.

Puesta en práctica (7 minutos)

Materiales: (E) Donas (Plantilla 1), 14 cubos

El Sr. Perry está decorando donas. Quiere colocar 14 puntos pequeños de chocolate en filas. Muestren al Sr. Perry una idea sobre cómo colocar los 14 puntos en círculo en una dona. Primero, muéstrenlo con cubos y luego dibujen los puntos de chocolate en la dona. Muestren el número total de puntos de chocolate con un vínculo numérico y las tarjetas *Hide Zero*.

Nota: Este problema brinda a los estudiantes la oportunidad de aplicar su trabajo reciente de organización y conteo de objetos en configuraciones lineales y circulares. El uso de tarjetas *Hide Zero* apoya la comprensión de 14 como diez unidades y 4 unidades.

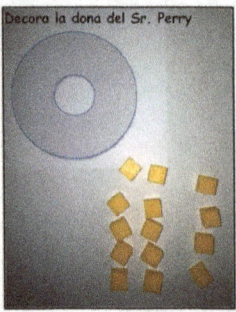
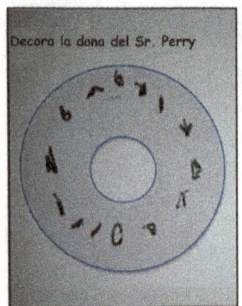
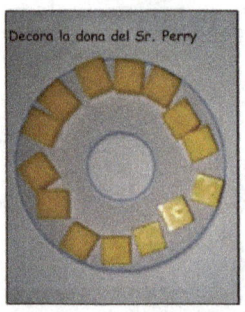

UNA HISTORIA DE UNIDADES – EDICIÓN PARA TEKS   Lección 15   K•5

Desarrollo del concepto (24 minutos)

Materiales: (M) Ábaco rekenrek de 100 cuentas (E) Juego de 10 tarjetas de marco de 10 pequeñas (Plantilla 2)

M: (Invite a los estudiantes a la alfombra y muestre el ábaco rekenrek). Cuenten las cuentas a medida que las muevo. (Desplace cada cuenta de derecha a izquierda).

E: 1, 2, 3, 4, 5, 6, 7, 8, 9, 10.

M: ¿Cuántas cuentas hay en esta fila?

E: 10.

M: (Señale las cuentas de la segunda fila). ¿Cuántas cuentas hay en esta fila?

E: 10.

M: ¿Cómo saben que hay diez cuentas?

E: Veo 5 cuentas rojas y 5 cuentas blancas, y 5 y 5 es 10.
→ Se ve igual que la primera fila.

M: Entonces, ¿cuántas cuentas tiene cada fila?

E: 10.

M: Contemos todas las cuentas. ¿Debemos contar de uno en uno o de diez en diez? ¿Qué es más rápido?

E: ¡De diez en diez!

M: Contémoslas de diez en diez. (Desplace cada fila de derecha a izquierda a medida que los estudiantes cuentan).

E: 10, 20, 30, 40, 50, 60, 70, 80, 90, 100.

M: Ahora, contemos hacia atrás. (Desde abajo, y desplazando cada fila de izquierda a derecha).

E: 100, 90, 80, 70, 60, 50, 40, 30, 20, 10.

Pida a los estudiantes que vuelvan a sus asientos.

M: Pongan sus tarjetas de marco de 10 sobre su mesa.

M: Vamos a contarlas con el método Decir diez.

E: Diez, 2 dieces, 3 dieces, 4 dieces, 5 dieces, 6 dieces, 7 dieces, 8 dieces, 9 dieces, 10 dieces.

M: Y ahora cuéntenlas con el método normal.

E: 10, 20, 30, 40, 50, 60, 70, 80, 90, 100.

M: Voy a decir un número con el método Decir diez. Muestren esa cantidad de tarjetas frente a ustedes.

M: 3 dieces.

E: (Muestran 3 tarjetas).

M: Cuenten hacia adelante de diez en diez y díganme cuántas hay.

E: 10, 20, 30.

M: Usen el dedo y escriban 30 en su mesa.

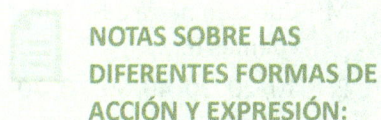

NOTAS SOBRE LAS DIFERENTES FORMAS DE ACCIÓN Y EXPRESIÓN:

Para proveer soportes para la lección a los estudiantes cuyo desempeño está bajo el nivel del grado, pídales que trabajen en un grupo pequeño con el ábaco rekenrek. Guíelos para que cuenten con el método Decir diez mientras mueven las filas de cuentas.

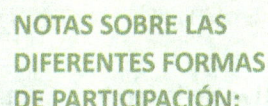

NOTAS SOBRE LAS DIFERENTES FORMAS DE PARTICIPACIÓN:

Para desafiar a los estudiantes cuyo desempeño está sobre el nivel del grado, coloque la tarjeta de diez y dos unidades sobre la mesa. Pídales que cuenten de diez en diez, comenzando en doce (12, 22, 32, 42, 52, etc.).

Lección 15: Contar de diez en diez hacia adelante y hacia atrás hasta el 100 con el método Decir diez y el método normal.

UNA HISTORIA DE UNIDADES – EDICIÓN PARA TEKS   Lección 15 K • 5

M: Ahora, cuenten hacia atrás de diez en diez a partir del 30 a medida que señalan cada marco de diez.

E: 30, 20, 10.

M: Les diré otro número. 8 dieces.

E: (Muestran ocho tarjetas).

M: Cuenten hacia adelante de diez en diez y díganme cuántas hay.

E: 10, 20, 30, 40, 50, 60, 70, 80.

M: Usen el dedo y escriban 80 en la mesa.

M: Cuenten hacia atrás de diez en diez a medida que lo hacen.

E: 80, 70, 60, 50, 40, 30, 20, 10.

Repita con las otras decenas.

Grupo de problemas (6 minutos)

Los estudiantes deberán hacer su mejor esfuerzo para completar el **Grupo de problemas** en el tiempo asignado.

Nota: Este **Grupo de problemas** pide a los estudiantes que escriban números mayores que 20, que es un estándar de 1.ᵉʳ grado (**1.2C**). Si los estudiantes no están listos para este paso, considere pedirles que usen tarjetas numéricas o que simplemente digan la cantidad representada.

Después de completar el **Grupo de problemas**, pida a los estudiantes que lo doblen después del 50 para ver y analizar las mismas "escaleras" de la Lección 11, ya que se coloca una decena más en cada fila, como se ve en la imagen abajo a la derecha. Mientras los estudiantes trabajan, anímelos a contar con el método normal y con el método Decir diez.

Reflexión (8 minutos)

Objetivo de la lección: Contar de diez en diez hacia adelante y hacia atrás hasta el 100 con el método Decir diez y el método normal.

El objetivo de la **Reflexión** es invitar a pensar y procesar activamente la experiencia total de la lección.

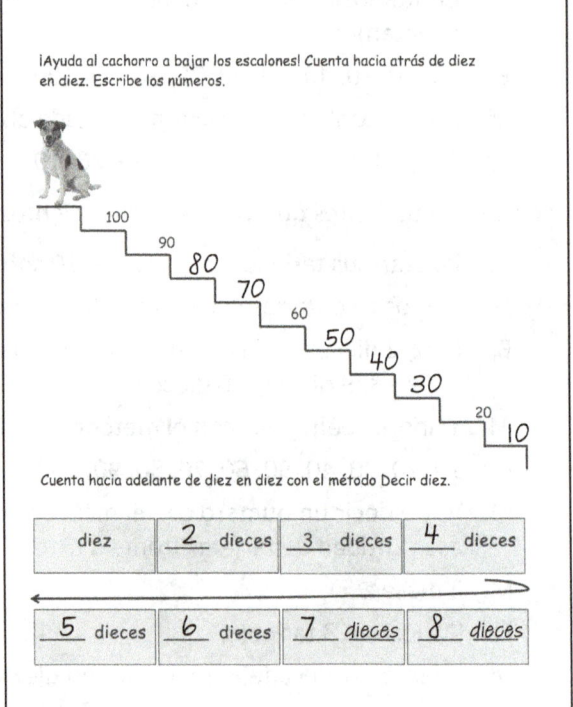

Lección 15: Contar de diez en diez hacia adelante y hacia atrás hasta el 100 con el método Decir diez y el método normal.

Invite a los estudiantes a revisar las soluciones del **Grupo de problemas**. Deben revisar el trabajo comparando las respuestas con un compañero, turnándose para leer los números hacia adelante y hacia atrás. Vea si aún quedan conceptos erróneos o malentendidos que puedan resolverse en la **Reflexión**. Guíe a los estudiantes para que reflexionen sobre el **Grupo de problemas** y para que comprendan la lección.

Puede usar cualquier combinación de las preguntas de abajo para guiar la discusión.

- ¿En qué se diferenciaría la imagen de las escaleras si estuvieran contando de uno en uno?
- ¿Qué tipos de cosas podemos contar de diez en diez?
- ¿Por qué es útil contar de diez en diez?
- Sigan practicando el conteo con el ábaco rekenrek.

Boleto de salida (3 minutos)

Después de la **Reflexión**, pida a los estudiantes que terminen el **Boleto de salida**. Revisar el trabajo de los estudiantes le permitirá evaluar si comprendieron los conceptos de la lección de hoy y planear de forma más eficaz las siguientes lecciones. Puede leer las preguntas en voz alta a los estudiantes.

Lección 15: Contar de diez en diez hacia adelante y hacia atrás hasta el 100 con el método Decir diez y el método normal.

Nombre _____ Fecha _____

Cuenta hacia adelante de diez en diez y escribe los números.

(10 dots)	10
(20 dots)	20
(30 dots)	
(40 dots)	
(50 dots)	50
(60 dots)	
(70 dots)	
(80 dots)	
(90 dots)	
(100 dots)	

¡Ayuda al cachorro a bajar los escalones! Cuenta hacia atrás de diez en diez. Escribe los números.

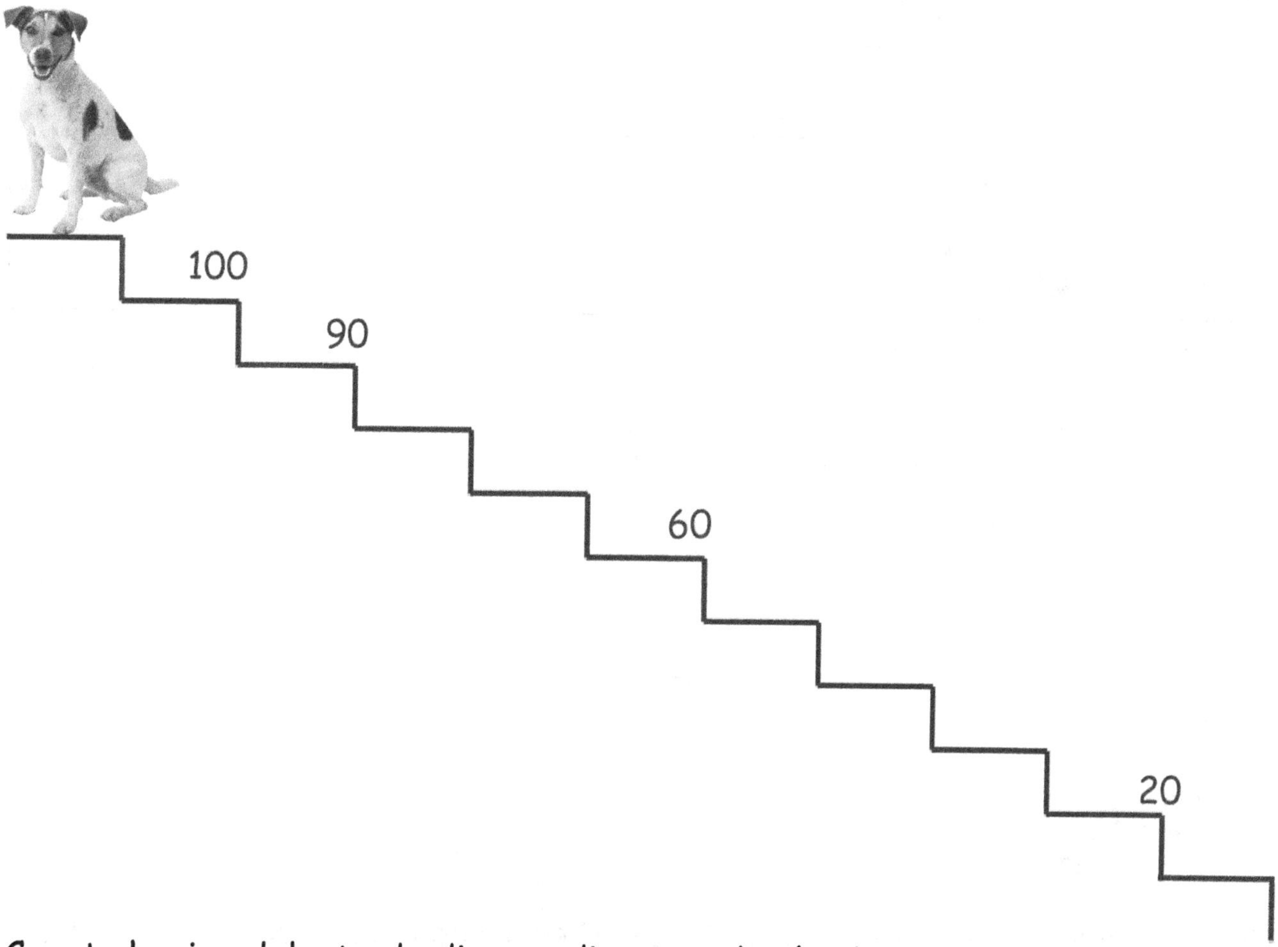

100
90
___
___
60
___
___
___
20
___

Cuenta hacia adelante de diez en diez con el método Decir diez.

| diez | ___ dieces | 3 dieces | ___ dieces |

| ___ dieces | ___ dieces | ___ ___ | ___ ___ |

UNA HISTORIA DE UNIDADES – EDICIÓN PARA TEKS   Lección 15: Boleto de salida   K•5

Nombre _____   Fecha _____

Cuenta hacia adelante y hacia atrás de 10 en 10. Escribe los números.

(1 diez)	10
(2 dieces)	
(3 dieces)	
(4 dieces)	
(5 dieces)	
(6 dieces)	40
(3 dieces)	
(2 dieces)	
(1 diez)	

Cuenta hacia atrás y hacia adelante de 10 en 10 con el método Decir diez.

↓	100	10	dieces
	90		dieces
	80		dieces
	70	7	dieces
	60		dieces

↑	50		dieces
	40	4	dieces
	30		dieces
	20		dieces
	10	1	diez

Lección 15: Contar de diez en diez hacia adelante y hacia atrás hasta el 100 con el método Decir diez y el método normal.

Nombre _____ Fecha _____

Cuenta hacia atrás de 10 en 10 y escribe el número sobre cada escalón.

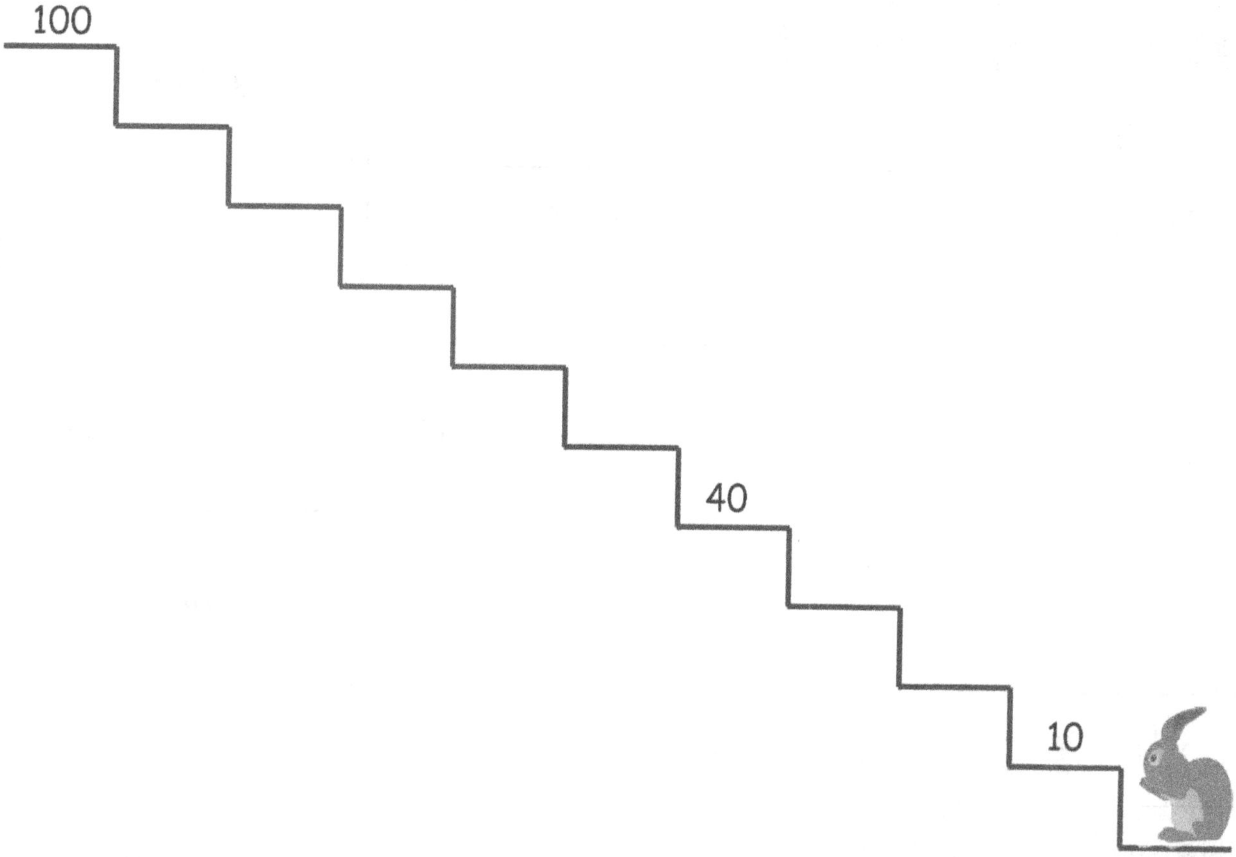

Lección 15: Tarea

Cuenta hacia atrás con el método Decir diez. Escribe los números que faltan.

(10 tens)	100	
(9 tens)		9 dieces
(8 tens)	80	_____ dieces
(7 tens)	70	_____ dieces
(6 tens)		6 dieces
(5 tens)		_____ dieces
(4 tens)	40	4 dieces
(3 tens)		_____ dieces
(2 tens)		_____ dieces
(1 ten)		_____ diez

Nombre _____ Fecha _____

Cuenta en voz baja y dibuja más figuras para que se relacionen con el número.

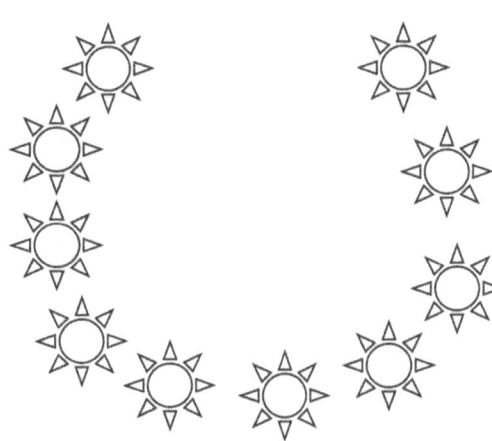

conteo circular de números del 11 al 19

Cuenta en voz baja y dibuja más figuras para que se relacionen con el número.

16	19

13	20
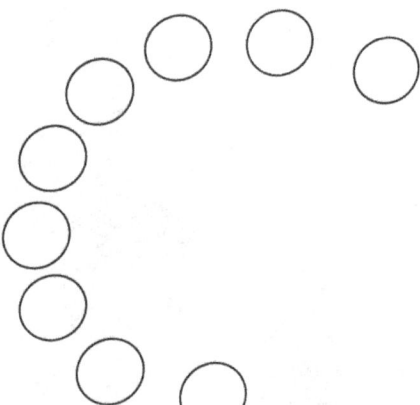	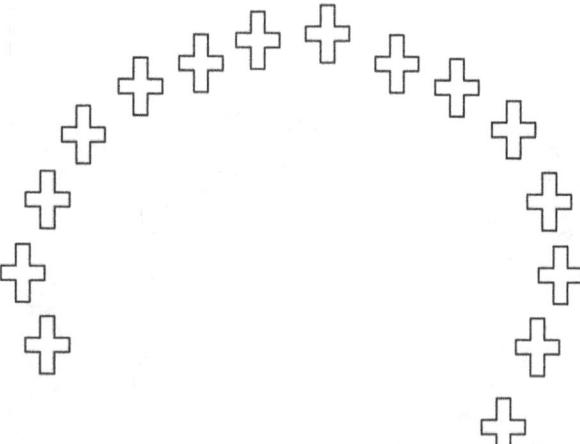

conteo circular de números del 11 al 19

Decora la dona del Sr. Perry

Decora la dona del Sr. Perry

Decora la dona del Sr. Perry

Decora la dona del Sr. Perry

_____

donas

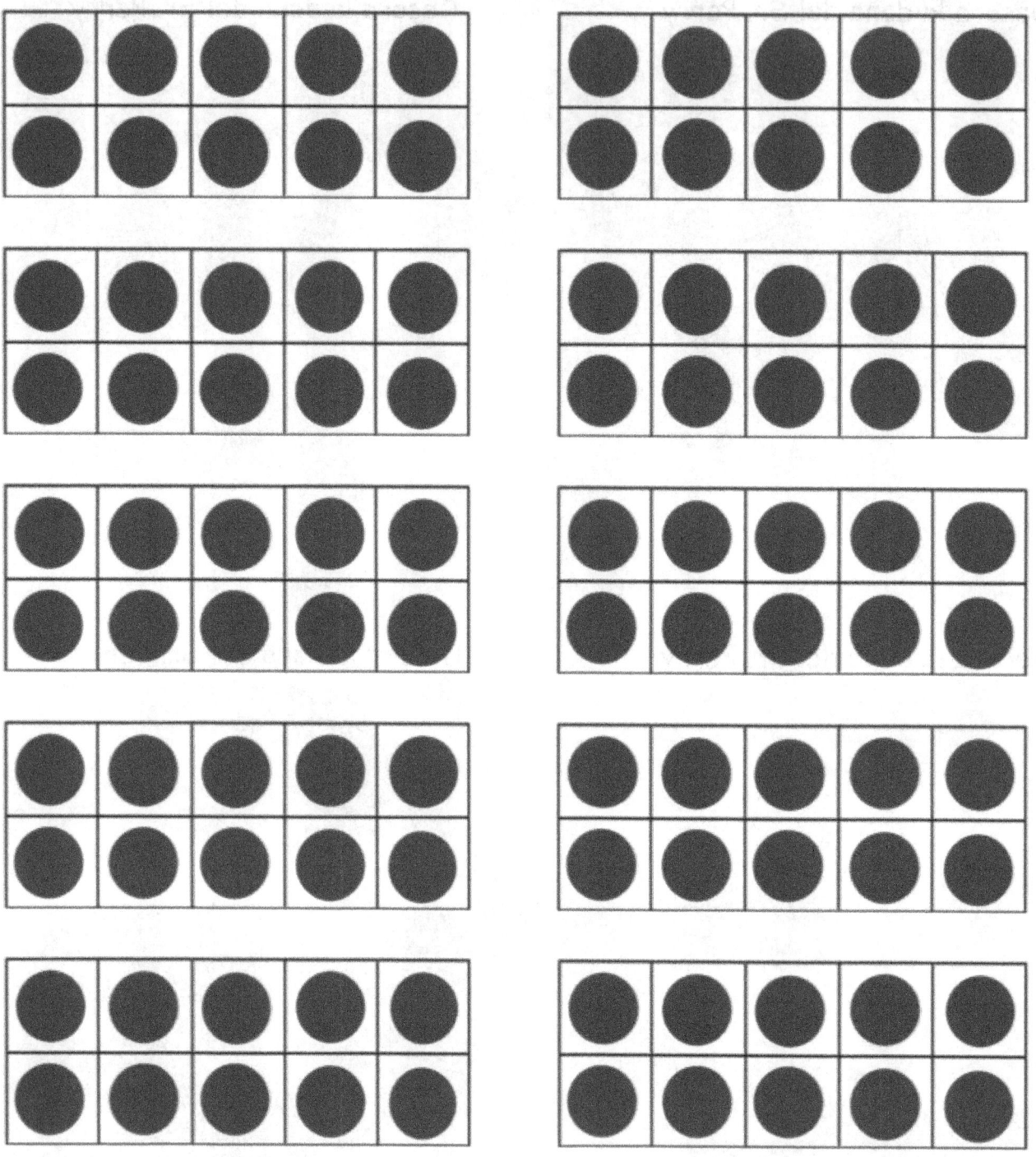

tarjetas de marco de 10 pequeñas

UNA HISTORIA DE UNIDADES – EDICIÓN PARA TEKS · Lección 16 · K•5

Lección 16

Objetivo: Contar de uno en uno en una misma decena.

Estructura sugerida para la lección

- ■ Práctica de fluidez — (12 minutos)
- ■ Puesta en práctica — (5 minutos)
- ■ Desarrollo del concepto — (25 minutos)
- ■ Reflexión — (8 minutos)
- **Tiempo total** — **(50 minutos)**

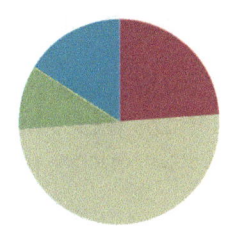

NOTA SOBRE LA ALINEACIÓN DE LOS ESTÁNDARES:

En esta lección, los estudiantes escriben números hasta el 100, lo que sirve de puente entre el contenido de Kindergarten de escribir números hasta el 20 (**K.2B**) y el contenido de 1.er grado de escribir números hasta el 120 (**1.2C**).

Práctica de fluidez (12 minutos)

- *Hide Zero* para números del 11 al 19 **K.2C, K.2E**   (7 minutos)
- Contar de diez en diez con el método Decir diez **K.5**   (2 minutos)
- Contar con tarjetas de marco de diez **K.5**   (3 minutos)

Hide Zero para números del 11 al 19 (7 minutos)

Materiales: (E) Tarjetas *Hide Zero*: 1 tarjeta *Hide Zero* de 10 (Plantilla 2 de la Lección 6) y tarjetas de grupos de 5 del 1 al 9 (Plantilla de fluidez 2 de la Lección 1), objetos para contar interesantes

Nota: Esta actividad proporciona práctica del conteo de 11 a 20 objetos. Recorra el salón mientras los estudiantes trabajan y observe cómo organizan sus objetos mientras cuentan. Para los estudiantes que tienen dificultad para contar con precisión, considere sugerirles que cuenten un montón de diez primero, antes de contar las unidades adicionales. Algunos estudiantes pueden beneficiarse de organizar sus objetos en una formación de grupos de 5 para que coincidan con las tarjetas.

Dé a cada pareja de estudiantes un juego de tarjetas *Hide Zero* y pídales que coloquen el número 10 en el medio. Un compañero recibe 4 de las tarjetas numeradas del 1 al 9 y el otro compañero recibe las 5 tarjetas restantes. El jugador que tiene 5 tarjetas coloca una de sus tarjetas bocabajo sobre el diez. El compañero cuenta esa cantidad de objetos para contar interesantes (conchas, piedras, monedas de 1 centavo). Luego, los estudiantes intercambian roles.

Contar de diez en diez con el método Decir diez (2 minutos)

Materiales: (M) Ábaco rekenrek de 100 cuentas

Nota: Esta actividad permite a los estudiantes ver cómo aumentan y disminuyen las filas de diez a medida que cuentan con el método Decir diez.

   M: (Muestre el 10 en el ábaco rekenrek). Digan el número que ven.

   E: Diez.

Lección 16: Contar de uno en uno en una misma decena.

M: (Muestre 2 dieces en el ábaco rekenrek). Digan el número con el método Decir diez.

E: 2 dieces.

Avance hasta el 100 y luego vuelva al cero, cambiando de sentido ocasionalmente.

Contar con tarjetas de marco de diez (3 minutos)

Materiales: (E) Tarjetas de marco de 10 pequeñas (Plantilla 2 de la Lección 15)

Nota: Esta actividad proporciona una representación visual de que cada decena está compuesta por diez unidades. Los estudiantes establecen la relación entre los números a nivel pictórico y abstracto mientras cuentan con el método Decir diez.

M: Coloquen una tarjeta de marco de 10 frente a ustedes.

E: (Los estudiantes colocan una tarjeta de marco de 10 frente a ellos).

M: Digan el número.

E: Diez.

M: Coloquen otra tarjeta de marco de 10 frente a ustedes.

E: (Los estudiantes colocan una segunda tarjeta de marco de 10 frente a ellos).

M: Digan el número con el método Decir diez.

E: 2 dieces.

Continúe con esta secuencia posible: 3 dieces, 4 dieces, 5 dieces, 6 dieces, 7 dieces, 8 dieces, 9 dieces y 10 dieces.

> **NOTAS SOBRE LAS DIFERENTES FORMAS DE ACCIÓN Y EXPRESIÓN:**
>
> Permita que los estudiantes cuyo desempeño está sobre el nivel del grado trabajen de forma independiente o en el centro en un grupo pequeño. Deles muchas tarjetas de marco de 10, ya que es posible que puedan avanzar mucho más que el resto de la clase.

Puesta en práctica (5 minutos)

Materiales: (E) Tarjetas de 2 manos (Plantilla)

Los estudiantes de prekínder están dibujando las huellas de sus manos. 7 estudiantes están poniendo las huellas de las manos en un cartel. ¿Cuántos dedos aparecerán en el cartel? Usen las tarjetas de 2 manos como ayuda.

Nota: Esta **Puesta en práctica** está diseñada para ayudar a los estudiantes a hacer la conexión natural entre las decenas y sus dedos.

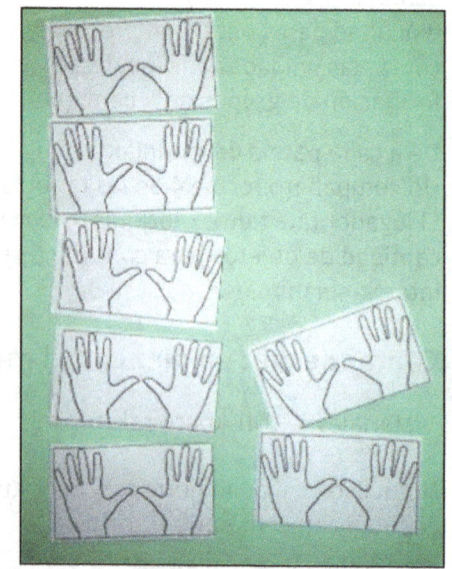

Desarrollo del concepto (25 minutos)

Materiales: (M) 10 trozos de cartón (E) Tarjetas de marco de 10 pequeñas (Plantilla 2 de la Lección 15), 9 fichas para contar

Demuestre lo siguiente antes de pedir a los estudiantes que lo hagan con un compañero:

Los estudiantes cuentan hacia adelante del 0 al 9 a medida que colocan las fichas para contar en la mesa en grupos de 5 verticales. Cuando terminen, pídales que levanten la mano para recibir un marco de 10. Quitan las nueve fichas para contar en el momento en que reciben el marco de 10. Luego, cuentan del 10 al 19 a medida que colocan las fichas para contar en la mesa al igual que antes. Luego, entrégueles un nuevo marco de 10 mientras quitan las 9 fichas para contar y pídales que cuenten del 20 al 29 a medida que colocan las fichas. No mencione el intercambio ni la reagrupación. Por ahora, sólo diga a los estudiantes que, cuando hayan contado hasta el 29 (o el 39 o el 49 o el 59, etc.), quiten todas las unidades y se les dará una nueva tarjeta de 10 unidades. Muestre a los estudiantes cómo lo que saben sobre contar hasta el 9 los ayudará a contar números mucho más grandes. El método Decir diez muestra muy bien esa correlación.

  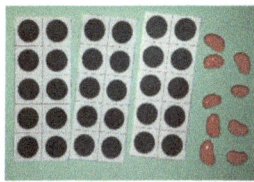

Actividad grupal:

M: (Coloque los trozos de cartón en el suelo para hacer como un camino de piedras. Diviértase creando una historia con los estudiantes sobre lo que hay al final del camino). Al final de este camino, hay un caldero mágico y, si pueden llegar hasta él, ¡podrán pedir cualquier deseo que quieran! Pero para llegar al caldero, deben contar en orden del 30 al 39, o del 40 al 49, ¿o del 50 al...?

E: 59.

M: ¿O del 60 al...?

E: 69.

M: ¿A quién le gustaría intentar llegar al caldero mágico? Nosotros lo ayudaremos a contar para que pueda llegar.

M: (Elija a un estudiante y luego escriba 30 en el pizarrón). Vamos a ayudar a Milo a contar. Comenzaremos en 30.

E: (A medida que el estudiante pisa cada "piedra"). 30, 31, 32, 33, 34, 35, 36, 37, 38, 39.

M: ¡Lo logró! ¿Qué deseo pediste? (Permita que dé una respuesta rápida).

M: ¿Quién quiere ser el siguiente?

M: (Elija a otro estudiante y luego escriba 50 en el pizarrón). ¡Ayudemos a Victoria a llegar al caldero mágico!

E: 50, 51, 52, 53, 54, 55, 56, 57, 58, 59.

M: ¡Victoria llegó al caldero! ¿Qué deseo pediste?

Lección 16: Contar de uno en uno en una misma decena.

Dé a 2 o 3 estudiantes la oportunidad de recorrer el camino hasta el caldero mágico, cambiando el número inicial por un número más grande cada vez. Los estudiantes cuentan a coro y se entusiasman contando hasta números más grandes.

Luego, quite 5 piedras. Comience a contar hasta el caldero mágico del 35 al 39, del 45 al 49 y del 75 al 79. Después, vuelva a colocar 2 piedras y comience a contar hasta el caldero mágico desde el 23, el 53, el 83 y el 93. Nuevamente, sólo cuente hacia adelante hasta el número con el nueve en la posición de las unidades. Los estudiantes responderán sin pensar y querrán decir el múltiplo de diez, pero si lo hacen, ¡no podrán llegar al caldero mágico! Esto genera suspenso y aumenta el deseo de los estudiantes de saber esos números, que se trabajan en la Lección 18.

Grupo de problemas (5 minutos)

Ahora que los estudiantes ya han trabajado con los números de forma oral y con materiales concretos, en el **Grupo de problemas** representan las matemáticas con el número abstracto.

Los estudiantes deberán hacer su mejor esfuerzo para completar el **Grupo de problemas** en el tiempo asignado.

Nota: Este **Grupo de problemas** pide a los estudiantes que escriban números mayores que 20, que es un estándar de 1.er grado (**1.2C**). Si los estudiantes no están listos para este paso, considere pedirles que usen tarjetas numéricas o que simplemente digan la cantidad representada.

Reflexión (8 minutos)

Objetivo de la lección: Contar de uno en uno en una misma decena.

El objetivo de la **Reflexión** es invitar a pensar y procesar activamente la experiencia total de la lección.

Invite a los estudiantes a revisar las soluciones del **Grupo de problemas**. Deben revisar el trabajo comparando las respuestas con un compañero, turnándose para leer los números hacia adelante y hacia atrás. Vea si aún quedan conceptos erróneos o malentendidos que puedan resolverse en la **Reflexión**. Guíe a los estudiantes para que reflexionen sobre el **Grupo de problemas** y para que comprendan la lección.

Puede usar cualquier combinación de las preguntas de abajo para guiar la discusión.

- Miren los números en la primera fila de su **Grupo de problemas**. ¿En qué se parecen los números? ¿En qué se diferencian?
- Usen el ábaco rekenrek para seguir practicando el conteo dentro de una secuencia. En lo posible, cuenten del 63 al 69, del 72 al 79 y del 84 al 89.

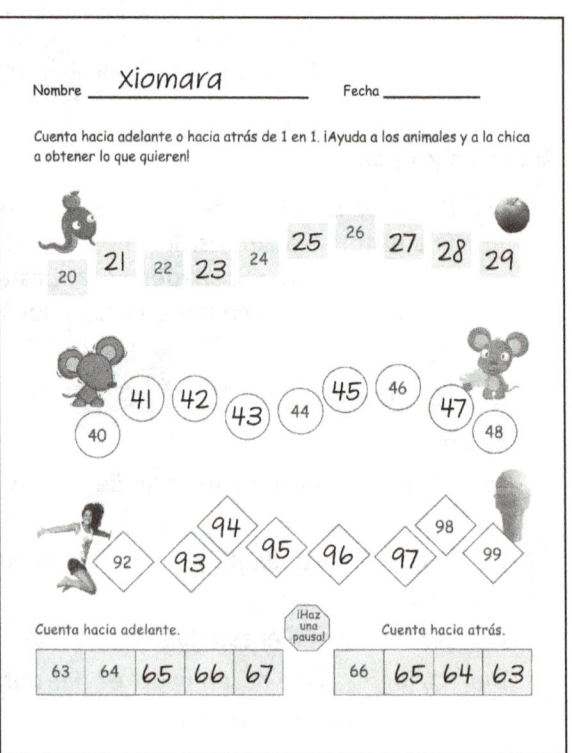

Boleto de salida (3 minutos)

Después de la **Reflexión**, pida a los estudiantes que terminen el **Boleto de salida**. Revisar el trabajo de los estudiantes le permitirá evaluar si comprendieron los conceptos de la lección de hoy y planear de forma más eficaz las siguientes lecciones. Puede leer las preguntas en voz alta a los estudiantes.

Lección 16: Contar de uno en uno en una misma decena.

Nombre _____ Fecha _____

Cuenta hacia adelante o hacia atrás de 1 en 1. ¡Ayuda a los animales y a la chica a obtener lo que quieren!

 20, 22, 24, 26, __, __, __

40, __, __, __, 44, __, 46, __, 48

92, __, __, __, __, __, 98, 99

Cuenta hacia adelante.

| 63 | 64 | | |

¡Haz una pausa!

Cuenta hacia atrás.

| 66 | | | |

Nombre _____ Fecha _____

Cuenta de 1 en 1 para ayudar a la vaca a llegar al establo.

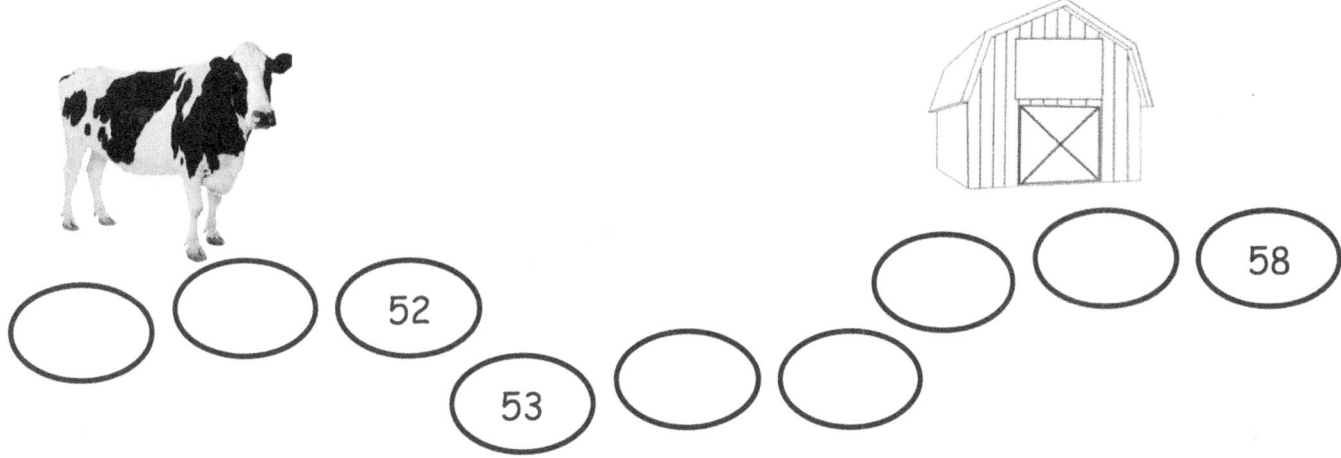

Ayuda al niño a llegar a su regalo. Cuenta hacia adelante de 1 en 1. Cuando llegues a la parte superior, cuenta hacia atrás de 1 en 1.

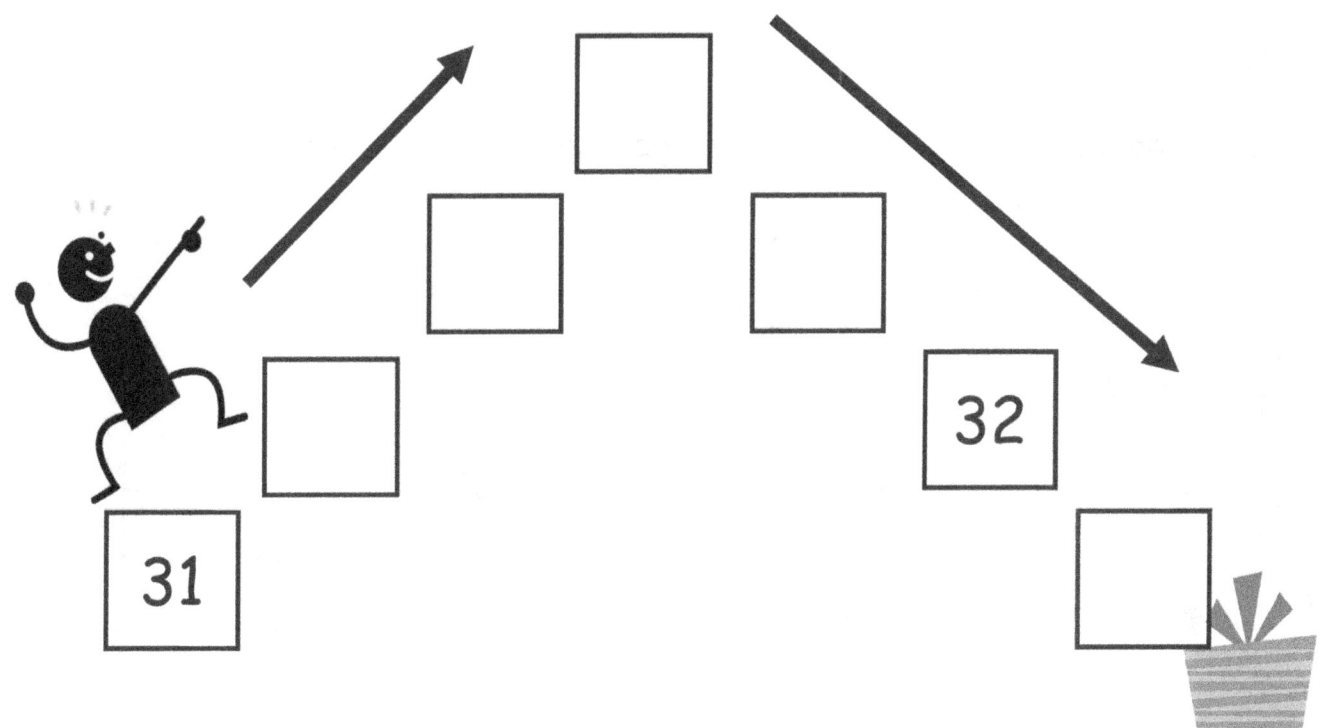

Nombre _____ Fecha _____

Ayuda al conejo a obtener su zanahoria. Cuenta de 1 en 1.

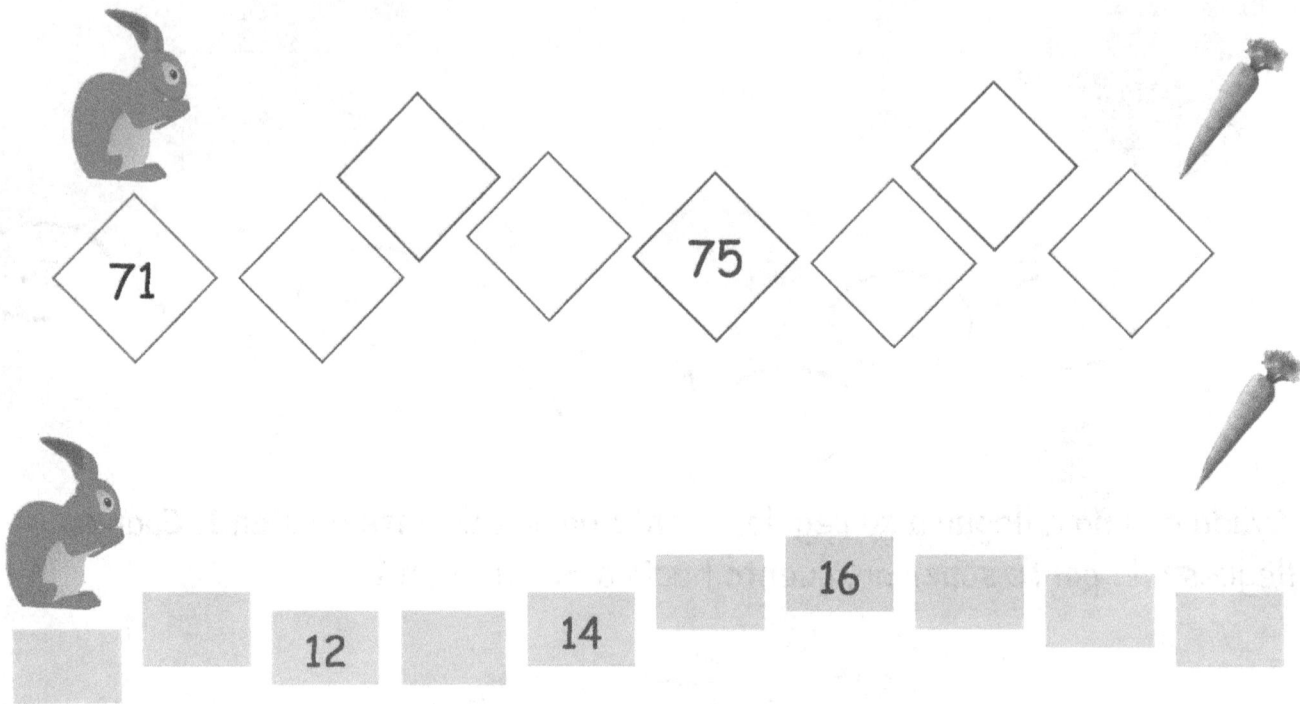

Cuenta hacia adelante de 1 en 1 y, luego, cuenta hacia atrás de 1 en 1.

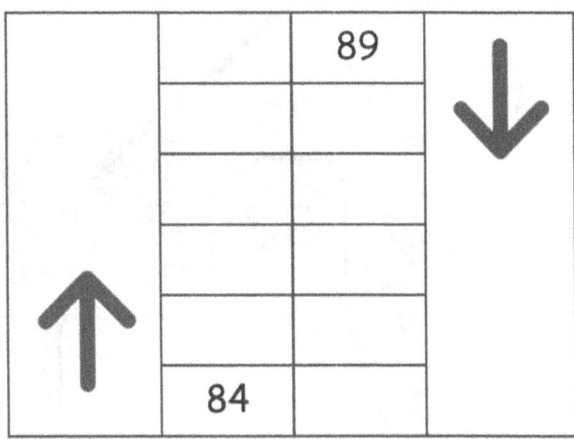   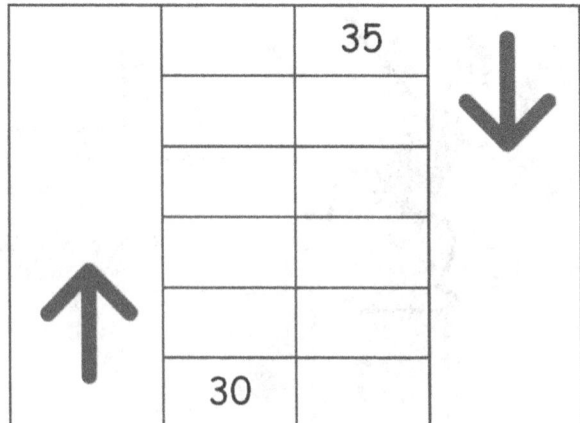

Ayuda al niño a enviar su carta por correo. Cuenta hacia adelante de 1 en 1. Cuando llegues a la parte superior, cuenta hacia atrás de 1 en 1.

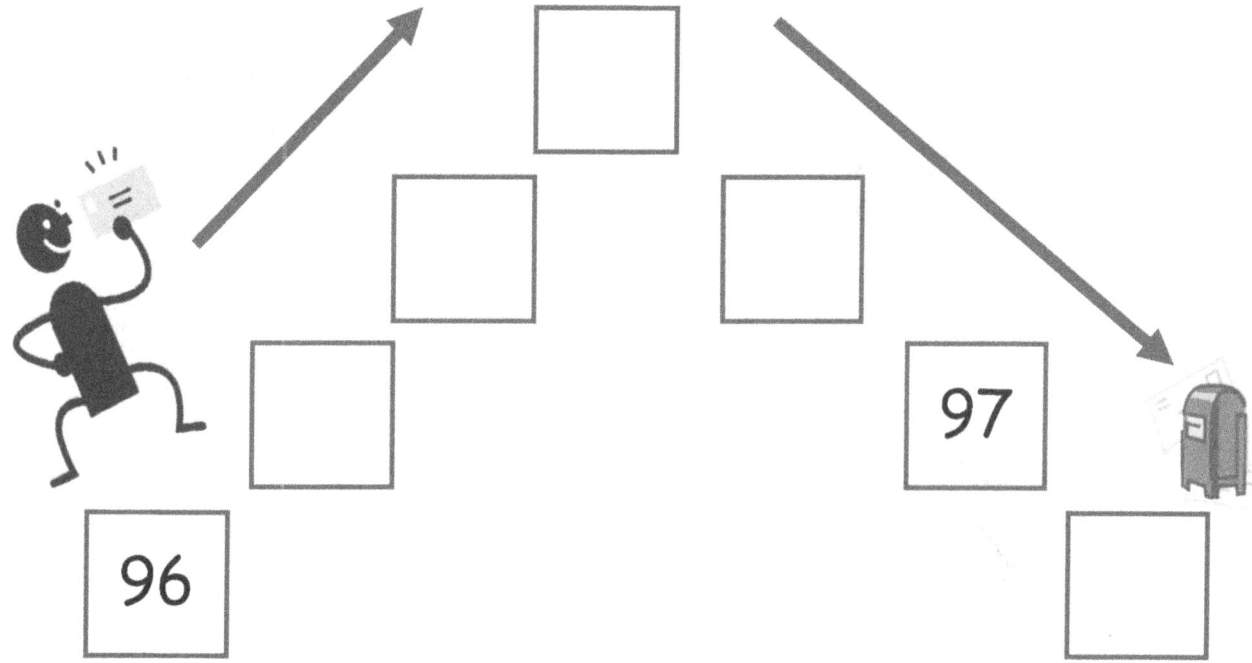

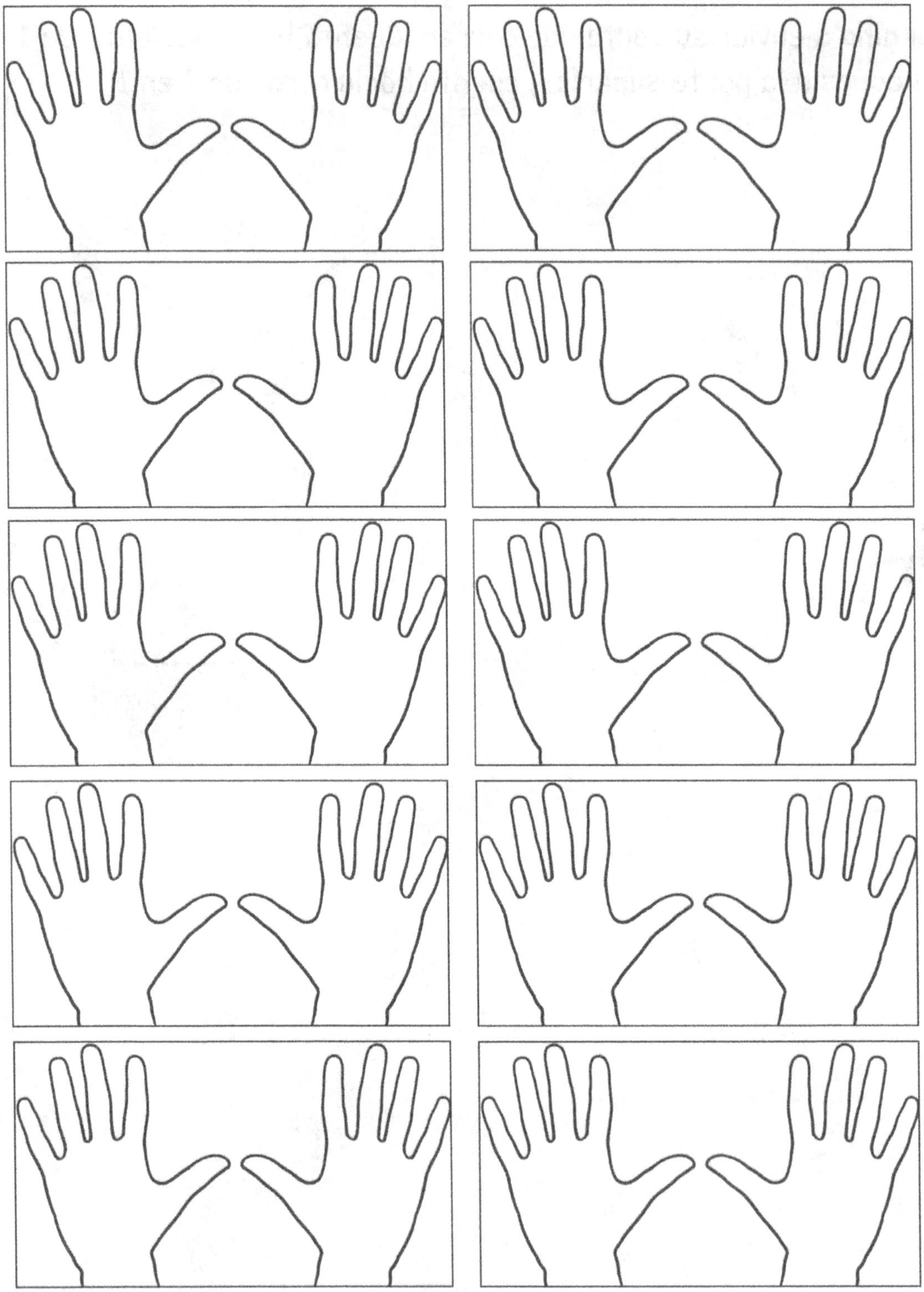

tarjetas de 2 manos

Lección 16: Contar de uno en uno en una misma decena.

Lección 17

Objetivo: Contar de uno en uno pasando de una decena hasta el 40.

Estructura sugerida para la lección

- Puesta en práctica   (7 minutos)
- Práctica de fluidez   (10 minutos)
- Desarrollo del concepto   (25 minutos)
- Reflexión   (8 minutos)
- **Tiempo total**   **(50 minutos)**

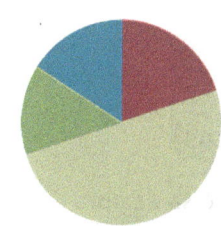

> **NOTA SOBRE LA ALINEACIÓN DE LOS ESTÁNDARES:**
>
> En esta lección, los estudiantes escriben números hasta el 100, lo que sirve de puente entre el contenido de Kindergarten de escribir números hasta el 20 (**K.2B**) y el contenido de 1.ᵉʳ grado de escribir números hasta el 120 (**1.2C**).

Puesta en práctica (7 minutos)

La mamá de Sammy tiene 10 manzanas en una bolsa. Algunas son rojas y otras son verdes. ¿Cuál podría ser el número de manzanas de cada color que hay en la bolsa? Hay más de una respuesta posible. Fíjense cuántas respuestas diferentes se pueden encontrar. Muestren las respuestas con vínculos numéricos. Etiqueten las partes como R y V.

> **NOTAS SOBRE LAS DIFERENTES FORMAS DE ACCIÓN Y EXPRESIÓN:**
>
> Desafíe a los estudiantes cuyo desempeño está sobre el nivel del grado a representar las nueve soluciones posibles de la **Puesta en práctica** y a explicar, oralmente y por escrito, por qué las nueve posibilidades son una respuesta al mismo problema.

Nota: En esta lección, la **Puesta en práctica** precede a la **Práctica de fluidez** porque las actividades de fluidez conducen directamente al conteo de la lección.

Práctica de fluidez (10 minutos)

- Grupos de 5 a la vista: Parejas de 5 **K.2I**   (4 minutos)
- Contar números del 11 al 19 **K.2C, K.2I**   (4 minutos)
- Contar en una misma decena **K.5**   (2 minutos)

Grupos de 5 a la vista: Parejas de 5 (4 minutos)

Materiales: (M) Tarjetas de grupos de 5 grandes (Plantilla de fluidez 1 de la Lección 1)

Nota: El repaso de las composiciones del 5 conduce al dominio de la suma y la resta hasta el 5.

M: (Muestre 4 puntos). ¿Cuántos puntos ven?

E: 4.

M: ¿Cuántos más necesito para hacer 5?

E: 1.

M: Digan la oración de suma.

E: 4 + 1 = 5.

Continúe con la siguiente secuencia posible: 1, 3, 2, 5, 0, 4, 2.

Contar números del 11 al 19 (4 minutos)

Materiales: (E) Pizarra blanca individual, 1 bolsa de aproximadamente 20 objetos (por pareja)

Nota: Esta actividad proporciona a los estudiantes una práctica concreta de la descomposición de números del 11 al 19 en diez unidades y algunas unidades más.

M: Tomen 13 objetos de su bolsa.

M: Sepárenlos en dos partes: una parte con 10 y otra parte. Escriban el número en sus pizarras blancas individuales.

Repita este proceso para otras cuatro o cinco cantidades.

Contar en una misma decena (2 minutos)

M: Contemos comenzando en el 20.

Nota: Esta actividad proporciona a los estudiantes práctica del conteo de uno en uno en una misma decena para prepararlos para contar pasando de una decena en el **Desarrollo del concepto** de hoy.

Guíe a los estudiantes para que cuenten del 20 al 29, cambiando ocasionalmente el sentido. Repita la actividad del 50 al 59 y del 80 al 89.

Desarrollo del concepto (25 minutos)

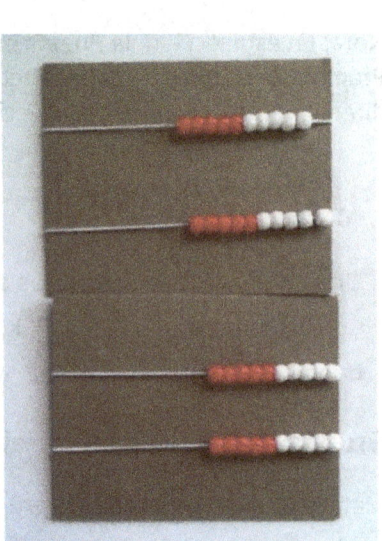

Materiales: (E) Ábaco rekenrek individual (de la Lección 10)

M: Junten su ábaco rekenrek con el de su compañero.

M: Muevan todas las cuentas al lado derecho.

M: Cuenten las cuentas de una en una. Compañero A, mueve la primera fila. Ambos digan cada número en voz baja a medida que mueven las cuentas de derecha a izquierda.

E: (A medida que mueven las cuentas con su compañero). 1, 2, 3, 4, 5, 6, 7, 8, 9, 10.

M: Digan el número.

E: 10.

UNA HISTORIA DE UNIDADES – EDICIÓN PARA TEKS   Lección 17 K•5

M: Compañero B, mueve las cuentas de la segunda fila una a la vez. ¿Cuál es el primer número que diremos? Díganlo con el método Decir diez.

E: Diez 1.

M: ¿Cómo decimos el número con el método normal?

E: 11.

M: Cuenten la segunda fila comenzando por el once. Muevan las cuentas una a la vez y digan los números en voz baja.

E: (A medida que mueven las cuentas). 11, 12, 13, 14, 15, 16, 17, 18, 19, 20.

M: ¿Cuál es el número con el método Decir diez?

E: 2 dieces.

M: Ahora, es el turno del compañero A. Muevan una cuenta de la siguiente fila. ¿Cuál es el número con el método Decir diez?

E: 2 dieces 1.

M: Díganlo con el método normal.

E: 21.

M: Sigan contando con el método normal.

E: (A medida que mueven las cuentas). 22, 23, 24, 25, 26, 27, 28, 29, 30.

M: ¿Cuál es el número con el método Decir diez?

E: 3 dieces.

NOTAS SOBRE LAS DIFERENTES FORMAS DE ACCIÓN Y EXPRESIÓN:

Contar con el ábaco rekenrek es muy útil para los estudiantes cuyo desempeño está bajo el nivel del grado, que se beneficiarán de la práctica de la correspondencia uno a uno, del apoyo de un compañero y de las comprobaciones de comprensión frecuentes de la lección. Para evitar que cuenten incorrectamente, anímelos a que cuenten deliberadamente con una canción o un ritmo.

Continúe hasta el 40 de esta manera. Luego, pida a los estudiantes que cuenten hasta el 40 por su cuenta con su compañero. Para que este ejercicio sea más entretenido, los estudiantes pueden decir la última cuenta de cada fila en voz alta.

Grupo de problemas (7 minutos)

Los estudiantes deberán hacer su mejor esfuerzo para completar el **Grupo de problemas** en el tiempo asignado.

Nota: En este **Grupo de problemas**, los estudiantes escriben números hasta el 100, lo que sirve como puente con el estándar de 1.ᵉʳ grado, **1.2C**. El estándar de Kindergarten requiere que los estudiantes escriban números sólo hasta el 20.

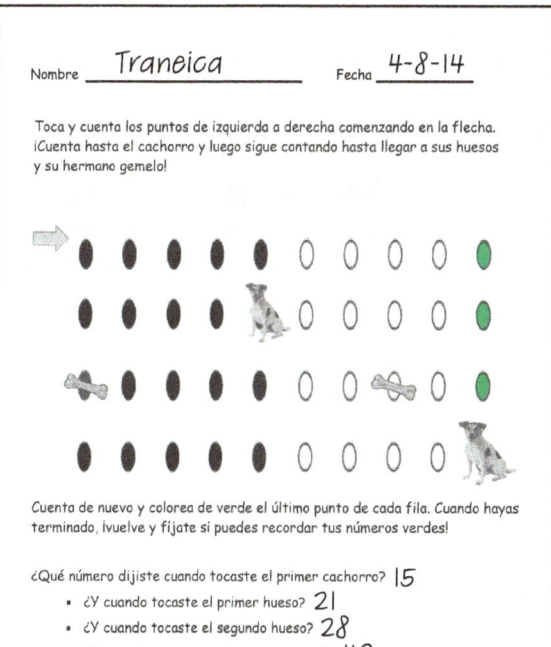

Lección 17: Contar de uno en uno pasando de una decena hasta el 40.

Reflexión (8 minutos)

Objetivo de la lección: Contar de uno en uno pasando de una decena hasta el 40.

El objetivo de la **Reflexión** es invitar a pensar y procesar activamente la experiencia total de la lección. Invite a los estudiantes a revisar las soluciones del **Grupo de problemas**. Deben revisar el trabajo comparando las respuestas con un compañero, turnándose para leer los números hacia adelante y hacia atrás. Vea si aún quedan conceptos erróneos o malentendidos que puedan resolverse en la **Reflexión**. Guíe a los estudiantes para que reflexionen sobre el **Grupo de problemas** y para que comprendan la lección.

Puede usar cualquier combinación de las sugerencias de abajo para guiar la discusión.

- Toque y cuente cada serie de números, remarcando que los estudiantes lean de izquierda a derecha, como lo hacen cuando leen un libro.
- Lea cada serie de números con una voz diferente, como un elfo, como un gigante, como una bruja, como un crescendo, etc. ¡La interpretación teatral hace que el aprendizaje sea memorable y divertido!
- Cuente pasando de una decena desde varios puntos iniciales usando el ábaco rekenrek.

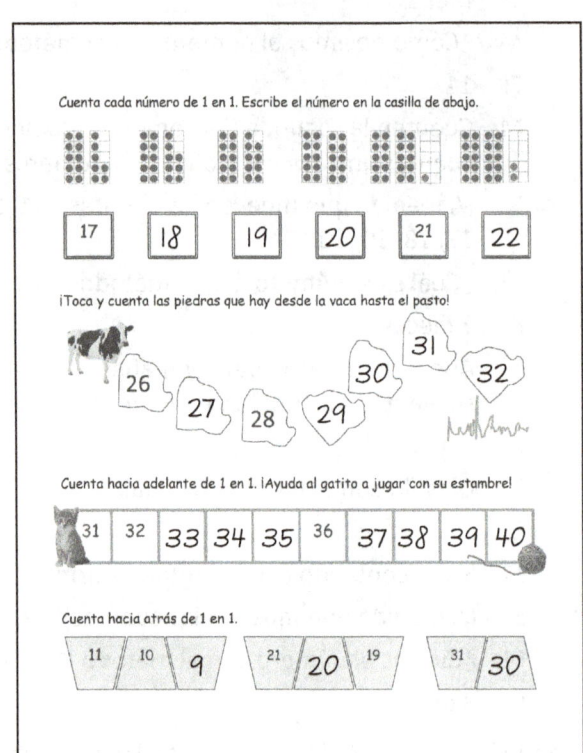

Boleto de salida (3 minutos)

Después de la **Reflexión**, pida a los estudiantes que terminen el **Boleto de salida**. Revisar el trabajo de los estudiantes le permitirá evaluar si comprendieron los conceptos de la lección de hoy y planear de forma más eficaz las siguientes lecciones. Puede leer las preguntas en voz alta a los estudiantes.

Nombre _____ Fecha _____

Toca y cuenta los puntos de izquierda a derecha comenzando en la flecha. ¡Cuenta hasta el cachorro y luego sigue contando hasta llegar a sus huesos y su hermano gemelo!

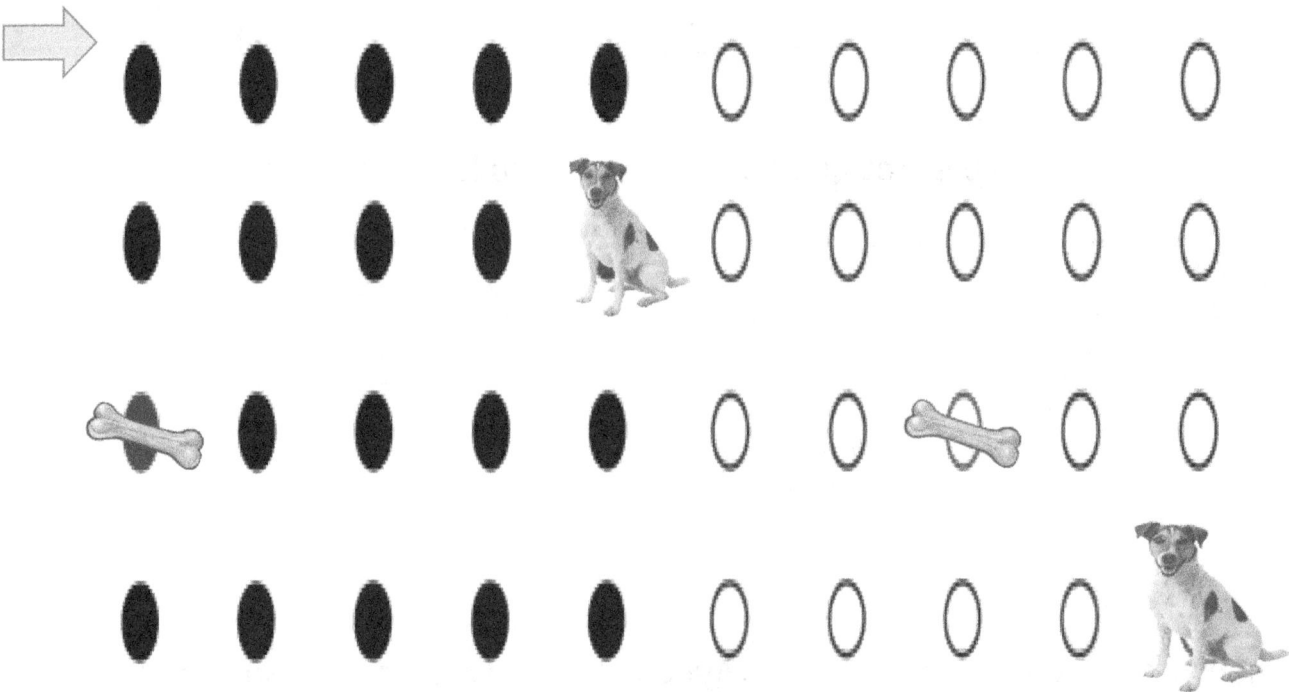

Cuenta de nuevo y colorea de verde el último punto de cada fila. Cuando hayas terminado, ¡vuelve y fíjate si puedes recordar tus números verdes!

¿Qué número dijiste cuando tocaste el primer cachorro?

- ¿Y cuando tocaste el primer hueso?
- ¿Y cuando tocaste el segundo hueso?
- ¿Y cuando tocaste a su hermano gemelo?

Cuenta cada número de 1 en 1. Escribe el número en la casilla de abajo.

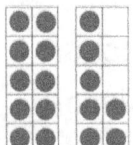 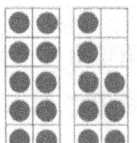 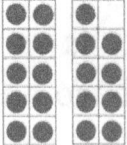 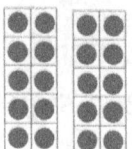 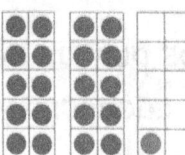 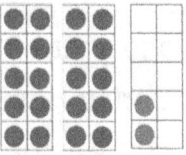

  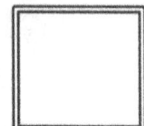 

| 17 | | | | 21 | |

¡Toca y cuenta las piedras que hay desde la vaca hasta el pasto!

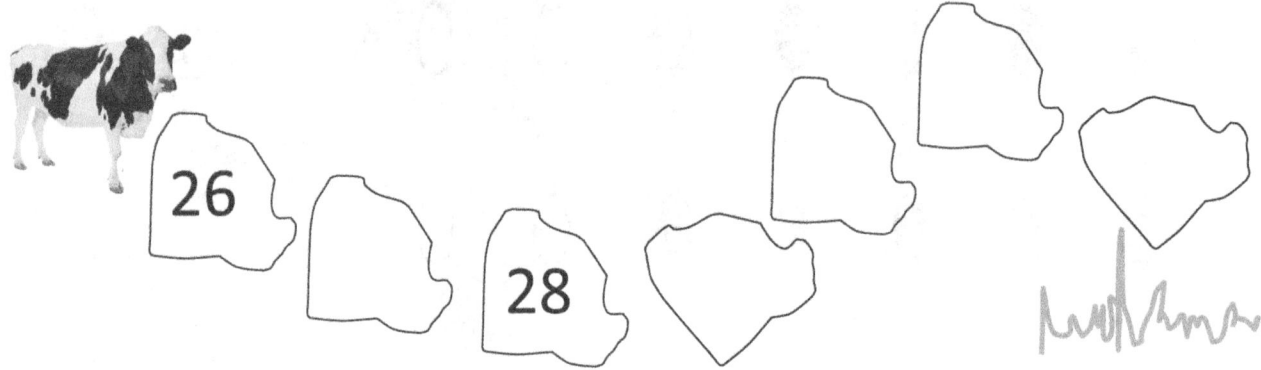

Cuenta hacia adelante de 1 en 1. ¡Ayuda al gatito a jugar con su estambre!

| 31 | 32 | | | | 36 | | | | |

Cuenta hacia atrás de 1 en 1.

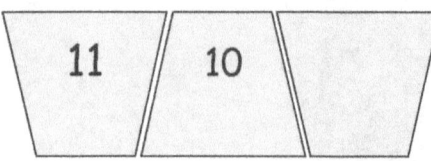 

Nombre _____   Fecha _____

Toca y cuenta con atención. Tacha el error y escribe el número correcto.

Ejemplo: 3
1, 2, ~~3~~, 4, 5

|  🚗 20 | 21 | 22 | 23 | 24 | 25 | 29 |

|  🚂 30 | 31 | 32 | 33 | 43 | 35 | 36 |

|  🚴 25 | 26 | 27 | 28 | 29 | 29 | 31 |

|  🚌 34 | 35 | 36 | 37 | 38 | 39 | 44 |

Lección 17: Contar de uno en uno pasando de una decena hasta el 40.

Nombre _____ Fecha _____

Dibuja más puntos para mostrar el número.

Ejemplo: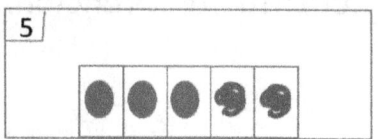

23

27

34

Lección 17: Contar de uno en uno pasando de una decena hasta el 40.

38

40

Lección 18

Objetivo: Contar de uno en uno pasando de una decena hasta el 100 con y sin objetos.

Estructura sugerida para la lección

- Puesta en práctica (7 minutos)
- Práctica de fluidez (11 minutos)
- Desarrollo del concepto (24 minutos)
- Reflexión (8 minutos)
- **Tiempo total** **(50 minutos)**

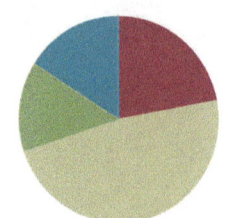

> **NOTA SOBRE LA ALINEACIÓN DE LOS ESTÁNDARES:**
>
> En esta lección, los estudiantes escriben números hasta el 100, lo que sirve de puente entre el contenido de Kindergarten de escribir números hasta el 20 (**K.2B**) y el contenido de 1.ᵉʳ grado de escribir números hasta el 120 (**1.2C**).

Puesta en práctica (7 minutos)

Susan pone 9 flores en dos floreros. Dibujen las flores para mostrar una manera en la que podría hacerlo. Hagan un vínculo numérico y una oración numérica que se relacionen con la idea. (Extensión: Fíjense si hay otra manera de poner las flores en los floreros).

Cuando los estudiantes hayan terminado, pídales que comparen su trabajo con el de otro estudiante. ¿Los dos mostraron las flores de la misma manera? ¿Por qué sí o por qué no? ¿En qué se parece el problema de las flores al problema de las manzanas de ayer?

Nota: En esta lección, la **Puesta en práctica** precede a la **Práctica de fluidez** porque las actividades de fluidez conducen directamente al conteo de la lección.

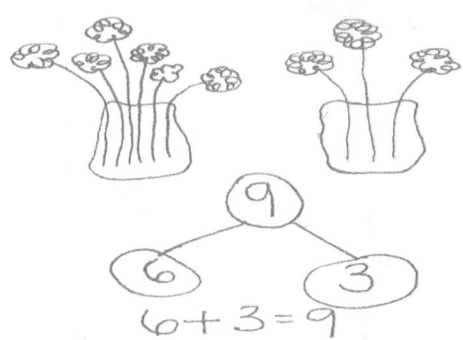

Práctica de fluidez (11 minutos)

- Grupos de 5 a la vista: Parejas de 10 **K.2I** (3 minutos)
- Vínculos numéricos de números del 11 al 19 **K.2A, K.2B, K.2C** (4 minutos)
- Contar en el ábaco rekenrek **K.2A, K.2C** (4 minutos)

Grupos de 5 a la vista: Parejas de 10 (3 minutos)

Materiales: (M) Tarjetas de grupos de 5 grandes (Plantilla de fluidez 1 de la Lección 1)

Nota: La formación de grupos de 5 facilita la velocidad y la precisión en el reconocimiento de las parejas de 10.

M: (Muestre 9 puntos). ¿Cuántos puntos ven?
E: 9.
M: ¿Cuántos más necesita el 9 para hacer un grupo de 10?
E: 1.

Continúe con la siguiente secuencia posible: 1, 5, 8, 2, 3, 7, 6, 1, 4, 3, 5, 2, 9.

Vínculos numéricos de números del 11 al 19 (4 minutos)

Materiales: (E) Vínculo numérico (Plantilla de la Lección 7)

Nota: Esta actividad refuerza las relaciones parte–total hasta números del 11 al 19.

M: (Proyecte el vínculo numérico con partes de 10 objetos y 6 objetos). Digan la parte más grande.
E: 10.
M: Digan la parte más pequeña.
E: 6.
M: Cuenten el total conmigo.
E: 1, 2, 3, 4, 5, 6, 7, 8, 9, 10, 11, 12, 13, 14, 15, 16.

Continúe con la siguiente secuencia posible: 10 y 7, 10 y 3, 10 y 1, 10 y 8, 10 y 4.

Contar en el ábaco rekenrek (4 minutos)

Materiales: (E) Ábaco rekenrek individual (de la Lección 10)

Nota: Manipular su propio ábaco rekenrek permite a los estudiantes trabajar a un ritmo cómodo. Hacer un zumbido al final de cada fila atrae muy bien la atención hacia la agrupación de diez en el ábaco rekenrek.

M: Junten su ábaco rekenrek con el de su compañero. Cuenten en voz baja con su compañero hasta el 40 en su ábaco rekenrek. Túrnense para mover las cuentas en cada fila nueva. Hagan un zumbido antes de decir el primer número de cada fila.

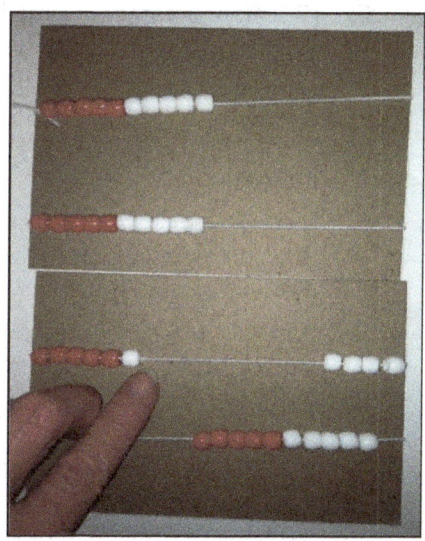

Desarrollo del concepto (24 minutos)

Materiales: (M) Ábaco rekenrek de 100 cuentas (E) 9 tarjetas de marco de 10 pequeñas (Plantilla 2 de la Lección 15), 2 tarjetas de marco de 10 vacías (Plantilla), 20 fichas para contar, hoja en blanco para usar como hoja para ocultar el Grupo de problemas

M: (Cuente de diez en diez hasta el 40 desplazando cuatro filas en el ábaco rekenrek). Cuenten conmigo.
E: 10, 20, 30, 40.
M: Ahora, cuenten de uno en uno. (Desplace una cuenta por vez mientras los estudiantes cuentan).

Lección 18:   Contar de uno en uno pasando de una decena hasta el 100 con y sin objetos.

E: 41, 42, 43, 44, 45, 46, 47, 48, 49, 50.

M: ¿Cuál es el número con el método Decir diez?

E: 5 dieces.

M: (Desplace una cuenta más). Díganme el número con el método Decir diez.

E: 5 dieces 1.

M: Díganme el número con el método normal.

E: 51.

M: (Vuelva a desplazar la cuenta para que sólo se vean 50 cuentas). ¿Cuántas cuentas hay ahora?

E: 50.

M: (Vuelva a desplazar una cuenta para que se vean 49). ¿Cuántas cuentas hay con el método Decir diez?

E: 4 dieces 9.

M: ¿Cuántas hay con el método normal?

E: 49.

Repita este proceso desde diferentes puntos iniciales hasta el 100, yendo hacia adelante y hacia atrás pasando de una decena.

M: Ahora, vamos a mostrar y contar los números de una manera diferente. Pongan 10 tarjetas de marco de 10 a medida que contamos con el método Decir diez.

E: (Cuentan lentamente a medida que colocan las tarjetas). Diez, 2 dieces, 3 dieces, 4 dieces, 5 dieces.

M: Ahora, vamos a contar con el método normal de diez en diez. Toquen cada tarjeta a medida que las contamos.

E: 10, 20, 30, 40, 50.

M: Pongan los dos marcos de 10 vacíos después del 50.

M: Cuenten a partir del 50, poniendo una ficha para contar por vez a medida que decimos cada número. Comencemos con el método Decir diez.

E: (Colocan una ficha para contar por vez a medida que cuentan). 5 dieces 1, 5 dieces 2, 5 dieces 3... 6 dieces.

M: Ahora, contemos con el método normal, a partir del 51. Toquen cada ficha para contar a medida que cuentan.

E: 51, 52, 53... 60.

M: Pongan una ficha más en el siguiente marco de 10. Digan el número con el método Decir diez.

E: 6 dieces 1.

M: ¿Cuál es el número con el método normal?

E: 61.

M: ¿Cuánto es uno más que 60?

E: 61.

M: Quiten una ficha para contar. ¿Cuál es el número con el método Decir diez?

NOTAS SOBRE LAS DIFERENTES FORMAS DE PARTICIPACIÓN:

Desafíe a los estudiantes cuyo desempeño está sobre el nivel del grado brindándoles oportunidades de extender la lección. Por ejemplo, después de contar de uno en uno, pida a los estudiantes que cuenten de dos en dos, de tres en tres y de cinco en cinco a partir del 28 usando el ábaco rekenrek por su cuenta. A los estudiantes muy avanzados, pídales que escriban sus respuestas antes de que el maestro mueva las cuentas para animarlos a contar mentalmente en lugar de depender de la ayuda visual.

E: 6 dieces.

M: ¿Cuál es el número con el método normal?

E: 60.

M: Quiten otra ficha para contar. ¿Cuál es el número con el método Decir diez?

E: 5 dieces 9.

M: Digan el número con el método normal.

E: 59.

Repita este proceso comenzando en diferentes números hasta el 100, enfocándose en pasar a la próxima decena y luego volver (p. ej., 69, 70, 71, 70, 69).

Grupo de problemas (7 minutos)

Los estudiantes deberán hacer su mejor esfuerzo para completar el **Grupo de problemas** en el tiempo asignado.

Nota: No muestre a los estudiantes la hoja de instrucciones incluida en los materiales de la lección que se ve en la imagen arriba a la derecha, ya que revelaría las respuestas. Los estudiantes usan la plantilla del ábaco rekenrek para resolver el **Grupo de problemas** y la **Tarea**.

Pida a los estudiantes que continúen los patrones hasta los números más grandes, identificando el número para cada triángulo, recuadro y círculo verde.

Reflexión (8 minutos)

Objetivo de la lección: Contar de uno en uno pasando de una decena hasta el 100 con y sin objetos.

El objetivo de la **Reflexión** es invitar a pensar y procesar activamente la experiencia total de la lección.

Invite a los estudiantes a revisar las soluciones del **Grupo de problemas**. Deben revisar el trabajo comparando las respuestas con un compañero, turnándose para leer los números hacia adelante y hacia atrás. Vea si aún quedan conceptos erróneos o malentendidos que puedan resolverse en la **Reflexión**. Guíe a los estudiantes para que reflexionen sobre el **Grupo de problemas** y para que comprendan la lección.

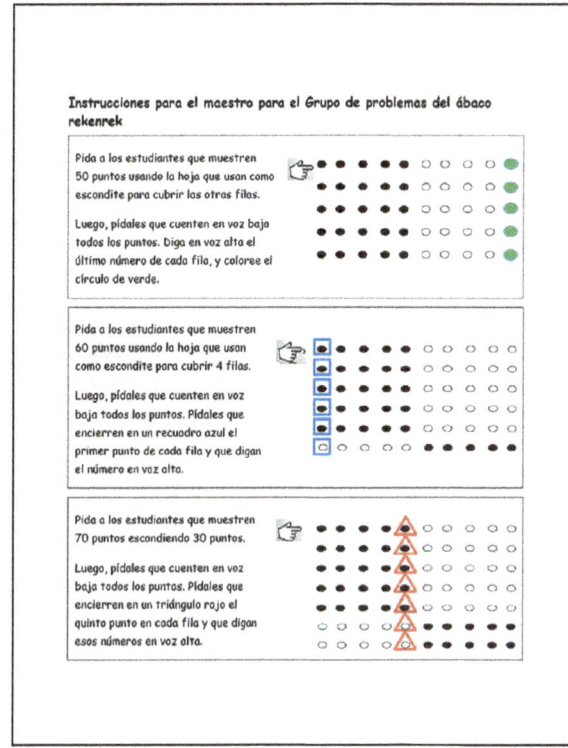

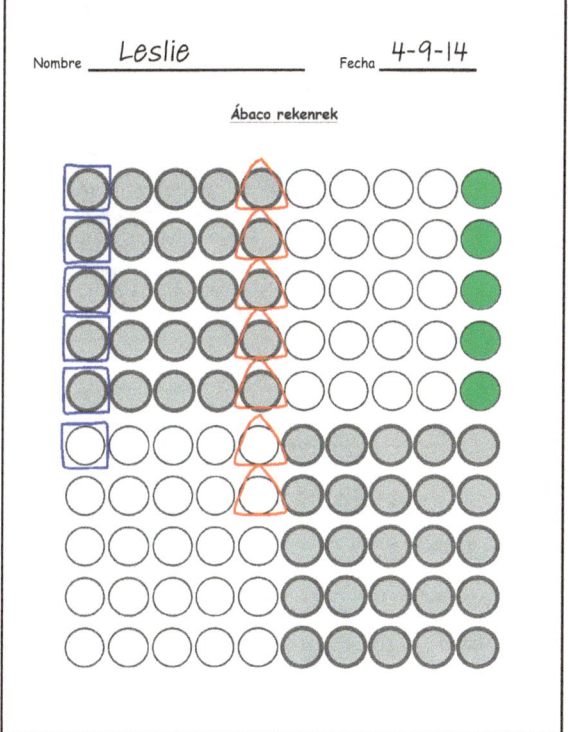

Puede usar cualquier combinación de las preguntas de abajo para guiar la discusión.

- ¿Cuánto es uno más que 19? ¿Cuánto es uno más que 29?
- Cuenten del 79 al 90. Ahora, del 61 al 71.
- ¿Quién puede pasar al frente y mostrar uno más que 30 en el ábaco rekenrek? ¿Y uno más que 80?
- ¿Qué aprendieron, comprendieron o hicieron mejor hoy?

Boleto de salida (3 minutos)

Después de la **Reflexión**, pida a los estudiantes que terminen el **Boleto de salida**. Revisar el trabajo de los estudiantes le permitirá evaluar si comprendieron los conceptos de la lección de hoy y planear de forma más eficaz las siguientes lecciones. Puede leer las preguntas en voz alta a los estudiantes.

Instrucciones para el maestro para el Grupo de problemas del ábaco rekenrek

Pida a los estudiantes que muestren 50 puntos usando una hoja en blanco para ocultar las otras filas.

Luego, pídales que cuenten en voz baja todos los puntos, digan en voz alta el último número de cada fila y coloreen el círculo de verde.

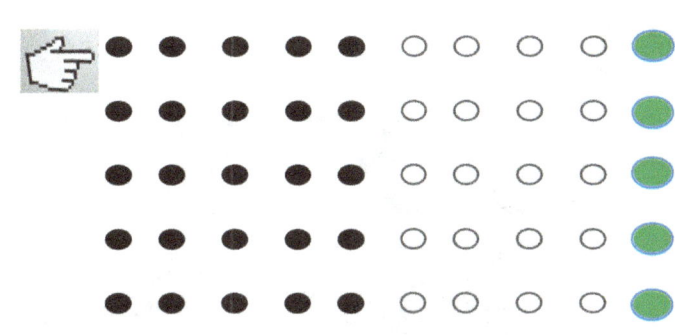

Pida a los estudiantes que muestren 60 puntos usando una hoja en blanco para ocultar 4 filas.

Luego, pídales que cuenten en voz baja todos los puntos. Pídales que encierren en un recuadro azul el primer punto de cada fila y que digan el número en voz alta.

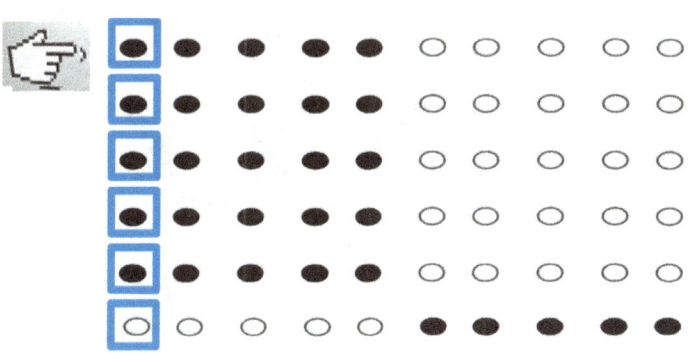

Pida a los estudiantes que muestren 70 puntos escondiendo 30 puntos.

Luego, pídales que cuenten en voz baja todos los puntos. Pídales que encierren en un triángulo rojo el quinto punto en cada fila y que digan esos números en voz alta.

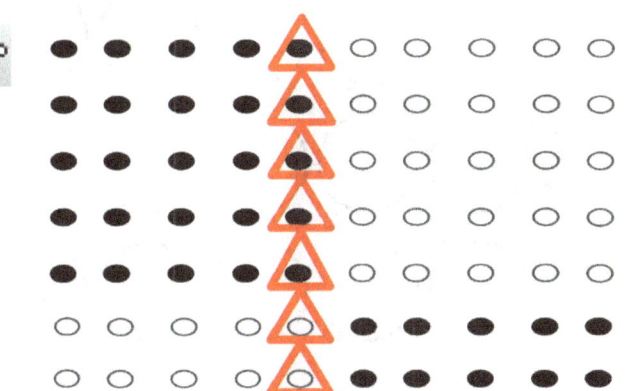

UNA HISTORIA DE UNIDADES – EDICIÓN PARA TEKS   Lección 18: Grupo de problemas   K • 5

Nombre_____ Fecha_____

Ábaco rekenrek

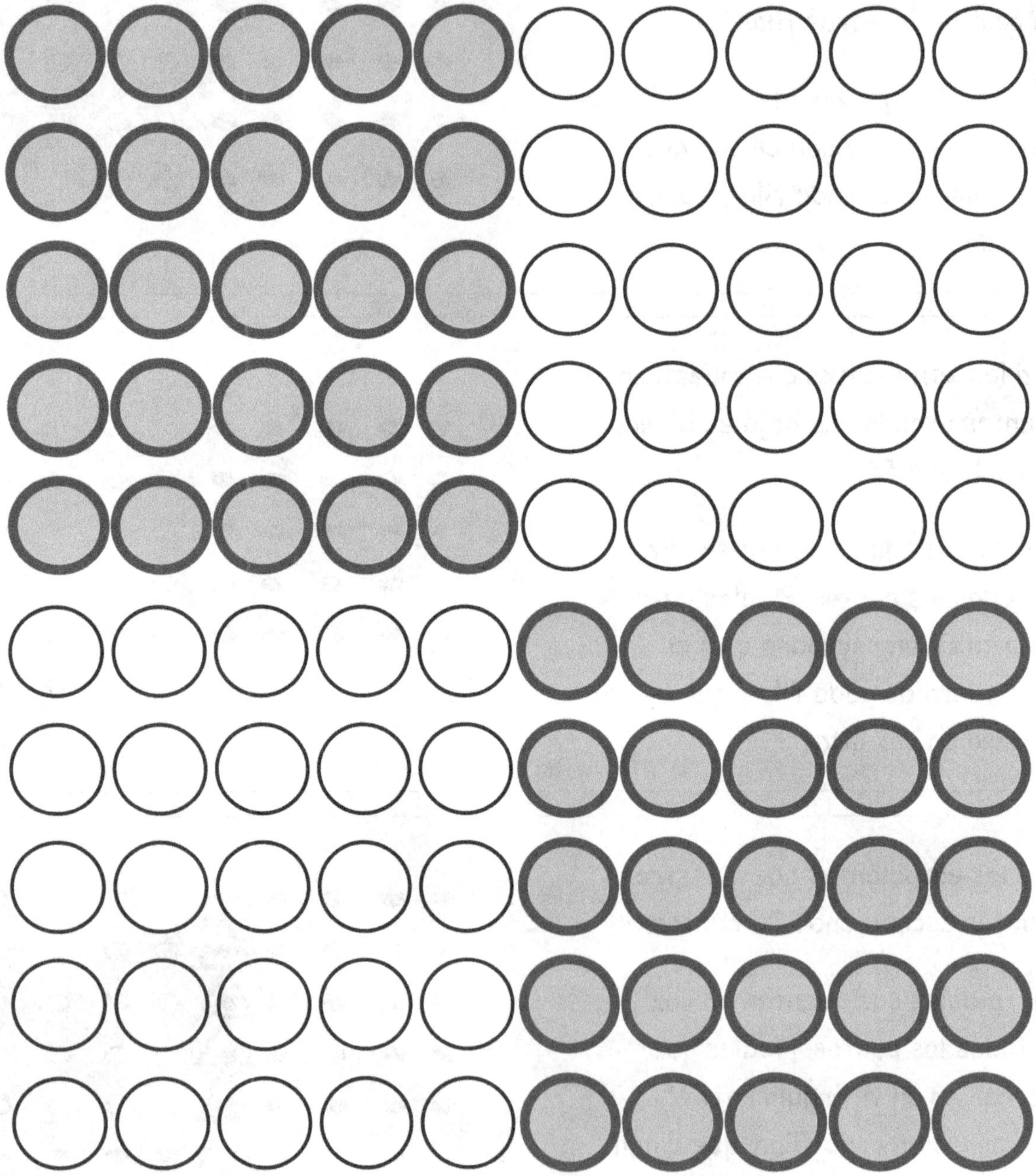

Lección 18: Contar de uno en uno pasando de una decena hasta el 100 con y sin objetos.

Nombre _____ Fecha _____

Toca y cuenta en voz baja los círculos de 1 en 1 hasta el 100. Di en voz alta el último número de cada fila y colorea el círculo de morado. Haz tu mejor esfuerzo. Tu maestro puede concluir la tarea antes de que termines.

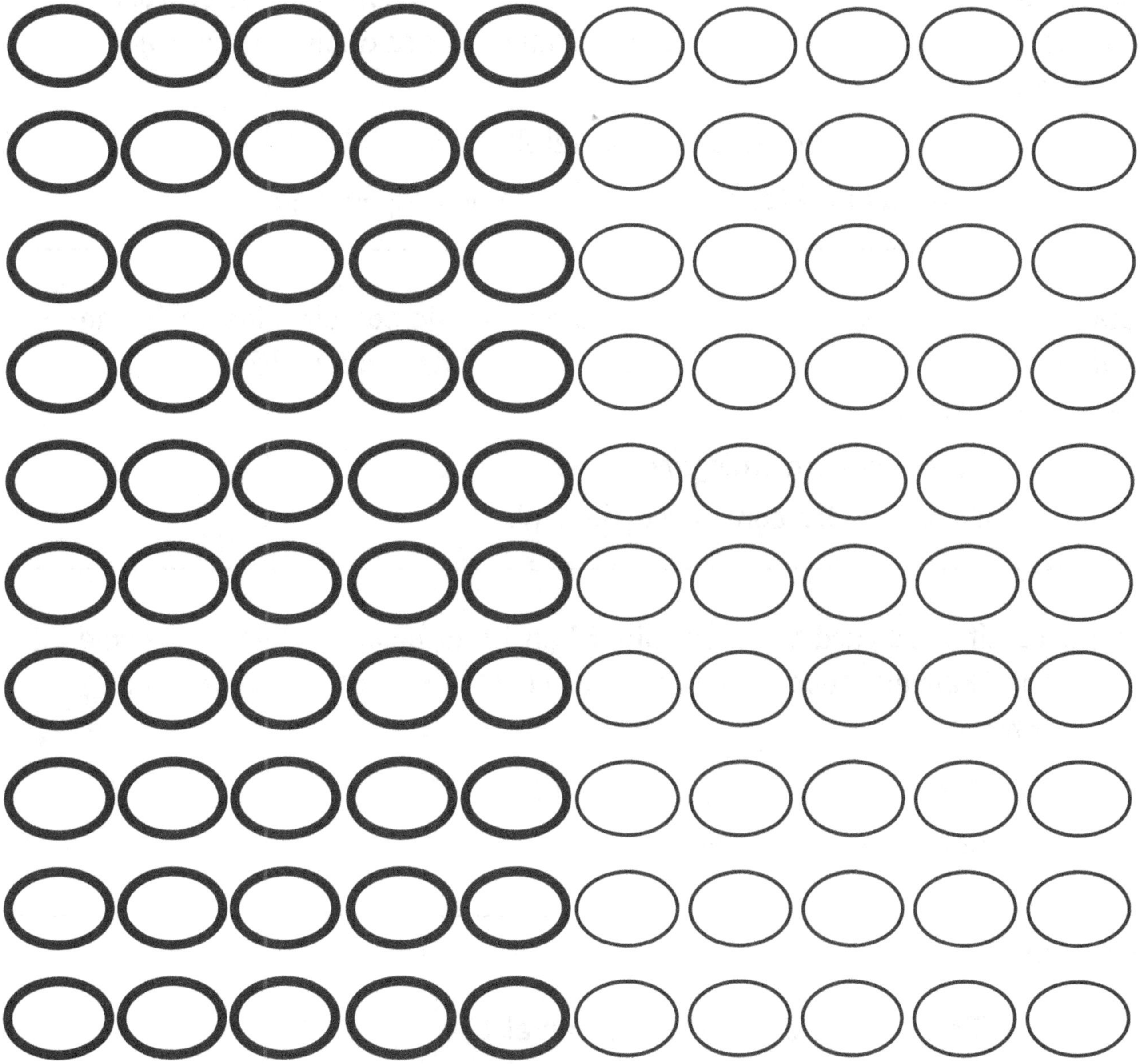

Lección 18: Contar de uno en uno pasando de una decena hasta el 100 con y sin objetos.

Instrucciones para la tarea con el ábaco rekenrek

Usa tu ábaco rekenrek (adjunto), una hoja para cubrir (una hoja adicional para cubrir algunos de los círculos) y crayones para completar cada paso que se enumera abajo. Lee y completa los problemas con la ayuda de un adulto.

Cubre los círculos para mostrar sólo 40 en tu hoja con círculos en forma de ábaco rekenrek. Toca y cuenta los círculos hasta decir 28. Colorea el 28 de verde.

- Toca y cuenta cada círculo del 28 al 34.
- Colorea el 34 (el círculo 34.°) con un crayón rojo.

Cubre los círculos para mostrar sólo 60 en tu hoja con círculos en forma de ábaco rekenrek. Toca y cuenta los círculos hasta decir 45. Colorea el 45 de amarillo.

- Toca y cuenta cada círculo del 45 al 52.
- Colorea el 52 con un crayón azul.

Cubre los círculos para mostrar sólo 90 en tu hoja con círculos en forma de ábaco rekenrek. Toca y cuenta los círculos hasta decir 83. Colorea el 83 de morado.

- Toca y cuenta hacia atrás del 83 al 77.
- Colorea el 77 con un crayón rojo.

Muestra 100.

- Toca y cuenta, comenzando en el 1.
- Di en voz alta el último número de cada fila. Colorea el círculo de negro.

Ábaco rekenrek

Nombre _____ Fecha _____

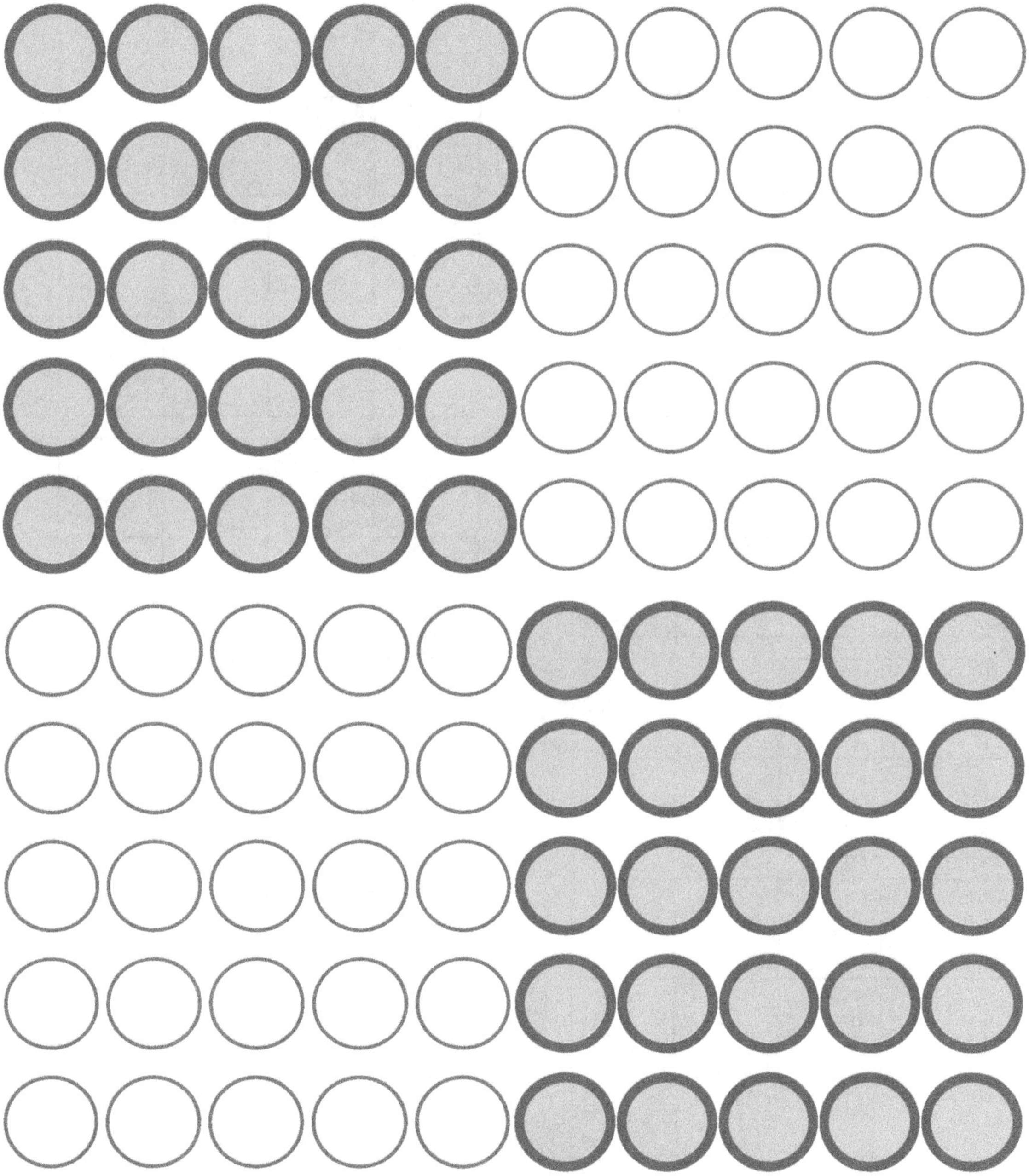

Lección 18: Contar de uno en uno pasando de una decena hasta el 100 con y sin objetos.

tarjetas de marco de 10 vacías

Lección 19

Objetivo: Explorar los números en el ábaco rekenrek. (Opcional)

Estructura sugerida para la lección

- Puesta en práctica (7 minutos)
- Práctica de fluidez (10 minutos)
- Desarrollo del concepto (25 minutos)
- Reflexión (8 minutos)
- **Tiempo total** **(50 minutos)**

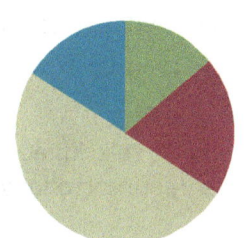

NOTA SOBRE LA ALINEACIÓN DE LOS ESTÁNDARES:

En esta lección, los estudiantes exploran la descomposición de números hasta el 100. Para comenzar, simplemente descomponen números hasta el 10 y ven la importancia que tiene eso para los números del 11 al 19. Luego, se sientan con un compañero y descomponen los números hasta el 40 como decenas y unidades (**1.2A, 1.2B**). Luego, representan los números en dos ábacos rekenrek con un amigo y se dan cuenta de que hay un número del 11 al 19 oculto dentro de este número más grande al separar los dos ábacos rekenrek. La exploración busca ser entretenida y generar entusiasmo con la descomposición de números.

Puesta en práctica (7 minutos)

La luz está apagada y está oscuro. Peter dejó en su escritorio 7 cuentas azules y verdes para sus manualidades. Pero no puede ver cuántas son azules o cuántas son verdes en la oscuridad. Hagan un dibujo para mostrar cuáles podrían ser los colores de sus cuentas cuando encienda la luz.

Cuando los estudiantes hayan terminado, pídales que comparen su trabajo con el de otro estudiante. ¿Los dos mostraron las cuentas de la misma manera? ¿Por qué sí o por qué no? ¿En qué se parece este problema a los problemas con las flores y las manzanas de las lecciones anteriores?

Nota: En esta lección, la **Puesta en práctica** precede a la **Práctica de fluidez** porque las actividades de fluidez conducen directamente al conteo de la lección.

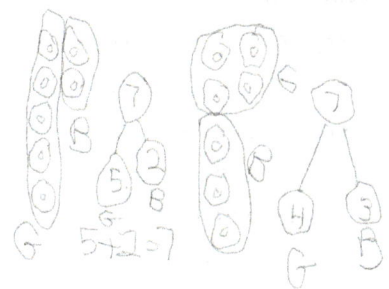

Práctica de fluidez (10 minutos)

- Vínculos numéricos de 7 **K.2I** (3 minutos)
- Contar hasta el 100 de uno en uno **K.5** (3 minutos)
- *Hide Zero* para números hasta el 100 **K.5** (4 minutos)

Vínculos numéricos de 7 (3 minutos)

Materiales: (E) Ábaco rekenrek individual (de la Lección 10)

Nota: Esta actividad de fluidez brinda a los estudiantes la oportunidad de familiarizarse aún más con las descomposiciones del siete y practicar ver las relaciones parte–total.

UNA HISTORIA DE UNIDADES – EDICIÓN PARA TEKS   Lección 19 K•5

M: Muestren sólo diez cuentas. (Los estudiantes corren una fila de diez hacia atrás).

M: Escondan 3 cuentas blancas detrás de sus pizarras.

M: ¿Cuál es el número total de cuentas que ven?

E: 7.

M: Corran 1 cuenta hacia la derecha para hacer 2 partes. Digan a su compañero el vínculo numérico. Parte _____, parte _____, total 7.

E: Parte 6, parte 1, total 7.

Continúe con una cuenta a la vez diciendo el vínculo relacionado. Mantenga los ábacos rekenrek en el 7 para el componente del **Desarrollo del concepto** de esta lección.

Contar hasta el 100 de uno en uno (3 minutos)

Materiales: (E) Hoja con círculos en forma de ábaco rekenrek (Plantilla de fluidez 1)

Nota: Esta actividad aborda el estándar del nivel del grado de contar hasta el 100 de uno en uno.

Los estudiantes cuentan hasta el 100 (o tan alto como puedan en 3 minutos) tocando las cuentas de la hoja con círculos en forma de ábaco rekenrek. Pídales que hagan un zumbido después del último número en cada fila.

Hide Zero para números hasta el 100 (4 minutos)

Materiales: (M) Tarjetas *Hide Zero*: 1 tarjeta *Hide Zero* de 10 (Plantilla 2 de la Lección 6) y tarjetas de grupos de 5 del 1 al 9 (Plantilla de fluidez 2 de la Lección 1), tarjetas *Hide Zero* del 20 al 100 (Plantilla de fluidez 2)

Nota: Esta actividad conecta la identificación de números con el método Decir diez y la comprensión cada vez mayor que tienen los estudiantes del valor de posición, un estándar de 1.er grado que exploran en el **Desarrollo del concepto** de hoy.

M: (Sostenga la tarjeta de 30 y la tarjeta de 7 para mostrar 37). Digan el número.

E: 37.

M: Digan el número con el método Decir diez.

E: 3 dieces 7.

M: (Separe las tarjetas en 30 y 7).

Repita el proceso con otros cuatro o cinco números entre el 20 y el 100.

Desarrollo del concepto (25 minutos)

Materiales: (E) Ábaco rekenrek individual (de la Lección 10)

Exploración 1

M: Muéstrenme otra vez 7 en su ábaco rekenrek.

M: Saquen del escondite las diez cuentas de la parte de abajo de su ábaco rekenrek. Córranlas hacia la izquierda debajo del 7.

Lección 19: Explorar los números en el ábaco rekenrek. (Opcional)

M: ¿Cuántas cuentas hay a la izquierda?

E: Diecisiete.

M: Hoy, vamos a trabajar con el método Decir diez.

E: Diez 7.

M: Muevan 1 cuenta de su 7 hacia la derecha como hicimos en la actividad de fluidez.

M: El total es 16. ¿Cuáles son las dos partes?

E: 10 y 6.

M: Muevan otra cuenta. El total es 15. ¿Cuáles son las partes?

E: 10 y 5.

M: ¡Muevan otra!

E: El total es 14. Las partes son 10 y 4.

M: ¡Continúen! (Dé a los estudiantes un momento para que trabajen con los números del 11 al 19).

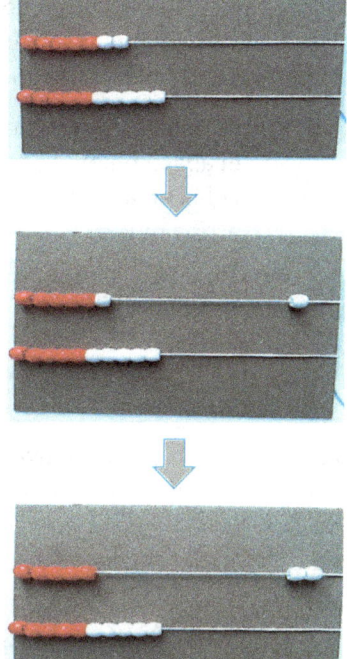

Exploración 2

M: Ahora, siéntense con un compañero. Compañero B, saca del escondite todas tus cuentas y pon tu ábaco rekenrek debajo del de tu compañero. Compañero A, muestra diez 7 de nuevo.

M: Si usan los dos ábacos rekenrek, ¿cuántas cuentas tienen a la izquierda ahora? Díganlo con el método Decir diez.

E: 3 dieces 7.

M: Muevan 1 cuenta del 7 hacia la derecha. ¿Cuántas cuentas hay a la izquierda?

E: 3 dieces 6.

M: Muevan otra cuenta.

E: 3 dieces 5.

M: Muevan otra cuenta.

E: 3 dieces 4.

Pida a los estudiantes que trabajen con números base distintos de 7 del 20 al 39. Luego, tres estudiantes pueden sentarse juntos y trabajar con números del 40 al 69. La descomposición del número más grande es **1.2A, 1.2B**, Comprender el valor de posición. Este trabajo lúdico permite a los estudiantes hacerse una idea de estos conceptos importantes que proporciona la descomposición de los números del 1 al 9 y del 11 al 19. Evite usar el lenguaje parte–total en la Exploración 2 y en el **Grupo de problemas**. Simplemente deje que el conocimiento natural de los estudiantes les permita ver la conexión entre el *número base*, los números del 11 al 19 y los números más grandes.

Grupo de problemas (7 minutos)

Antes de resolver el **Grupo de problemas**, guíe a los estudiantes para que vean que también pueden aislar los números del 11 al 19 cuando trabajan con sus compañeros.

> M: ¿Dónde está nuestro número del 11 al 19? ¡Está en el ábaco rekenrek del compañero A! Mientras que la fila de arriba muestra 7, el ábaco rekenrek de arriba muestra 17. Los números del 11 al 19 están escondidos dentro de números más grandes, de la misma manera que el 7 estaba dentro del 17. Imaginen que están rompiendo el número, jalando fuerte de los ábacos rekenrek para separar ese número.

Por supuesto que esta actividad se extiende más allá del estándar del nivel del grado (**1.2A, 1.2B**), pero ilustra la idea de que los números pueden separarse en partes, y los ábacos rekenrek facilitan mucho esta demostración. Haga que la actividad sea divertida.

Los estudiantes deberán hacer su mejor esfuerzo para completar el **Grupo de problemas** en el tiempo asignado.

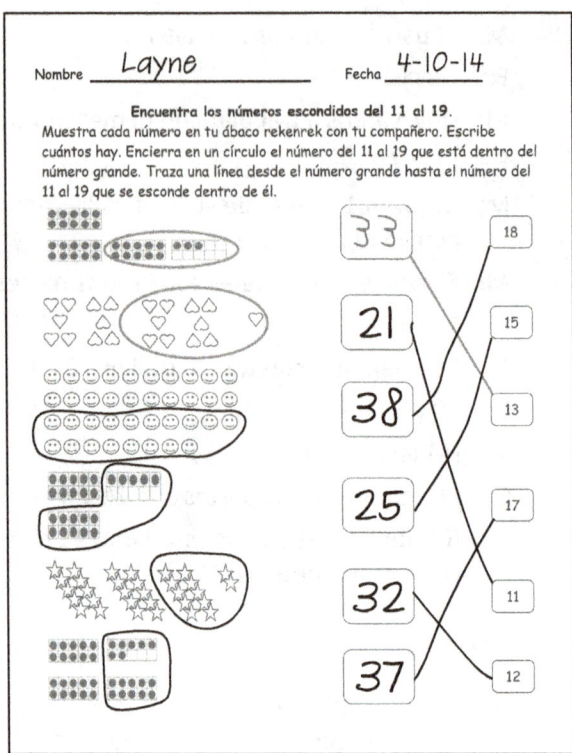

Reflexión (8 minutos)

Objetivo de la lección: Explorar los números en el ábaco rekenrek. (Opcional)

El objetivo de la **Reflexión** es invitar a pensar y procesar activamente la experiencia total de la lección.

Invite a los estudiantes a revisar las soluciones del **Grupo de problemas**. Deben revisar el trabajo comparando las respuestas con un compañero, turnándose para leer los números hacia adelante y hacia atrás. Vea si aún quedan conceptos erróneos o malentendidos que puedan resolverse en la **Reflexión**. Guíe a los estudiantes para que reflexionen sobre el **Grupo de problemas** y para que comprendan la lección.

Guíe a los estudiantes para que vean que su trabajo con la primera fila de números en el ábaco rekenrek, del 1 al 10, los ayuda a trabajar con números más grandes, al igual que contar del 1 al 9 los ayuda a contar hasta llegar al 100.

Puede usar cualquier combinación de las preguntas de abajo para guiar la discusión.

- ¿Qué los ayudaron a ver los vínculos numéricos de números del 11 al 19 acerca de los números más grandes?
- ¿Qué observan cuando separan un número del 11 al 19 en partes? ¿Qué es siempre más grande: las partes o el total?
- ¿Qué sucede si la fila de arriba de su ábaco rekenrek es una parte? ¿Cuál es la otra parte?
- ¿Qué otra cosa podría ser una parte de un número más grande?

- Cuando encerraron en un círculo los números del 11 al 19 en el **Grupo de problemas**, estaban encontrando una parte. ¿Qué parte encontraron en el primer problema?
- ¿De qué manera encontrar las partes los ayuda a comprender mejor los números más grandes?

Boleto de salida (3 minutos)

Después de la **Reflexión**, pida a los estudiantes que terminen el **Boleto de salida**. Revisar el trabajo de los estudiantes le permitirá evaluar si comprendieron los conceptos de la lección de hoy y planear de forma más eficaz las siguientes lecciones. Puede leer las preguntas en voz alta a los estudiantes.

Encuentra los números escondidos del 11 al 19.

Muestra cada número en tu ábaco rekenrek con tu compañero. Escribe cuántos hay. Encierra en un círculo el número del 11 al 19 que está dentro del número grande. Traza una línea desde el número grande hasta el número del 11 al 19 que se esconde dentro de él.

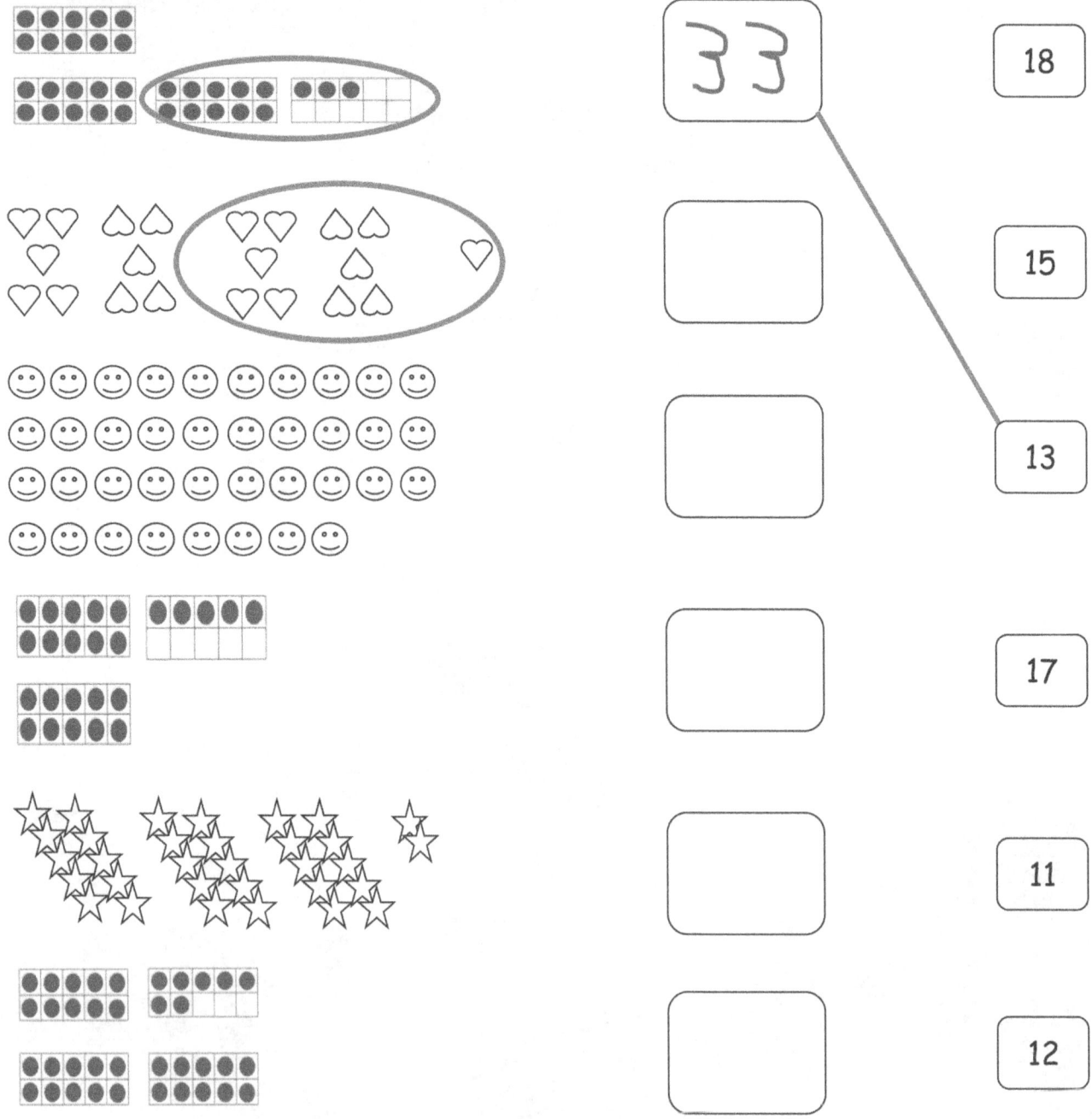

Nombre _____ Fecha _____

Muestra el número en tu ábaco rekenrek con tu compañero. En la casilla, escribe el número que indica cuántos objetos hay. Encierra en un círculo el número del 11 al 19 que veas. Escribe el número del 11 al 19 en la otra casilla.

Nombre _____ Fecha _____

Escribe el número que ves. Ahora, dibuja uno más y luego escribe el nuevo número.

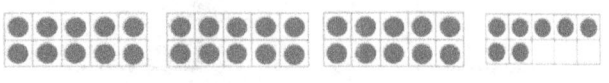

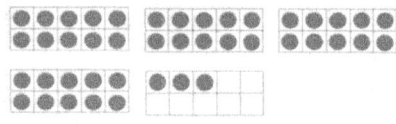

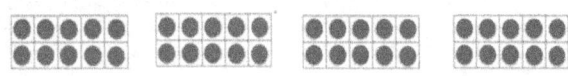

Ábaco rekenrek

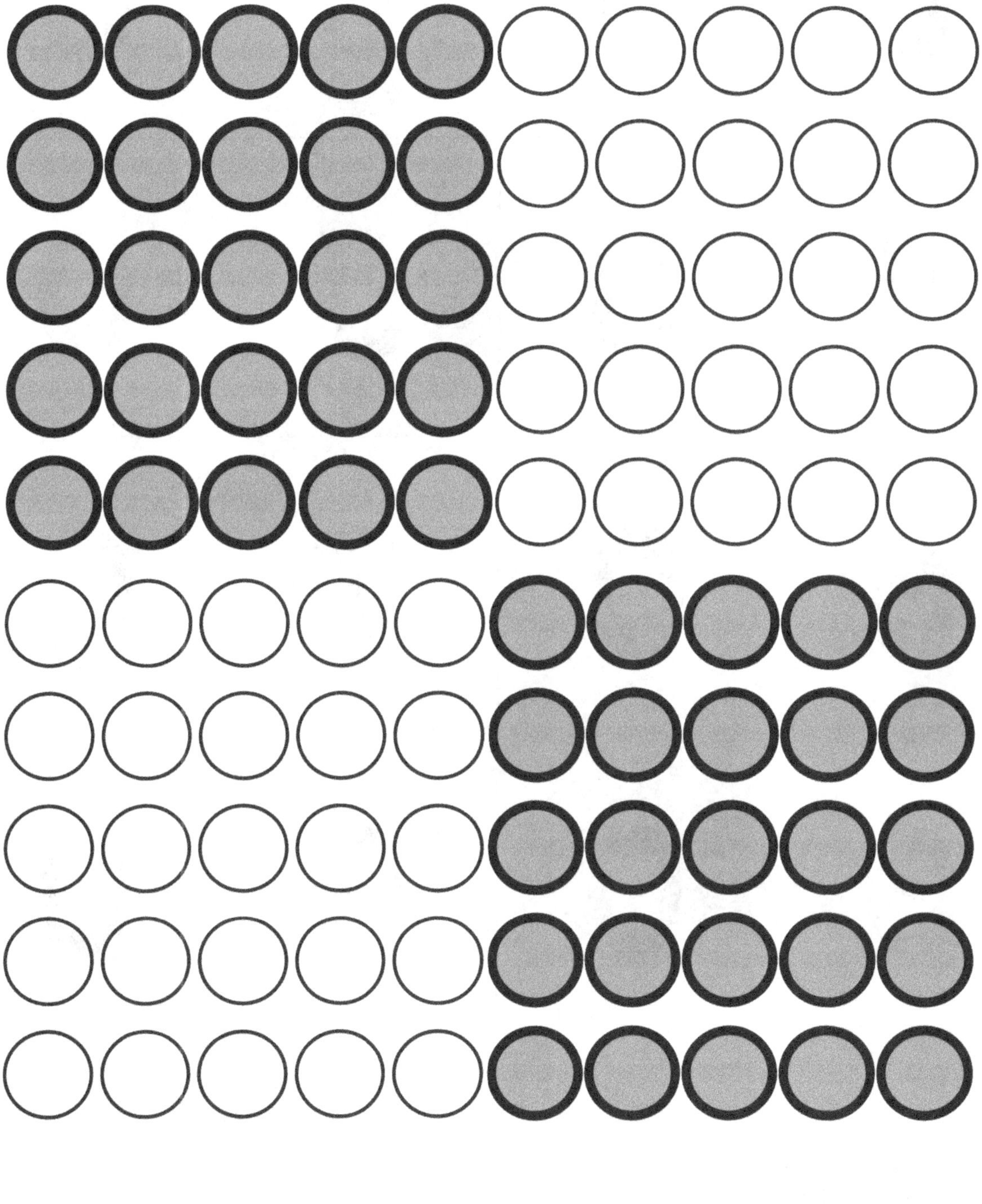

hoja con círculos en forma de ábaco rekenrek

Lección 19: Explorar los números en el ábaco rekenrek. (Opcional)

2	0	3	0
4	0	5	0
6	0	7	0
8	0	9	0

tarjetas *Hide Zero* del 20 al 100

1 0 0

tarjetas *Hide Zero* del 20 al 100

UNA HISTORIA DE UNIDADES — EDICIÓN PARA TEKS

Currículo de matemáticas

K GRADO

KINDERGARTEN • MÓDULO 5

Tema E
Representación y aplicación de composiciones y descomposiciones de números del 11 al 19

K.2D, K.2E, K.2F, K.2G, K.2H, K.2B, K.5, 1.2E, 1.2F, 1.2G, 1.5F

Enfoque en los estándares:	K.2D	Reconozca inmediatamente la cantidad de un grupo pequeño de objetos acomodados en forma organizada y al azar.
	K.2E	Genere un conjunto utilizando modelos concretos y pictóricos que representen un número que es mayor que, menor que e igual a un número dado por lo menos hasta el 20.
	K.2F	Genere un número que es uno más o uno menos que otro número por lo menos hasta el 20.
	K.2G	Compare conjuntos de por lo menos 20 objetos en cada uno utilizando lenguaje comparativo.
	K.2H	Utilice lenguaje comparativo para describir dos números que se presentan como numerales escritos hasta el 20.
Días para cubrir esta enseñanza:	5	
Coherencia -Se desprende de:	GPK–M5	Cuentos de suma y resta, y contar hasta el 20
-Se relaciona con:	G1–M2	Introducción al valor de posición mediante la suma y la resta hasta el 20

El Tema E comienza con la Lección 20, en la que los estudiantes escriben oraciones de suma para representar las descomposiciones y composiciones de números del 11 al 19. En la Lección 21, los estudiantes hacen vínculos con los materiales y esconden una de las partes a sus compañeros, quienes deben averiguar cuál es la parte que está escondida. El maestro representa el vínculo numérico con una parte escondida como una ecuación de suma con un sumando faltante: la parte escondida (se alinea con **1.5F**). En la Lección 22, los estudiantes comparan los números del 11 al 19 al contar y comparar las unidades adicionales. Por ejemplo, los estudiantes descomponen 12 en 10 y 2, y 16 en 10 y 6. Comparan 2 unidades y 6 unidades para ver que 16 es más que 12 usando la estructura de las 10 unidades. Ésta es una aplicación de los estándares de comparación de Kindergarten (**K.2E, K.2G, K.2H**), que se trasladan al estándar de comparación de 1.er grado (**1.2E**).

En la Lección 23, los estudiantes razonan sobre situaciones para determinar si están descomponiendo un número del 11 al 19 como 10 unidades y algunas unidades o si están componiendo 10 unidades y algunas unidades para *encontrar* un número del 11 al 19. Analizan las oraciones numéricas que representan mejor cada situación (**K.2E, K.2F**). A lo largo de la lección, los estudiantes dibujan el número de objetos que se presentaron en la situación (**K.2D, K.2E**).

El tema finaliza con una exploración en la que los estudiantes cuentan cantidades del 11 al 19 y las representan de diversas formas a medida que el maestro da la indicación: "Abran la bolsa misteriosa. Muestren el número de objetos que hay en la bolsa de diferentes formas usando los materiales que elijan". Este ejercicio también sirve como una evaluación de culminación, que permite al estudiante demostrar la destreza y la comprensión para aplicar todo el aprendizaje obtenido a lo largo del módulo.

Secuencia de enseñanza para el dominio de la representación y aplicación de composiciones y descomposiciones de números del 11 al 19
Objetivo 1: Representar composiciones y descomposiciones de números del 11 al 19 como oraciones de suma. (Lección 20)
Objetivo 2: Representar descomposiciones de números del 11 al 19 como 10 unidades y algunas unidades; encontrar una parte escondida. (Lección 21)
Objetivo 3: Descomponer números del 11 al 19 como 10 unidades y algunas unidades; comparar los números del 11 al 19 mirando las unidades. (Lección 22)
Objetivo 4: Razonar sobre situaciones y representarlas, descomponiendo números del 11 al 19 en 10 unidades y algunas unidades, y componiendo 10 unidades y algunas unidades en un número del 11 al 19. (Lección 23)
Objetivo 5: Tarea de culminación: Representar descomposiciones de números del 11 al 19 de diversas formas. (Lección 24)

Lección 20

Objetivo: Representar composiciones y descomposiciones de números del 11 al 19 como oraciones de suma.

Estructura sugerida para la lección

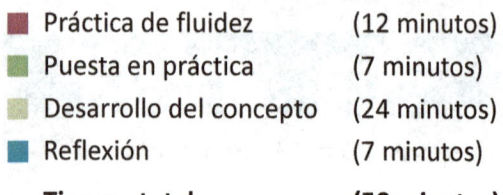
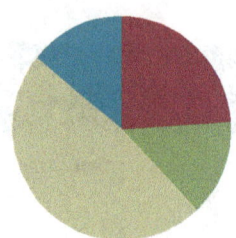

- Práctica de fluidez (12 minutos)
- Puesta en práctica (7 minutos)
- Desarrollo del concepto (24 minutos)
- Reflexión (7 minutos)
- **Tiempo total** **(50 minutos)**

Práctica de fluidez (12 minutos)

- Tarjetas de puntos de siete K.2D, K.2I   (4 minutos)
- Contar pasando de decena K.5   (4 minutos)
- Agrupar decenas y unidades K.2C   (4 minutos)

Tarjetas de puntos de siete (4 minutos)

Materiales: (M) Tarjetas de puntos de 7 (Plantilla de fluidez 1 de la Lección 5)

Nota: Las distintas configuraciones de puntos que se usan en esta actividad de fluidez permiten a los estudiantes ver diferentes maneras de descomponer 7, reforzando su comprensión de las relaciones parte–total.

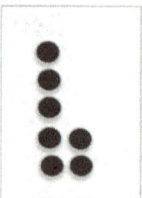

M: (Muestre 7 puntos). ¿Cuántos puntos ven? (Dé a los estudiantes tiempo para que cuenten).

E: 7.

M: ¿Cómo pueden ver 7 en dos partes?

E: (Se acercan a la tarjeta). 5 aquí y 2 aquí.

M: Digan la oración numérica.

E: 5 y 2 hacen 7.

M: ¿Quién ve 7 en dos partes diferentes?

E: (Se acercan a la tarjeta). Veo 3 aquí y 4 aquí.

M: Digan la oración numérica.

E: 3 y 4 hacen 7.

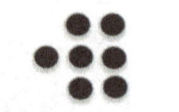

Continúe con otras tarjetas de puntos de 7.

Contar pasando de decena (4 minutos)

Materiales: (E) Ábaco rekenrek individual (Lección 10)

Nota: Para esta actividad, puede ser preferible combinar seis elásticos de cuentas sobre una tarjeta. Sin embargo, puede ayudar a los estudiantes a desarrollar el sentido numérico usar sus tres tarjetas individuales como se describe abajo para que las tomen como referencia y vean con claridad dónde se quedaron al contar hasta el 40.

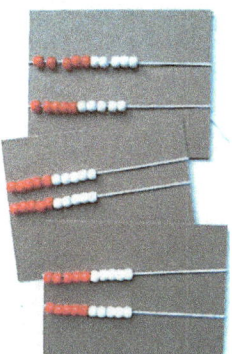

- M: Hoy, vamos a trabajar en grupos de 3. Coloquen sus ábacos rekenrek individuales juntos y cuenten sus cuentas. Hagan un zumbido cuando terminen una fila. El compañero A mueve las cuentas del primer ábaco rekenrek, el compañero B mueve las cuentas del segundo y el compañero C mueve las cuentas del tercero.
- M: Si terminan antes, cuenten de nuevo. Esta vez, cuando cambie el color, hagan un zumbido.

Agrupar decenas y unidades (4 minutos)

Materiales: (M) Imágenes preparadas de matrices y configuraciones circulares, tarjetas de grupos de 5 grandes (Plantilla de fluidez 1 de la Lección 1)

Nota: Esta actividad mejora la destreza de agrupar decenas y unidades al pasar al reconocimiento visual. Contar sólo visualmente hace que los estudiantes trabajen de forma eficiente porque es más fácil hacer un seguimiento de los grupos que de los objetos individuales.

- M: (Proyecte una configuración circular de 12 objetos). Digan el número de objetos que ven.
- E: (Hacen una pausa mientras cuentan). 12.
- M: Digan el número con el método Decir diez.
- E: Diez 2.

Repita el proceso con otros cuatro o cinco números entre el 10 y el 100, mezclando matrices, configuraciones circulares y tarjetas de grupos de 5.

A pesar de que los estudiantes no pueden tocar las imágenes, anímelos a hacer un seguimiento de sus agrupaciones con las manos desde lejos. Podrían sostener un dedo en alto para marcar el punto de inicio en una configuración circular o usar una mano extendida para separar visualmente un grupo de diez de las estrellas restantes que hay en una matriz.

> **NOTAS SOBRE LAS DIFERENTES FORMAS DE ACCIÓN Y EXPRESIÓN:**
>
> Aumente el ritmo de aprendizaje para los estudiantes cuyo desempeño está sobre el nivel del grado brindándoles extensiones para la **Puesta en práctica**:
>
> - ¿Qué sucedería si se diera a cada estudiante 16 lápices de colores y 4 lápices de escribir? ¿Cuántos lápices hay en total? *Pista: Usen su primer dibujo como ayuda para resolver el problema.*
> - ¿Cuántos lápices tendrían dos estudiantes en total? *Pista: Usen sus dos primeros dibujos como ayuda para resolver el problema.*

Lección 20: Representar composiciones y descomposiciones de números del 11 al 19 como oraciones de suma.

Puesta en práctica (7 minutos)

Se dio a cada estudiante 6 lápices de colores y 4 lápices de escribir. ¿Cuántos lápices recibió cada estudiante? Hagan un dibujo y un vínculo numérico. Luego, escriban una oración numérica.

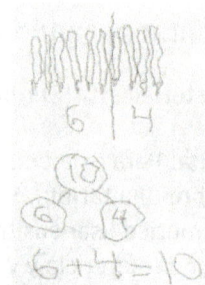

Desarrollo del concepto (24 minutos)

Materiales: (E) Bolsa con veinte frijoles de 2 colores, vínculo numérico (Plantilla de la Lección 7) dentro de la pizarra blanca individual

M: Pongan 10 frijoles rojos en una parte del vínculo numérico. Pongan 3 frijoles blancos en la otra parte.

M: ¿Cuánto es 10 unidades y 3 unidades?

E: 13 unidades.

M: Digan el número con el método Decir diez.

E: Diez 3.

M: Ahora, cuenten 13 frijoles en el lugar en el que mostramos el total.

M: Entonces, tenemos 13 en dos partes. ¿Cuáles son las partes?

E: 10 y 3.

M: Conversen con su compañero. Cuando resolvimos el problema con historia de hoy, teníamos dos partes. ¿Cuál es otra forma que ya conocen de mostrar un número en dos partes?

E: Podemos mostrar un número en dos partes haciendo montones de cosas, como 10 cosas y 3 cosas. → Podemos mostrar el número con un vínculo numérico. → Podemos hacer un dibujo. → Podemos mostrarlo con nuestras tarjetas *Hide Zero*. → Podemos mostrarlo en el ábaco rekenrek. → Podemos mostrarlo con un signo más.

M: ¡Cuántas buenas ideas! Podemos mostrar la misma idea de muchas maneras diferentes. Cuando pensamos en 13, ¿cuál creen que es la forma más clara de mostrar las dos partes de 10 y 3? Conversen con su compañero.

E: El vínculo numérico. Es más fácil para ver. → Me gusta ver cuán grande es el número, por lo que las fichas para contar son mis favoritas. → Pienso que las niñas y los niños grandes suman, por eso es así como quiero mostrarlo.

M: Cada una de las maneras en las que mostramos un número en dos partes nos ayuda a comprenderlo mejor. La suma es otra forma de hacer eso.

M: (Escriba 10 + 3 = _____ en el pizarrón).

M: ¿Cuánto es 10 + 3? Digan una oración numérica completa.

E: 10 + 3 = 13.

M: (Escriba 13 en el pizarrón para completar la ecuación). Miren su vínculo numérico. ¿Cuántos frijoles tienen en la cantidad total?

E: 13.

M: (Escriba 13 = _____ + _____ en el pizarrón).

Lección 20: Representar composiciones y descomposiciones de números del 11 al 19 como oraciones de suma.

UNA HISTORIA DE UNIDADES – EDICIÓN PARA TEKS | Lección 20 K•5

M: ¿Cuántos frijoles hay en esta parte? Contémoslos.
E: 1, 2, 3, 4, 5, 6, 7, 8, 9, 10.
M: ¿Cuántos frijoles hay en esta parte?
E: 3.
M: Miren las partes. Completen esta oración numérica. (Señale 13 = _____ + _____).
E: 13 = 10 + 3.
M: Comenzamos con la cantidad total con los frijoles, por lo que la oración numérica también comienza con la cantidad total.
M: Borren sus pizarras. Muestren 10 frijoles rojos y 5 frijoles blancos en las dos partes.
M: Ahora, cuenten para encontrar cuántos frijoles pondrán para mostrar el total. Debe coincidir con la cantidad que hay en las partes.
E: (Después de contarlos). 15.
M: Cuenten esa cantidad de frijoles y pónganlos en el lugar donde pusieron el total.
M: (Después de contarlos). ¿Cuál es otra forma de mostrar las dos partes y el total?
E: 10 + 5 = 15.
M: (Escriba 10 + 5 = 15 en el pizarrón).
M: ¿Tienen el mismo número de frijoles en las partes que los que tienen en el lugar del total?
E: ¡Sí!
M: Cuando 15 se separa en dos partes, ¿es igual que 10 y 5? Si es así, ¡su vínculo numérico es verdadero!
M: Borren sus pizarras. Esta vez, usen sus marcadores para escribir 19 en el lugar donde mostramos el total. Pongamos este número en dos partes.
M: Muestren 10 frijoles rojos como una parte. (Haga una pausa mientras los estudiantes colocan los frijoles).
M: Cuenten los frijoles que necesitan poner en la otra parte para llegar a 19.
E: (Después de contarlos). 9.
M: ¿Cuál es una oración numérica que cuenta sobre este vínculo numérico?
E: 10 + 9 = 19.
M: Esta vez, comiencen con el total para que veamos realmente que ese número grande se separa en dos partes.
E: 19 = 10 + 9.

Continúe de esta forma. Pida a los estudiantes que creen otros vínculos numéricos con los números del 11 al 19 y las oraciones de suma relacionadas, y comente con ellos cada paso.

Grupo de problemas (7 minutos)

Los estudiantes deberán hacer su mejor esfuerzo para completar el **Grupo de problemas** en el tiempo asignado.

Nota: Pida a los estudiantes que completen los vínculos y las oraciones numéricas. Deles acceso a los materiales y a las tarjetas *Hide Zero* mientras lo hacen.

Lección 20: Representar composiciones y descomposiciones de números del 11 al 19 como oraciones de suma.

Reflexión (7 minutos)

Objetivo de la lección: Representar composiciones y descomposiciones de números del 11 al 19 como oraciones de suma.

Invite a los estudiantes a revisar las soluciones del **Grupo de problemas**. Deben revisar el trabajo comparando las respuestas con un compañero. Vea si aún quedan conceptos erróneos o malentendidos que puedan resolverse en la **Reflexión**. Guíe a los estudiantes para que reflexionen sobre el **Grupo de problemas** y para que comprendan la lección.

Puede usar cualquier combinación de las preguntas de abajo para guiar la discusión.

- En un vínculo numérico, ¿qué número es más grande: el total o una parte?
- Expliquen de qué forma los números del 11 al 19 son 10 unidades y algunas unidades más.
- Miren cada vínculo numérico mientras digo el total. Lean el número con el método Decir diez; por ejemplo, digo 13 y ustedes dicen diez 3.
- Cálculo mental: Digo 16; ustedes dicen 10 + 6. Digo 17; ¿ustedes dicen…? Digo 19; ¿ustedes dicen…?
- Muestren una fila de diez en el ábaco rekenrek y luego deslicen las cuentas para mostrar los números del 11 al 19. Digan los números con el método normal y con el método Decir diez.
- ¿Qué hacemos con las partes cuando sumamos? ¿Las juntamos o las separamos?

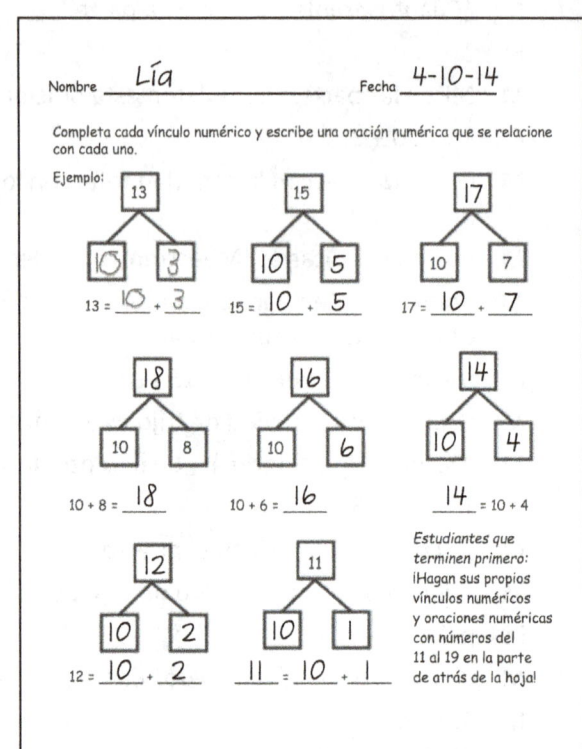

Boleto de salida (3 minutos)

Después de la **Reflexión**, pida a los estudiantes que terminen el **Boleto de salida**. Revisar el trabajo de los estudiantes le permitirá evaluar si comprendieron los conceptos de la lección de hoy y planear de forma más eficaz las siguientes lecciones. Puede leer las preguntas en voz alta a los estudiantes.

Nombre _____ Fecha _____

Completa cada vínculo numérico y escribe una oración numérica que se relacione con cada uno.

Ejemplo:

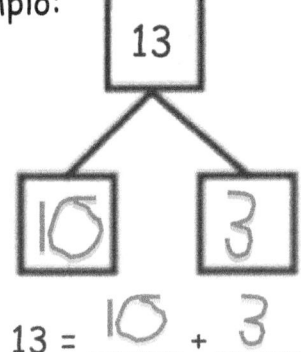 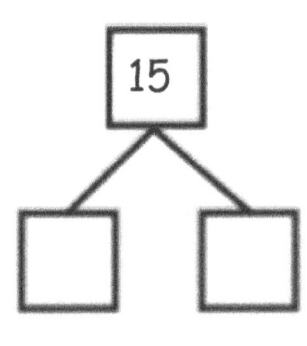 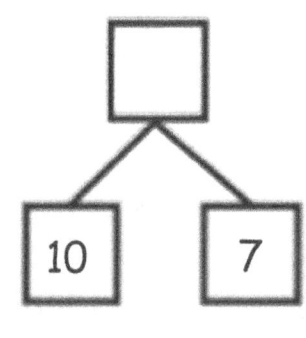

13 = ___10___ + ___3___   15 = _____ + _____   17 = _____ + _____

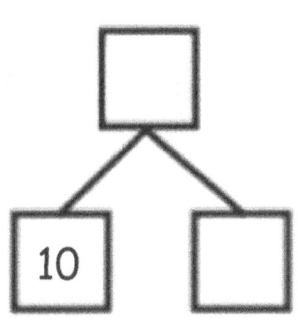 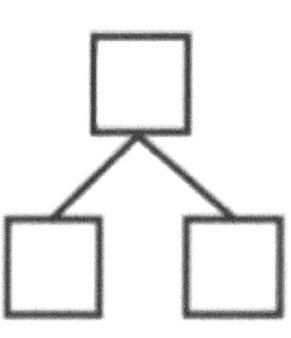

10 + 8 = _____   10 + 6 = _____    _____ = 10 + 4

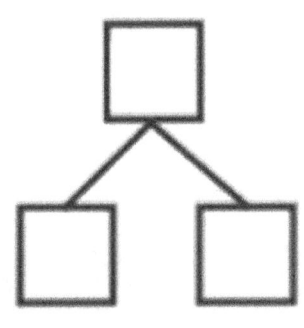 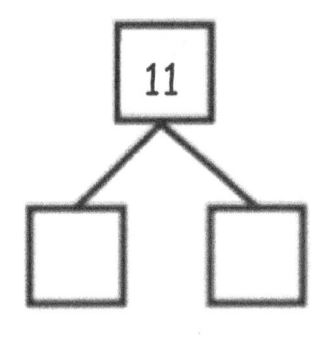

Estudiantes que terminen primero: ¡Hagan sus propios vínculos numéricos y oraciones numéricas con números del 11 al 19 en la parte de atrás de la hoja!

12 = _____ + _____   _____ = _____ + _____

Nombre _____   Fecha _____

El primer número es el total. Encierra en un círculo sus partes.

| 5 | 1 | ② | ③ |

| 12 | 10 | 6 | 2 |

| 11 | 1 | 10 | 8 |

| 14 | 4 | 2 | 10 |

| 18 | 1 | 10 | 8 |

| 10 | 10 | 1 | 0 |

| 20 | 10 | 2 | 10 |

Nombre _____ Fecha _____

Dibuja estrellas para mostrar el número como un vínculo numérico de 10 unidades y algunas unidades. Muestra cada ejemplo como dos oraciones de suma de 10 unidades y algunas unidades.

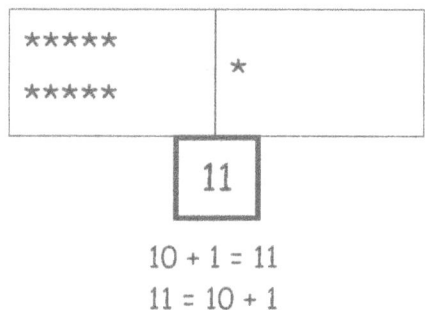

$10 + 1 = 11$
$11 = 10 + 1$

* * * * *
* * * * *

15

* * * * *
* *

17

Lección 20: Representar composiciones y descomposiciones de números del 11 al 19 como oraciones de suma.

★ ★ ★ ★ ★ ★ ★ ★ ★ ★	

19

14

★ ★ ★ ★ ★ ★ ★ ★ ★	

20

Lección 20: Representar composiciones y descomposiciones de números del 11 al 19 como oraciones de suma.

Lección 21

Objetivo: Representar descomposiciones de números del 11 al 19 como 10 unidades y algunas unidades; encontrar una parte escondida.

Estructura sugerida para la lección

- Práctica de fluidez   (13 minutos)
- Puesta en práctica   (7 minutos)
- Desarrollo del concepto   (22 minutos)
- Reflexión   (8 minutos)

  Tiempo total   **(50 minutos)**

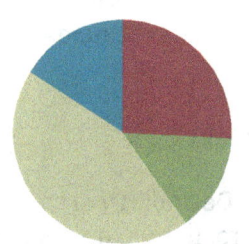

NOTA SOBRE LA ALINEACIÓN DE LOS ESTÁNDARES:

En esta lección, los estudiantes descomponen números del 11 al 19 en dos partes con bloques y esconden una de las partes. Después de adivinar cuál es la parte escondida, ven una oración numérica con una *parte escondida* como 12 = 10 + _____. Esto sirve como puente hacia el contenido de 1.er grado (**1.5F**).

Práctica de fluidez (13 minutos)

- Vínculos numéricos de siete **K.2D, K.2I**   (4 minutos)
- Cuatro ábacos rekenrek **K.5**   (5 minutos)
- Contar números del 11 al 19 **K.2A, K.5**   (4 minutos)

Vínculos numéricos de siete (4 minutos)

Materiales: (M) Tarjetas de puntos de 7 (Plantilla de fluidez 1 de la Lección 5)

Nota: Esta actividad de fluidez brinda a los estudiantes la oportunidad de familiarizarse aún más con las composiciones de siete y practicar ver relaciones parte–total.

Muestre una tarjeta de puntos e indique 6 y 1 como las partes.

> M: Digan la parte más grande. (Dé a los estudiantes tiempo para que cuenten).
> E: 6.
> M: Digan la parte más pequeña.
> E: 1.
> M: ¿Cuál es el número total de puntos? (Dé tiempo para que cuenten).
> E: 7.
> M: Digan la oración numérica.
> E: 6 y 1 hacen 7.
> M: (Invierta las tarjetas para obtener 1 y 6).

Continúe con 5 y 2, 7 y 0, 4 y 3.

Cuatro ábacos rekenrek (5 minutos)

Materiales: (E) Ábaco rekenrek individual (Lección 10)

Nota: Decir "bop" después de cada fila de 10 proporciona una pausa en el conteo, tanto para reforzar el comienzo de una nueva fila de diez como para interrumpir la secuencia de conteo, lo que ayuda a los estudiantes a hacer la transición de contar todo a contar a partir de un número en 1.er grado.

- M: Siéntense en grupos de 4. Junten sus ábacos rekenrek. El compañero A mueve las cuentas de la primera fila. El compañero B mueve las cuentas de la segunda fila, etc. Después del número con el que termina cada fila, digan "bop".

Contar números del 11 al 19 (4 minutos)

Nota: Alternar entre el conteo con el método Decir diez y el conteo con el método normal desafía a los estudiantes a pensar con cuidado cada número, porque no pueden confiar en la secuencia de conteo de memoria. Al hacerlo, se refuerza la idea de los números del 11 al 19 como 10 unidades y algunas unidades adicionales. (Por ejemplo, los estudiantes deben saber que 12 comprende 10 unidades y 2 unidades para reconocer que diez 3 vendría a continuación si se cuenta hacia adelante).

- M: Cuenten del 11 al 20 con el método Decir diez.
- E: Diez 1, diez 2, diez 3, diez 4, diez 5, diez 6, diez 7, diez 8, diez 9, 2 dieces.
- M: Cuenten hacia atrás del 20 al 11 con el método Decir diez.
- E: 2 dieces, diez 9, diez 8, diez 7, diez 6, diez 5, diez 4, diez 3, diez 2, diez 1.
- M: Cuenten del 11 al 20 con el método normal.
- E: 11, 12, 13, 14, 15, 16, 17, 18, 19, 20.
- M: Cuenten hacia atrás del 20 al 11 con el método normal.
- E: 20, 19, 18, 17, 16, 15, 14, 13, 12, 11.
- M: Ahora, quiero que cambien la forma en la que cuentan cada vez. Diremos el primer número con el método Decir diez. Luego, diremos el siguiente número con el método normal. Escuchen mi ejemplo. Diez 1, 12, diez 3, 14, diez 5, 16. Ahora es su turno.
- E: Diez 1, 12, diez 3, 14, diez 5, 16, diez 7, 18, diez 9, 20.
- M: Cuenten hacia atrás del 20 al 11, comenzando con el método Decir diez.
- E: 2 dieces, 19, diez 8, 17, diez 6, 15, diez 4, 13, diez 2, 11.

NOTAS SOBRE LAS DIFERENTES FORMAS DE ACCIÓN Y EXPRESIÓN:

Diferencie la enseñanza de la **Puesta en práctica** para los estudiantes cuyo desempeño está bajo el nivel del grado pidiéndoles que coloquen los cachorros (fichas para contar) en un marco de 10.

Pida a los estudiantes cuyo desempeño está sobre el nivel del grado que dupliquen el número de cachorros que hay en la tienda usando dos marcos de 10 para mostrar 10 y algunos más.

Puesta en práctica (7 minutos)

Peter vio 8 cachorros en una tienda de mascotas. Mientras los observaba, 2 se escondieron en una caja. ¿Cuántos cachorros pudo ver Peter entonces? Hagan un dibujo y escriban un vínculo numérico y una oración numérica que se relacionen con la historia.

UNA HISTORIA DE UNIDADES – EDICIÓN PARA TEKS   Lección 21 K•5

Nota: Esta **Puesta en práctica** es un ejemplo de un problema del tipo *restar con resultado desconocido*, que los estudiantes deberían ser capaces de resolver usando objetos o manipulativos al finalizar Kindergarten.

Desarrollo del concepto (22 minutos)

Materiales: (E) 40 cubos de un centímetro y vínculo numérico (Plantilla de la Lección 7) dentro de la pizarra blanca individual (por pareja)

- M: Cuenten 12 cubos y pónganlos en el lugar en el que mostramos el total en el vínculo numérico.
- M: Agrupen 10 unidades dentro de ese lugar.
- M: ¿Cuáles son las partes de 12 que ven?
- E: 10 y 2.
- M: Cuenten los cubos para completar las partes de manera que el total y las partes sean iguales.
- E: (Los estudiantes lo hacen).
- M: Completen esta oración numérica conmigo. (En el pizarrón, escriba 12 = ____ + ____).
- E: 12 = 10 + 2.
- M: Digan el número con el método Decir diez.
- E: Diez 2.
- M: Cierren los ojos. (Quite los 2 cubos). Abran los ojos. ¿Qué parte está escondida?
- E: 2.
- M: Completen esta oración numérica conmigo. (Escriba 12 = 10 + ____ en el pizarrón).
- E: 12 = 10 + 2. (Vuelva a colocar los cubos mientras dicen la afirmación).
- M: Cierren los ojos. (Quite los 10 cubos). Abran los ojos. ¿Qué parte está escondida?
- E: ¡10 unidades!
- M: Completen esta oración numérica conmigo. (Escriba 12 = ____ + 2 en el pizarrón).
- E: 12 = 10 + 2.

Continúe de esta manera con otros números del 11 al 19. Luego, pida a los estudiantes que trabajen en parejas para jugar a Esconder y decir la parte que está escondida.

- El compañero A construye un número del 11 al 19 en el lugar que corresponde al total.
- El compañero B representa el número como dos partes.
- El compañero A cierra los ojos mientras el compañero B esconde una parte.
- El compañero A escribe la oración numérica completa (p. ej., 14 = 10 + 4). Intercambian roles.
- M: Teníamos una parte escondida como en nuestro problema con historia de los cachorros. ¡No conocíamos la parte que Peter aún podía ver después de que los dos cachorros se escondieran dentro de la caja!

Lección 21: Representar descomposiciones de números del 11 al 19 como 10 unidades y algunas unidades; encontrar una parte escondida.

UNA HISTORIA DE UNIDADES – EDICIÓN PARA TEKS Lección 21 K•5

Grupo de problemas (7 minutos)

Los estudiantes deberán hacer su mejor esfuerzo para completar el **Grupo de problemas** en el tiempo asignado.

Asegúrese de que los estudiantes tengan acceso a los materiales como fichas para contar, tarjetas *Hide Zero* y pizarras blancas individuales para dibujar mientras resuelven el **Grupo de problemas**. Anímelos a pensar y demostrar las distintas maneras en las que pueden mostrar los números del 11 al 19 en dos partes.

Nota: En este **Grupo de problemas**, los estudiantes usan los cubos de un centímetro y descomponen los números del 11 al 19 en dos partes y luego escriben las ecuaciones correspondientes. 12 = 10 + _____. Esto sirve como puente hacia el contenido de 1.er grado.

Reflexión (8 minutos)

Objetivo de la lección: Representar descomposiciones de números del 11 al 19 como 10 unidades y algunas unidades; encontrar una parte escondida.

El objetivo de la **Reflexión** es invitar a pensar y procesar activamente la experiencia total de la lección.

Invite a los estudiantes a revisar las soluciones del **Grupo de problemas**. Deben revisar el trabajo comparando las respuestas con un compañero. Vea si aún quedan conceptos erróneos o malentendidos que puedan resolverse en la **Reflexión**. Guíe a los estudiantes para que reflexionen sobre el **Grupo de problemas** y para que comprendan la lección.

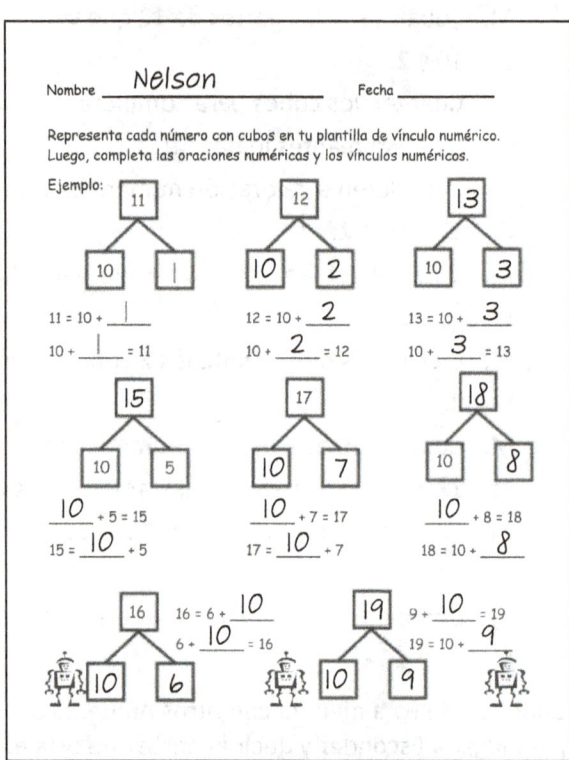

Puede usar cualquier combinación de las preguntas de abajo para guiar la discusión.

- ¿En qué mejoraron hoy?
- ¿Qué observan en el **Grupo de problemas**? (A continuación, se muestra un ejemplo).

M: Miren los dos primeros vínculos numéricos. ¿En qué se parecen y en qué se diferencian estos dos vínculos?

E: Ambos vínculos tienen 10 unidades. → Sí, pero no tienen el mismo número de unidades adicionales. → Uno tiene 2 unidades adicionales y el otro tiene 3 unidades adicionales. → Si se cuentan todas las unidades, uno es doce y el otro es trece. → Si contamos con el método Decir diez, uno es diez 2 y el otro es diez 3. → Si se separan ambos números, ¡hay 10 unidades y algunas unidades dentro! → Las oraciones numéricas muestran que podemos escribir 12 y 13 en oraciones numéricas con 10 más en ellas.

- ¿Qué pueden explicar sobre los números 11, 12, 13, 14, 15, 16, 17, 18, 19? ¿Qué tienen en común? ¿En qué se diferencian?
- ¿Qué aprendieron en esta lección?

Boleto de salida (3 minutos)

Después de la **Reflexión**, pida a los estudiantes que terminen el **Boleto de salida**. Revisar el trabajo de los estudiantes le permitirá evaluar si comprendieron los conceptos de la lección de hoy y planear de forma más eficaz las siguientes lecciones. Puede leer las preguntas en voz alta a los estudiantes.

Lección 21: Representar descomposiciones de números del 11 al 19 como 10 unidades y algunas unidades; encontrar una parte escondida.

Nombre _____   Fecha _____

Representa cada número con cubos en tu plantilla de vínculo numérico. Luego, completa las oraciones numéricas y los vínculos numéricos.

Ejemplo:

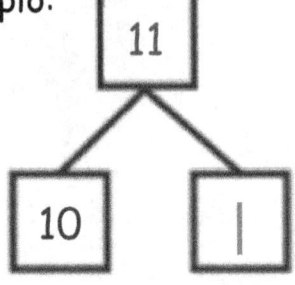 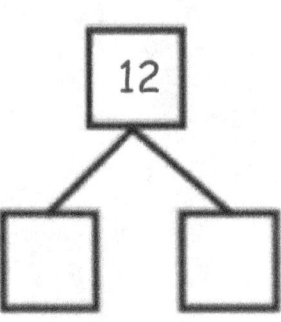 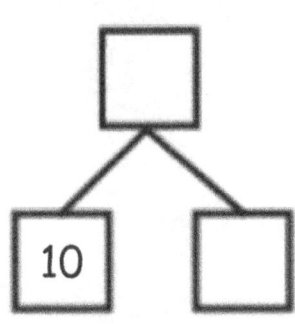

11 = 10 + __1__   12 = 10 + _____   13 = 10 + _____

10 + __1__ = 11   10 + _____ = 12   10 + _____ = 13

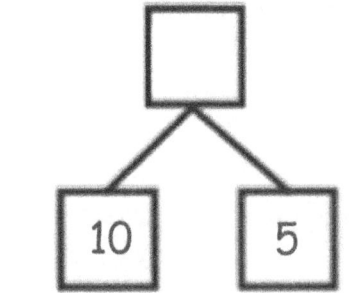 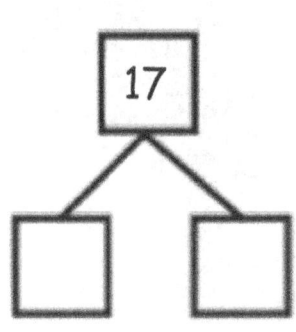 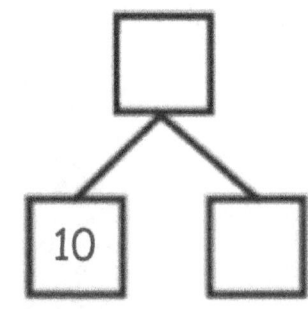

_____ + 5 = 15   _____ + 7 = 17   _____ + 8 = 18

15 = _____ + 5   17 = _____ + 7   18 = 10 + _____

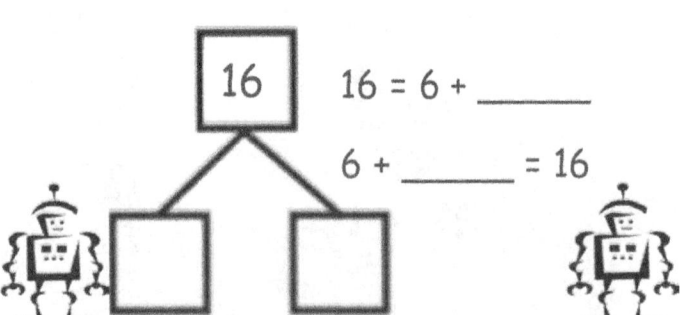   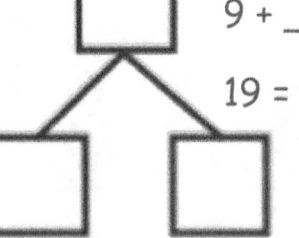

16 = 6 + _____   9 + _____ = 19

6 + _____ = 16   19 = 10 + _____

Nombre _____ Fecha _____

Completa las oraciones numéricas y los vínculos numéricos. Usa tus materiales como ayuda.

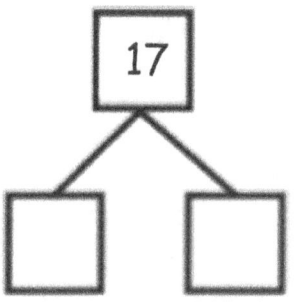

_____ + 7 = 17   17 = _____ + 10

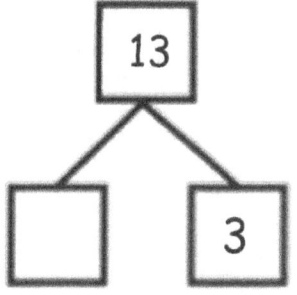

_____ + 3 = _____   13 = _____ + 10

Nombre _____ Fecha _____

Completa los vínculos numéricos y las oraciones numéricas. Dibuja los cubos de la parte que falta.

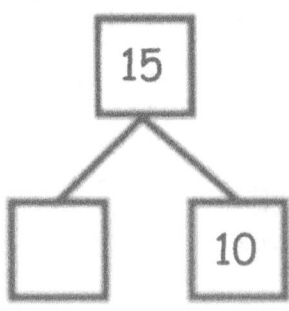

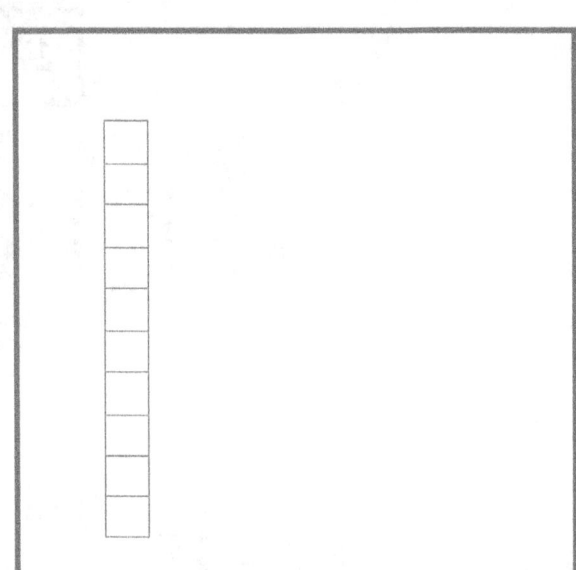

15 = _____ + 10

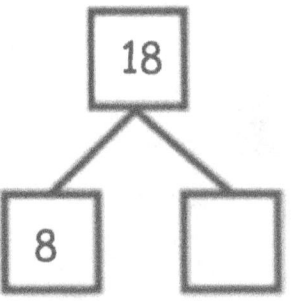

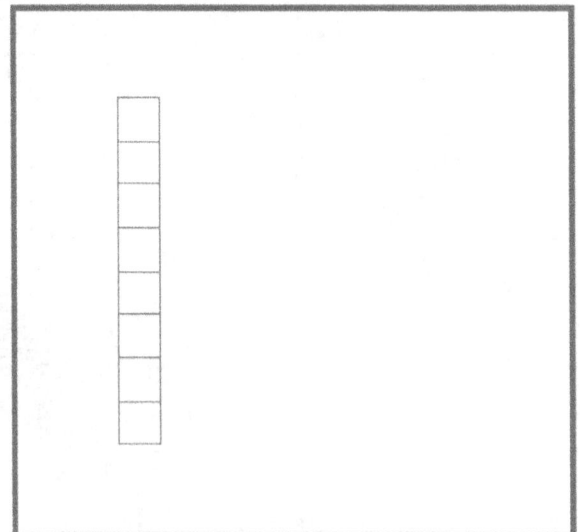

_____ + 8 = 18

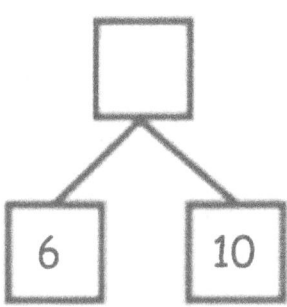

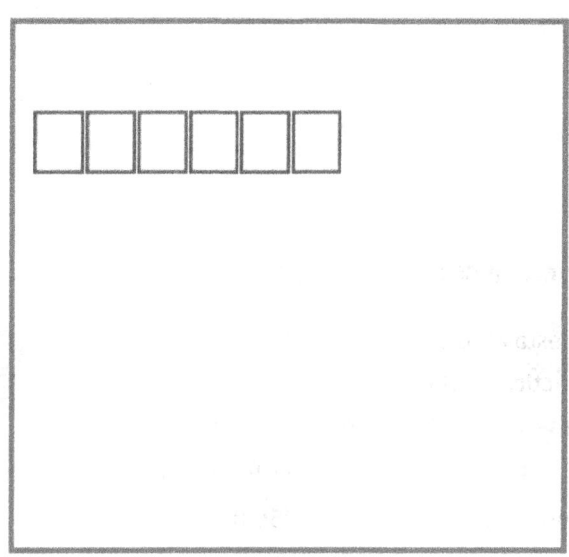

6 + ____ = 16

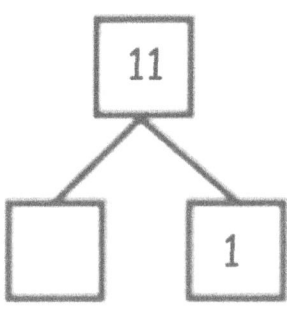

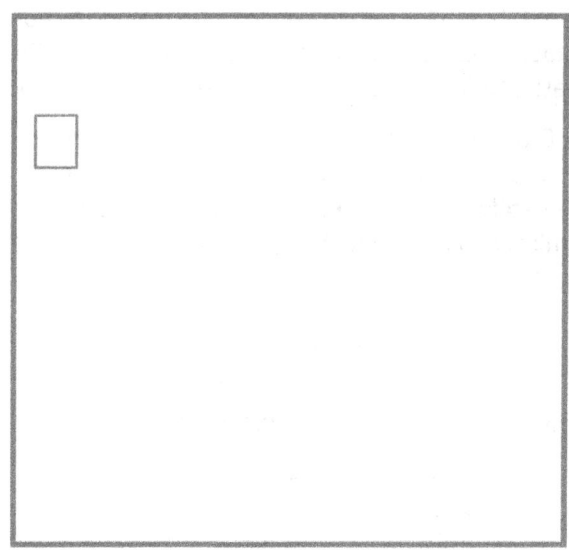

1 + ____ = 11

Lección 22

Objetivo: Descomponer números del 11 al 19 como 10 unidades y algunas unidades; comparar los números del 11 al 19 mirando las unidades.

Estructura sugerida para la lección

- Puesta en práctica   (7 minutos)
- Práctica de fluidez   (11 minutos)
- Desarrollo del concepto   (25 minutos)
- Reflexión   (7 minutos)
- **Tiempo total**   **(50 minutos)**

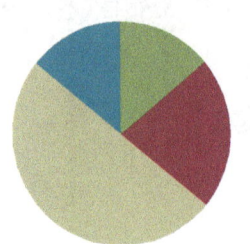

NOTA SOBRE LA ALINEACIÓN DE LOS ESTÁNDARES:

En esta lección, los estudiantes comparan los números del 1 al 9 (**K.2G, K.2H**) y usan su comprensión de 10 unidades como la estructura de los números del 11 al 19 (**K.2E, K.2F**) para comparar los números del 11 al 19. Esto sirve como un puente entre el contenido de Kindergarten y la comparación de números de 1.ᵉʳ grado (**1.2E**).

Puesta en práctica (7 minutos)

Lisa tiene 5 monedas de 1 centavo o *pennies* en la mano y 2 en el bolsillo. Dibujen los *pennies* de Lisa. Matt tiene 6 monedas de 1 centavo o *pennies* en la mano y 2 en el bolsillo. Dibujen los *pennies* de Matt. ¿Quién tiene menos *pennies*? ¿Cómo lo saben?

Nota: Esta **Puesta en práctica** repasa la comparación de números hasta el 10, lo que prepara a los estudiantes para comparar los números del 11 al 19 en el **Desarrollo del concepto** de hoy. En esta actividad también se trabaja con el nombre de la moneda de 1 centavo en inglés: *penny*.

Práctica de fluidez (11 minutos)

- Tarjetas de puntos de ocho **K.2D, K.2I**   (3 minutos)
- Contar números del 11 al 19 **K.2A, K.5**   (4 minutos)
- Números del 11 al 19 en el ábaco rekenrek **K.2E**   (4 minutos)

Tarjetas de puntos de ocho (3 minutos)

Materiales: (M) Tarjetas de puntos de 8 (Plantilla de fluidez de la Lección 6)

Nota: Esta actividad de fluidez brinda a los estudiantes la oportunidad de familiarizarse aún más con las descomposiciones de ocho y practicar ver las relaciones parte–total.

M: (Muestre una tarjeta con 8 puntos). ¿Cuántos puntos cuentan? Esperen a que les dé la señal para decírmelo. Prepárense (chasquee los dedos).
E: 8.

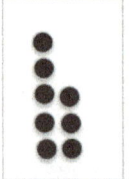
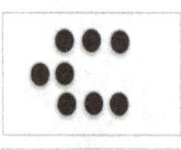
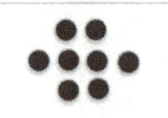

UNA HISTORIA DE UNIDADES – EDICIÓN PARA TEKS   Lección 22 K•5

M: ¿Cómo los pueden ver en dos partes?
E: (El estudiante se acerca a la tarjeta). Vi 5 aquí y 3 aquí.
M: Digan la oración numérica.
E: 5 y 3 hacen 8.
M: Den vuelta la oración.
E: 3 y 5 hacen 8.
M: ¿Quién ve 8 en dos partes diferentes?
E: (Se acercan a la tarjeta). Veo 6 aquí y 2 aquí.
M: Digan la oración numérica.
E: 6 y 2 hacen 8.
M: Den vuelta la oración.
E: 2 y 6 hacen 8.

Continúe con otras tarjetas y descomposiciones de 8.

Contar números del 11 al 19 (4 minutos)

Nota: Si alternar entre contar con el método Decir diez y el método normal resulta ser un desafío para algunos estudiantes, considere proveer soportes para esta actividad, realizándola primero con el ábaco rekenrek.

M: Cuenten del 11 al 20 y luego hacia atrás hasta el 11 con el método Decir diez.
E: Diez 1, diez 2, diez 3, diez 4, diez 5, diez 6, diez 7, diez 8, diez 9, 2 dieces, diez 9, diez 8, diez 7, diez 6, diez 5, diez 4, diez 3, diez 2, diez 1.
M: Cuenten del 11 al 20 y luego hacia atrás hasta el 11 con el método normal.
E: 11, 12, 13, 14, 15, 16, 17, 18, 19, 20, 19, 18, 17, 16, 15, 14, 13, 12, 11.
M: Ahora, quiero que cambien la forma en la que cuentan cada vez. Diremos el primer número con el método normal. Luego, diremos el siguiente número con el método Decir diez. Escuchen mi ejemplo. 11, diez 2, 13, diez 4, 15, diez 6. Ahora es su turno.
E: 11, diez 2, 13, diez 4, 15, diez 6, 17, diez 8, 19, 2 dieces.
M: Cuenten hacia atrás del 20 al 11, comenzando con el método normal.
E: 20, diez 9, 18, diez 7, 16, diez 5, 14, diez 3, 12, diez 1.

Números del 11 al 19 en el ábaco rekenrek (4 minutos)

Materiales: (E) Ábaco rekenrek individual (Lección 10)

Nota: Esta actividad de fluidez apoya el estándar del nivel del grado de comprender los números del 11 al 19 como diez unidades y algunas unidades más.

M: Muéstrenme el número 12 en dos partes en sus ábacos rekenrek con una parte de 10 unidades en la fila de arriba.
E: (Muestran 12 en sus ábacos rekenrek).
M: Ahora, muéstrenme 12 de nuevo, pero esta vez, con 10 unidades que sean todas rojas.
M: Ahora, muéstrenme 12 de nuevo, pero esta vez, con 10 unidades que sean todas blancas.

Continúe con otros números del 11 al 19.

Lección 22: Descomponer números del 11 al 19 como 10 unidades y algunas unidades; comparar los números del 11 al 19 mirando las unidades.

283

UNA HISTORIA DE UNIDADES – EDICIÓN PARA TEKS

Lección 22 K•5

Desarrollo del concepto (25 minutos)

Materiales: (E) 20 cubos conectables, pizarra blanca individual

M: Usen sus pizarras blancas individuales como una plantilla de trabajo. Compañero A, cuenta 13 cubos en tu plantilla. Compañero B, cuenta 15 cubos en tu plantilla.

M: Ahora, cada uno de ustedes mueva sus cubos para mostrar el número con el método Decir diez. Compañero A, dime tu número con el método Decir diez.

E: (Sólo el compañero A). Diez 3.

M: Compañero B, dime tu número con el método Decir diez.

E: (Sólo el compañero B). Diez 5.

M: ¿Cómo podemos saber qué número es mayor? Ambos tienen 10 unidades. ¿Eso es verdadero?

E: Sí.

M: Entonces, miremos las unidades adicionales. ¿Qué número es mayor: 3 unidades o 5 unidades?

E: ¡5 unidades!

M: Por lo tanto, ¿qué número es mayor: diez 3 o diez 5?

E: Diez 5.

M: Digamos todos que 15 es más que 13.

E: 15 es más que 13.

M: Digámoslo con el método Decir diez. Diez 5 es más que diez 3.

E: Diez 5 es más que diez 3.

M: Ahora, compañero A, muéstrame 14 en tu plantilla como 10 unidades y algunas unidades. Compañero B, muestra 11 en tu plantilla como 10 unidades y algunas unidades.

M: ¿Los dos tienen 10 unidades?

E: Sí.

M: Entonces, comparemos las unidades adicionales. ¿Qué parte es más pequeña: 4 unidades o 1 unidad?

E: 1 unidad.

M: Conversen con su compañero acerca de qué número es más pequeño y qué número es más grande, y sobre cómo lo saben.

E: (Los estudiantes conversan).

M: Ahora, compañero A y compañero B, quiero que ambos muestren 17 en sus plantillas. Muéstrenlo como 10 unidades y algunas unidades.

M: ¿Ambos tienen 10 unidades?

E: Sí.

Palabras clave

menos   más

lo mismo
igual

Lección 22: Descomponer números del 11 al 19 como 10 unidades y algunas unidades; comparar los números del 11 al 19 mirando las unidades.

M: ¿Cuántas unidades adicionales tienen los dos?

E: 7.

M: ¿7 es más que 7?

E: ¡No!

M: ¿10 es más que 10?

E: ¡No!

M: ¿Qué deberíamos decir sobre 17 y 17?

E: ¡Son lo mismo! ¡Son iguales!

Continúe de esta forma, pero sin usar los cubos y las pizarras blancas individuales. Haga dos vínculos numéricos en el pizarrón. Complete un vínculo numérico con 19 descompuesto, mostrando 10 unidades como una parte. Complete el otro vínculo numérico con 16 descompuesto, mostrando 10 unidades como una parte.

M: (Señale el 19). ¿Cuál es la parte que falta?

E: 9.

M: (Complete el vínculo con un 9).

M: (Señale el 16). ¿Cuál es la parte que falta?

E: 6.

M: (Complete el vínculo con un 6).

M: Comparen las unidades adicionales. ¿Qué número es más?

E: 19.

M: Estamos usando lo que sabemos sobre comparar los números que son menos que 10 para comparar números que son más que 10.

M: Coméntenlo con su compañero.

E: Sé que 5 es más que 4, por lo tanto sé que 10 unidades y 5 unidades es más que 10 unidades y 4 unidades. → Sé que 5 es menos que 8, por lo tanto diez 5 es menos que diez 8. → Sé que 6 es igual a 6, por lo tanto diez 6 es igual a diez 6. → Sé que 10 unidades es lo mismo, por lo tanto, es como si ambos números lo tuvieran. Por lo tanto, no indica cuál es más grande o más pequeño.

Grupo de problemas (7 minutos)

Los estudiantes deberán hacer su mejor esfuerzo para completar el **Grupo de problemas** en el tiempo asignado.

Nota: Este trabajo, al igual que muchas de las lecciones de este módulo, permite a los estudiantes ver la importancia de los números hasta el 10 cuando se aplican a números más grandes. Los estudiantes se paran en la estructura compartida del diez en dos números del 11 al 19 y simplemente comparan las unidades para ver qué número es mayor. Esto sirve como puente hacia el contenido de 1.ᵉʳ grado (**1.2E**).

Lección 22: Descomponer números del 11 al 19 como 10 unidades y algunas unidades; comparar los números del 11 al 19 mirando las unidades.

UNA HISTORIA DE UNIDADES – EDICIÓN PARA TEKS   Lección 22   K • 5

Reflexión (7 minutos)

Objetivo de la lección: Descomponer números del 11 al 19 como 10 unidades y algunas unidades; comparar los números del 11 al 19 mirando las unidades.

El objetivo de la **Reflexión** es invitar a pensar y procesar activamente la experiencia total de la lección.

Invite a los estudiantes a revisar las soluciones del **Grupo de problemas**. Deben revisar el trabajo comparando las respuestas con un compañero. Vea si aún quedan conceptos erróneos o malentendidos que puedan resolverse en la **Reflexión**. Guíe a los estudiantes para que reflexionen sobre el **Grupo de problemas** y para que comprendan la lección.

Puede usar cualquier combinación de las preguntas de abajo para guiar la discusión.

- ¿Sobre qué se trató la lección de hoy?
- ¿Cómo saben que 11 es menos que 15?
- Lean cada comparación del **Grupo de problemas** con el método Decir diez y luego con el método normal. Por ejemplo: "Diez 3 es más que diez 2. 13 es más que 12. Diez 1 es menos que diez 4. 11 es menos que 14".
- ¿Qué piensan que quería que aprendieran de la lección?

Boleto de salida (3 minutos)

Después de la **Reflexión**, pida a los estudiantes que terminen el **Boleto de salida**. Revisar el trabajo de los estudiantes le permitirá evaluar si comprendieron los conceptos de la lección de hoy y planear de forma más eficaz las siguientes lecciones. Puede leer las preguntas en voz alta a los estudiantes.

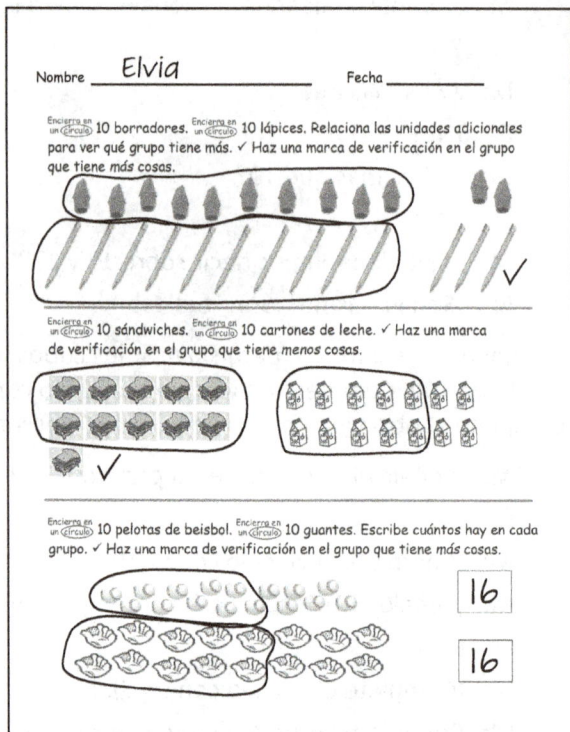

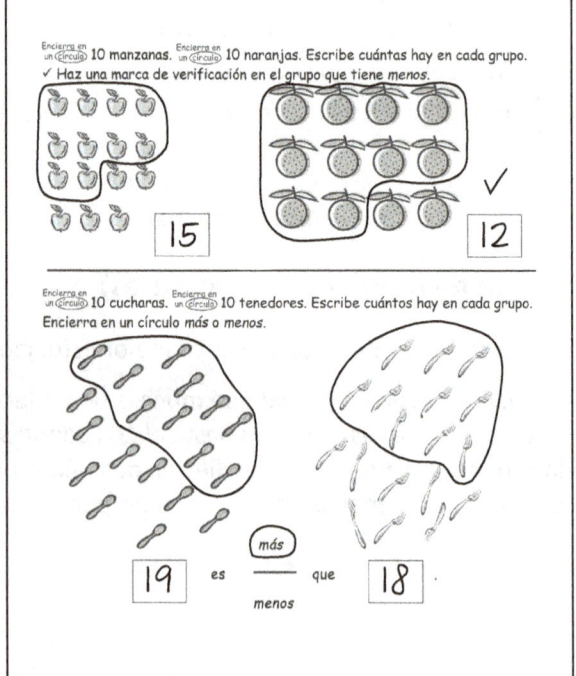

Lección 22: Descomponer números del 11 al 19 como 10 unidades y algunas unidades; comparar los números del 11 al 19 mirando las unidades.

Nombre _____ Fecha _____

Encierra en un círculo 10 borradores. Encierra en un círculo 10 lápices. Relaciona las unidades adicionales para ver qué grupo tiene más. ✓ Haz una marca de verificación en el grupo que tiene *más* cosas.

Encierra en un círculo 10 sándwiches. Encierra en un círculo 10 cartones de leche. ✓ Haz una marca de verificación en el grupo que tiene *menos* cosas.

Encierra en un círculo 10 pelotas de beisbol. Encierra en un círculo 10 guantes. Escribe cuántos hay en cada grupo. ✓ Haz una marca de verificación en el grupo que tiene *más* cosas.

Encierra en un círculo 10 manzanas. Encierra en un círculo 10 naranjas. Escribe cuántas hay en cada grupo.
✓ Haz una marca de verificación en el grupo que tiene *menos*.

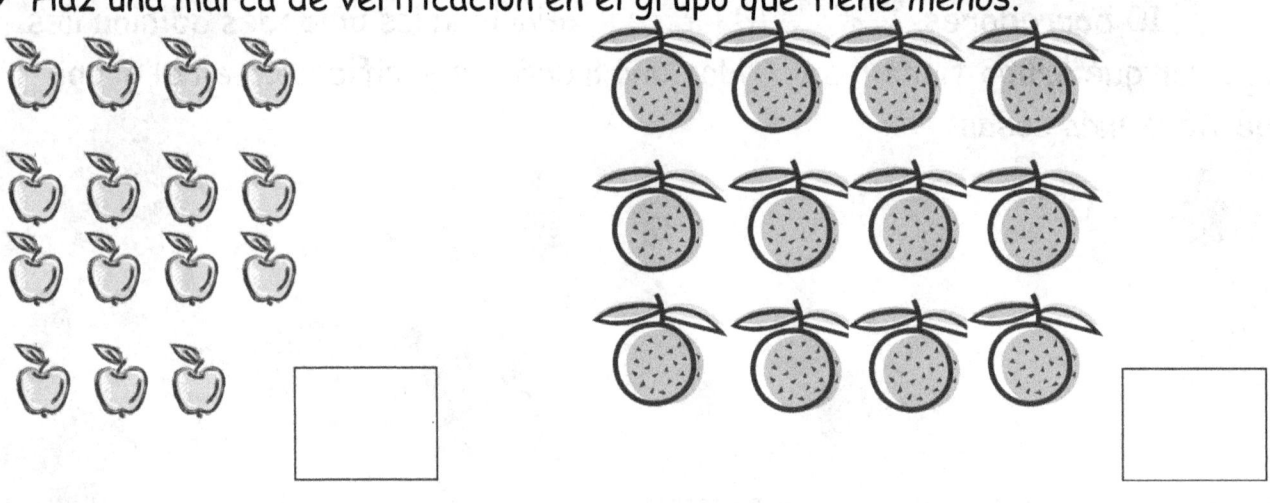

Encierra en un círculo 10 cucharas. Encierra en un círculo 10 tenedores. Escribe cuántos hay en cada grupo.
Encierra en un círculo *más* o *menos*.

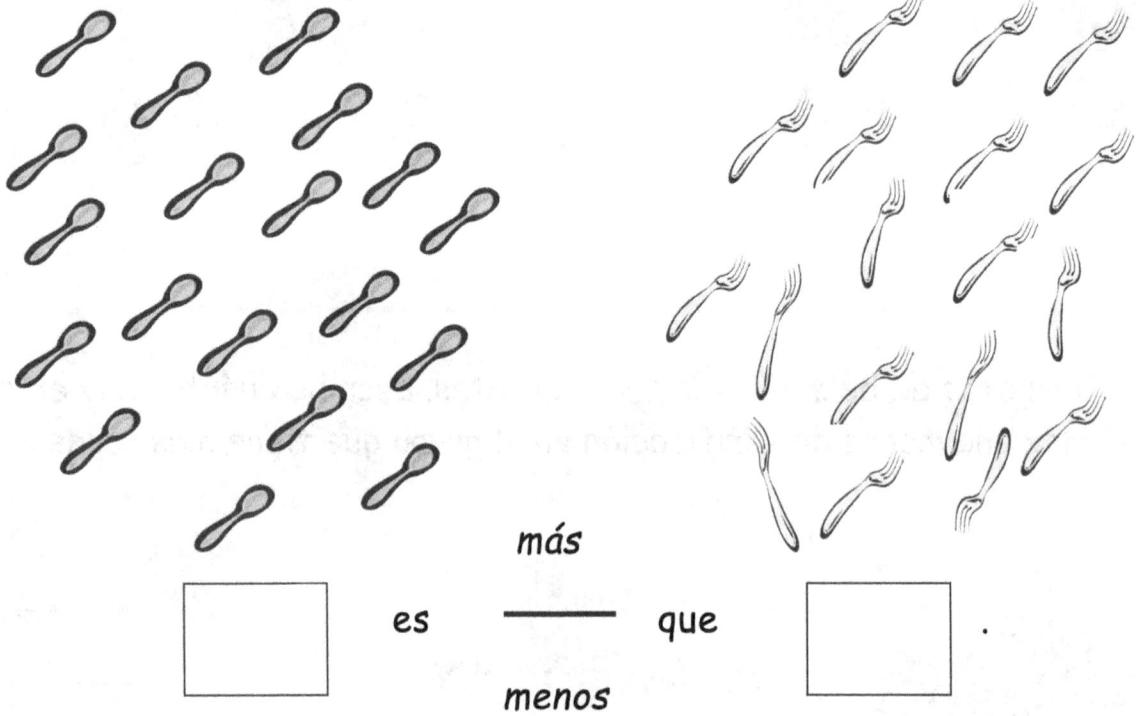

☐ es — más / menos — que ☐ .

Lección 22: Boleto de salida

Nombre _____ Fecha _____

Cuenta los cubos y escribe el número.
Encierra en un círculo *más* o *menos*.

1 es (menos) <u>más</u> que 4.

____ es <u>más</u> menos que ____ .

____ es <u>más</u> menos que ____ .

____ es <u>más</u> menos que ____ .

Lección 22: Descomponer números del 11 al 19 como 10 unidades y algunas unidades; comparar los números del 11 al 19 mirando las unidades.

Nombre _____ Fecha _____

Completa el vínculo numérico.
Haz una marca de verificación
en el grupo que tiene más.

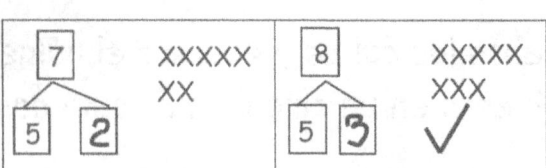

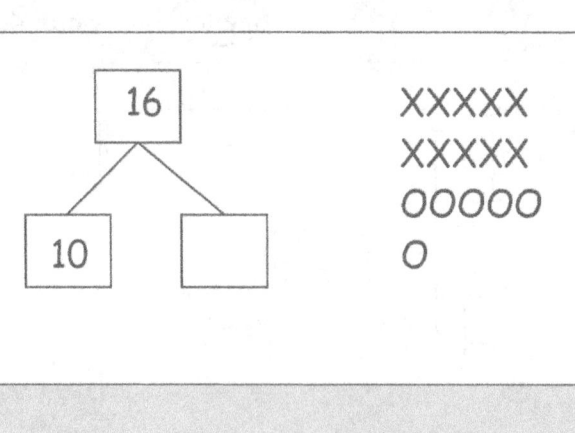 XXXXX
XXXXX
OOOOO
O

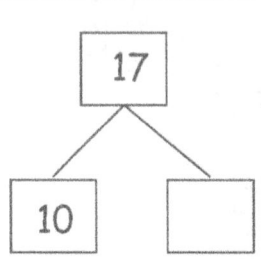 XXXXX
XXXXX
OOOOO
OO

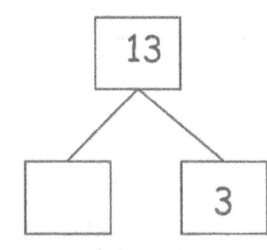 XXXXX
XXXXX
OOO

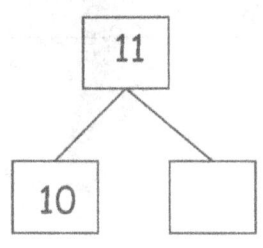 XXXXX
XXXXX
O

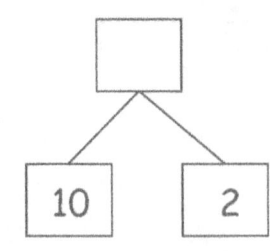 XXXXX
XXXXX
OO

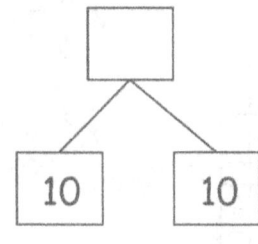 XXXXX
XXXXX
OOOOO
OOOOO

Lección 23

Objetivo: Razonar sobre situaciones y representarlas, descomponiendo números del 11 al 19 en 10 unidades y algunas unidades, y componiendo 10 unidades y algunas unidades en un número del 11 al 19.

Estructura sugerida para la lección

- Práctica de fluidez   (12 minutos)
- Desarrollo del concepto   (30 minutos)
- Reflexión   (8 minutos)
- **Tiempo total**   **(50 minutos)**

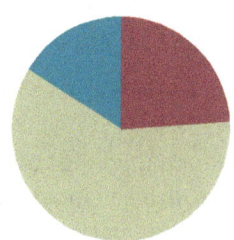

Práctica de fluidez (12 minutos)

- Vínculos numéricos de ocho **K.5, K.2I**   (4 minutos)
- Relacionar las tarjetas de puntos con las tarjetas numéricas **K.2D, K.2E** (8 minutos)

Vínculos numéricos de ocho (4 minutos)

Materiales: (M) Tarjetas de puntos de 8 (Plantilla de fluidez de la Lección 6)

Nota: Esta actividad de fluidez brinda a los estudiantes la oportunidad de familiarizarse aún más con las composiciones de ocho y repasar los vínculos numéricos.

Muestre una tarjeta de puntos e indique 7 y 1 como las partes.

    M: Digan la parte más grande. (Dé tiempo a los estudiantes para que cuenten).
    E: 7.
    M: Digan la parte más pequeña.
    E: 1.
    M: ¿Cuál es el número total de puntos? (Dé tiempo para que cuenten).
    E: 8.
    M: Digan la oración numérica.
    E: 7 y 1 hacen 8.
    M: Den vuelta la oración.
    E: 1 y 7 hacen 8.

Continúe usando las tarjetas para ilustrar los vínculos numéricos de 5 y 3, 4 y 4, 6 y 2, y 8 y 0.

Relacionar las tarjetas de puntos con las tarjetas numéricas (8 minutos)

Materiales: (E) Tarjetas numéricas y de puntos de números del 11 al 19 (Plantilla de la Lección 14) (por pareja; ver imagen debajo)

Nota: Esta actividad conecta las representaciones pictóricas de los números del 11 al 19 con los numerales abstractos y refuerza los números del 11 al 19 como 10 unidades y algunas unidades adicionales.

- M: Pongan sus tarjetas numéricas en orden de menor a mayor.
- M: Relacionen cada tarjeta numérica con una tarjeta de puntos.
- M: Conversen con su compañero. ¿Qué observan acerca de sus tarjetas de puntos y sus tarjetas numéricas?
- E: Todas tienen diez puntos. → Todas tienen unidades que muestran el diez. → Todas tienen un punto adicional que indica cuántas unidades adicionales no eran parte de las diez unidades. → Todas las tarjetas de puntos tienen dos partes y los números tienen dos números. → Sí, uno de los números es una de las partes de los puntos.

Desarrollo del concepto (30 minutos)

Materiales: (M) 12 trozos de papel de construcción rojo (E) Imagen y problema escrito (Plantilla), vínculo numérico (Plantilla de la Lección 7) dentro de la pizarra blanca individual

Nota: Los siguientes problemas se resuelven usando el conteo y el conocimiento de los estudiantes sobre la descomposición y la composición de los números del 11 al 19. A pesar de que las oraciones de suma se incluyen en las soluciones de los estudiantes, en este caso, constituyen otro registro de la descomposición o de la composición de lo que el estudiante contó para encontrar el total en lugar de un medio para resolver el problema. Observe que los problemas no preguntan "¿Cuántos hay?" ni "¿Cuántos hay en total?".

- M: (Muestre 12 trozos de papel de construcción rojo en una línea; quizás pueda pegarlos con cinta adhesiva en el pizarrón). Cuenten los trozos de papel conmigo.
- E: 1, 2, 3, 4, 5, 6, 7, 8, 9, 10, 11, 12.
- M: Dibujen y muestren los 12 papeles como 10 unidades y algunas unidades.
- E: ¿Debemos hacer un vínculo numérico?
- M: Pueden hacer un dibujo y un vínculo numérico.
- E: ¿Podemos escribir una oración numérica?
- M: Ésa es otra buena manera de mostrar cómo está hecho el doce.
- M: (Después de realizar el trabajo). Comparen con su compañero cómo mostraron 10 papeles rojos y algunos papeles más.
- M: ¿En qué partes separaron 12?
- E: 10 y 2.

M: ¿Qué oración numérica usaron para mostrar eso?

E: 12 = 10 + 2.

M: Sí, 12 es 10 unidades y 2 unidades.

M: (Refiriéndose de nuevo a los papeles rojos que están en el pizarrón). ¿Qué puedo hacer con mis papeles para mostrar que hicimos dos partes?

E: Podría dejar un espacio entre las 10 unidades y las 2 unidades para ver las partes con más facilidad.

M: De acuerdo, haré eso. Sí, ahora podemos ver que 12 es 10 y 2.

M: Resolvamos un problema diferente sobre una granja. (Reparta la imagen y el problema escrito). Observen la imagen con su compañero. Conversen sobre lo que ven.

E: (Después de que conversan). Hay 10 gansos y 3 cerdos.

M: Es fácil ver las partes, entonces juntémoslas para encontrar cuántos animales hay.

M: Trabajen con su compañero para mostrar las formas de juntar esas partes.

M: (Haga una pausa mientras los estudiantes trabajan). ¿Cuáles son algunas de las formas en las que juntaron las dos partes?

E: Mostramos un vínculo numérico. → Mostramos una oración de suma. → Usamos nuestras tarjetas *Hide Zero*.

M: Cuando juntaron las partes, ¿cuál fue el total de su vínculo u oración numérica?

E: 13.

M: ¿Qué oración numérica usaron para mostrar eso?

E: 10 + 3 = 13.

M: Sí, eso es en lo que pienso cuando junto las partes. Cuando las separo, lo digo de esta manera: 13 = 10 + 3. Conversen con su compañero sobre por qué piensan que hago eso.

E: Una de las maneras comienza con el número grande. → Cuando juntamos los gansos y los cerdos, comenzamos con las partes. → Al igual que con los animales, podíamos ver las partes con mucha facilidad, por lo que las escribimos primero: 10 + 3 = 13. → Es diferente con los papeles rojos. → Sí, al igual que con los papeles rojos, contamos todos los papeles primero y luego los separamos: 12 = 10 + 2. → Sí, fue difícil ver los grupos porque los papeles eran todos del mismo color y estaban en una línea.

M: Mostré los papeles así: 12 = 10 + 2. Y mostré los animales así: 10 + 3 = 13. Conversen con su compañero acerca de por qué lo hice de esa manera.

NOTAS SOBRE LAS DIFERENTES FORMAS DE ACCIÓN Y EXPRESIÓN:

Brinde soportes para la lección a los estudiantes cuyo desempeño está bajo el nivel del grado pidiéndoles que hagan la representación con cubos rojos y azules antes de esperar que la hagan con un dibujo.

Lección 23: Razonar sobre situaciones y representarlas, descomponiendo números del 11 al 19 en 10 unidades y algunas unidades, y componiendo 10 unidades y algunas unidades en un número del 11 al 19.

E: Los papeles eran todos de un color, por lo que tuvimos que encontrar el 10 que estaba escondido. Por lo tanto, comenzamos contando todos los papeles. → Sí, con los animales, conté los cerdos primero y luego los gansos.

M: Por lo tanto, ¿con los animales, pensaron primero en las partes y, con los papeles, pensaron primero en el total?

E: Sí.

Grupo de problemas (7 minutos)

Los estudiantes deberán hacer su mejor esfuerzo para completar el **Grupo de problemas** en el tiempo asignado.

Léales los problemas mientras trabajan. Dado que este **Grupo de problemas** requiere lectura, es una buena idea agrupar a los estudiantes según su nivel de desempeño para que las situaciones se puedan contar a los estudiantes en sus grupos pequeños.

Reflexión (8 minutos)

Objetivo de la lección: Razonar sobre situaciones y representarlas, descomponiendo números del 11 al 19 en 10 unidades y algunas unidades, y componiendo 10 unidades y algunas unidades en un número del 11 al 19.

El objetivo de la **Reflexión** es invitar a pensar y procesar activamente la experiencia total de la lección.

Invite a los estudiantes a revisar las soluciones del **Grupo de problemas**. Deben revisar el trabajo comparando las respuestas con un compañero. Vea si aún quedan conceptos erróneos o malentendidos que puedan resolverse en la **Reflexión**. Guíe a los estudiantes para que reflexionen sobre el **Grupo de problemas** y para que comprendan la lección. Puede usar cualquier combinación de las preguntas de abajo para guiar la discusión.

- ¿Comenzaron dibujando primero las partes o el total en la historia de las manzanas de Robin? ¿Y en la de los camiones de juguete? ¿Y en la de las bolsas de palomitas de maíz?
- Expliquen de qué manera su dibujo se relaciona con el vínculo numérico que escribieron.

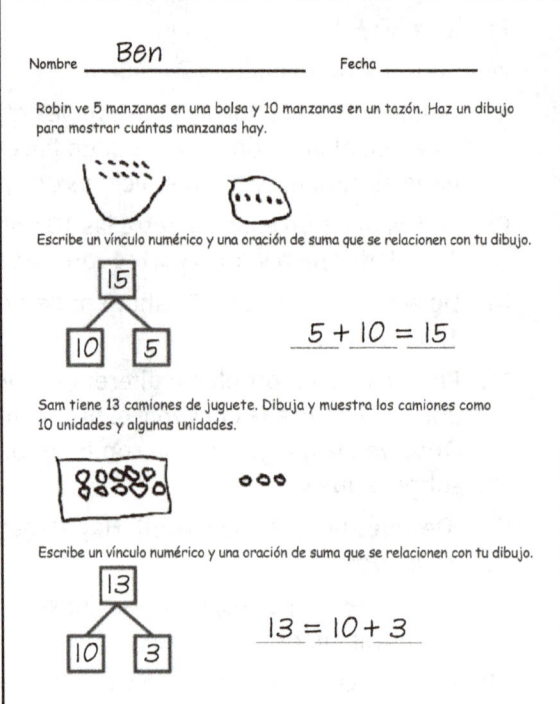

- Expliquen de qué manera la oración numérica se relaciona con el vínculo numérico y la situación.
- Muestren cómo escribieron la oración numérica para cada situación y si comenzaron la oración con las partes o el total. ¿Cómo eligieron su oración numérica? Compartan su razonamiento.

Boleto de salida (3 minutos)

Después de la **Reflexión**, pida a los estudiantes que terminen el **Boleto de salida**. Revisar el trabajo de los estudiantes le permitirá evaluar si comprendieron los conceptos de la lección de hoy y planear de forma más eficaz las siguientes lecciones. Puede leer las preguntas en voz alta a los estudiantes.

Nombre _____ Fecha _____

Robin ve 5 manzanas en una bolsa y 10 manzanas en un tazón. Haz un dibujo para mostrar cuántas manzanas hay.

Escribe un vínculo numérico y una oración de suma que se relacionen con tu dibujo.

_____ _____ _____

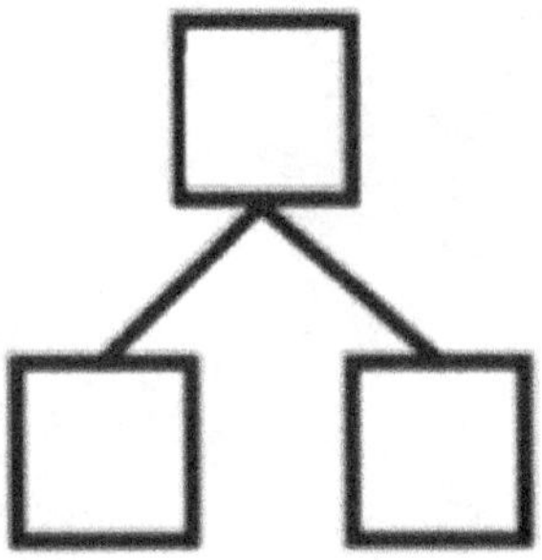

Sam tiene 13 camiones de juguete. Dibuja y muestra los camiones como 10 unidades y algunas unidades.

Escribe un vínculo numérico y una oración de suma que se relacionen con tu dibujo.

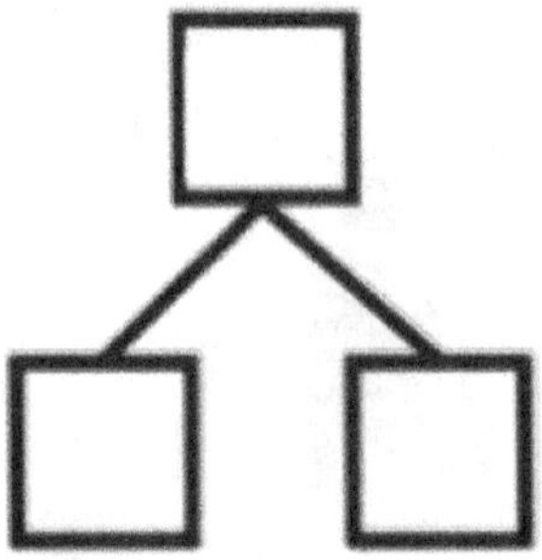

_____ _____ _____

Nuestra clase tiene 16 bolsas de palomitas de maíz. Dibuja y muestra las bolsas de palomitas de maíz como 10 unidades y algunas unidades.

Escribe un vínculo numérico y una oración de suma que se relacionen con tu dibujo.

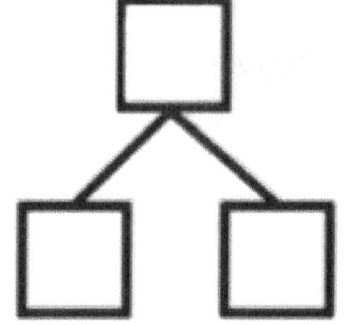

___ ___ ___

Nombre _____ Fecha _____

Hay 12 pelotas. Dibuja y muestra las pelotas como 10 unidades y algunas unidades.

Escribe un vínculo numérico que se relacione con tu dibujo.

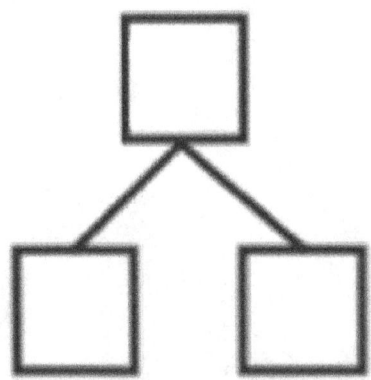

Escribe una oración de suma que se relacione con tu vínculo numérico.

_____ _____ _____

Nombre _____ Fecha _____

Bob compró 7 donas con granas de colores y 10 donas de chocolate. Dibuja y muestra todas las donas de Bob.

Escribe una oración de suma que se relacione con tu dibujo.

_____ _____ _____

Completa el vínculo numérico para que se relacione con tu oración.

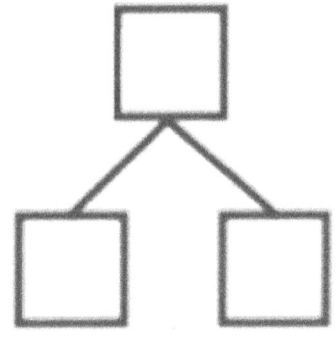

Lección 23: Razonar sobre situaciones y representarlas, descomponiendo números del 11 al 19 en 10 unidades y algunas unidades, y componiendo 10 unidades y algunas unidades en un número del 11 al 19.

Fran tiene 17 tarjetas de beisbol. Muestra las tarjetas de beisbol de Fran como 10 unidades y algunas unidades.

Escribe una oración de suma y un vínculo numérico que cuenten sobre las tarjetas de beisbol.

_____ _____ _____

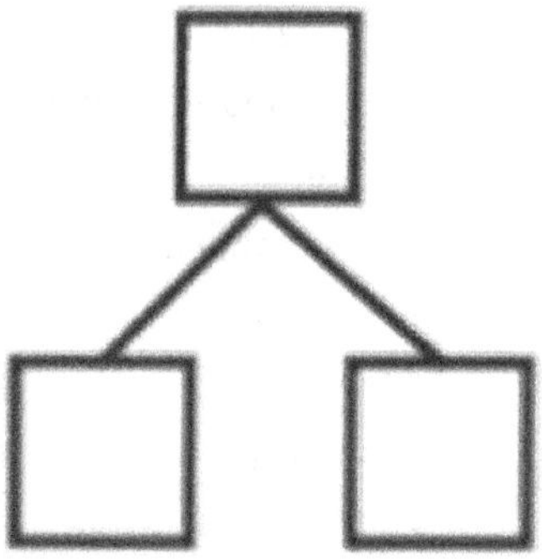

imagen y problema escrito

Lección 24

Objetivo: Tarea de culminación: Representar descomposiciones de números del 11 al 19 de diversas formas.

Estructura sugerida para la lección

- Práctica de fluidez   (10 minutos)
- Desarrollo del concepto   (35 minutos)
- Reflexión   (5 minutos)
- **Tiempo total**   **(50 minutos)**

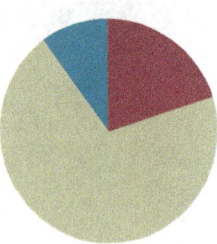

Práctica de fluidez (10 minutos)

- Ayudar a la rana a atrapar la mosca K.2F   (4 minutos)
- Juego de tarjetas de saltar según los vínculos numéricos K.5   (6 minutos)

Ayudar a la rana a atrapar la mosca (4 minutos)

Materiales: (M) Gráfica de crecimiento ilustrada del 10 al 20 (Plantilla de fluidez 1), marioneta de una rana (palito de helado con la imagen de una rana)

Nota: Esta actividad refuerza de forma lúdica la comprensión de que cada número consecutivo se refiere a una cantidad que es 1 más grande.

M: (Proyecte la gráfica de crecimiento ilustrada del 10 al 20 en el pizarrón (Plantilla de fluidez 1). Sostenga una marioneta de una rana (palito de helado con la imagen de una rana) en el 10. ¿Sobre qué número está Rana ahora?

E: El 10.

M: ¿Pueden ayudar a Rana a atrapar la mosca?

E: Sí.

M: Díganle a Rana qué número es 1 más.

E: 1 más es 11.

M: (Haga que la marioneta de la rana salte al próximo escalón). ¡Funciona! ¿Sobre qué número está ahora?

E: El 11.

M: Díganle 1 más.

E: 11. 1 más es 12.

M: (La rana salta).

Continúe hasta llegar al 20. (Variaciones: 1 más/2 más. Rana quiere volver a su casa: 1 menos/2 menos. Considere agregar un componente cinestésico: los estudiantes se ponen de pie o se agachan para reflejar el número).

M: Ayudemos a la rana a atrapar la mosca sin usar la imagen. Diré un número y ustedes me dirán el número que es uno más. 12.

E: 13.

Continúe con los números del 11 al 19 en orden aleatorio.

Juego de tarjetas de saltar según los vínculos numéricos (6 minutos)

Materiales: (E) Tarjetas numéricas y tarjetas de puntos (Plantilla de fluidez 2), memorama de Conejo y Rana (Plantilla de fluidez 3)

Nota: Presentar este juego durante la fluidez prepara a los estudiantes para que lo jueguen de nuevo en sus casas.

Las instrucciones completas de este juego están en el componente **Tarea** de esta lección.

Desarrollo del concepto (35 minutos)

Materiales: (E) 10 bolsas con un número de objetos diferente del 11 al 19 dentro de cada una. Materiales para cada estación: tarjetas de 2 manos (Plantilla de la Lección 16), tarjetas *Hide Zero*: 1 tarjeta *Hide Zero* de 10 (Plantilla 2 de la Lección 6) y tarjetas de grupos de 5 del 1 al 9 (Plantilla de fluidez 2 de la Lección 1), ábaco rekenrek individual (Lección 10), 20 cubos de un centímetro, 20 palitos, 20 frijoles, 1 plato de cartón pequeño, 20 cubos conectables, hoja en blanco, vínculo numérico (Plantilla de la Lección 7)

- Introducción (3 minutos)
- Crear una exposición (32 minutos)

Preparación

Sin que los estudiantes lo sepan, la estación 1 tiene una bolsa con 11 cubos, la estación 2 tiene una bolsa con 12 cubos y la estación 10 tiene una bolsa con hasta 20 cubos. Forme parejas de estudiantes que generalmente se desempeñan en el mismo nivel. Pida a los estudiantes que se desempeñan en niveles más avanzados que vayan a las estaciones que tienen de 16 a 20 cubos. Pida a cada pareja de estudiantes que vaya a una de las estaciones.

M: Abran sus bolsas misteriosas y cuenten cuántos objetos hay dentro. Muestren este número de diferentes formas usando los materiales que están disponibles en la estación.

M: Van a crear una exposición para mostrar el número que les tocó de todas las formas que puedan.

M: Las formas en las que deben mostrar el número incluyen:

- Un vínculo numérico
- Tarjetas *Hide Zero*
- Ábaco rekenrek
- Oración de suma
- Cubos conectables

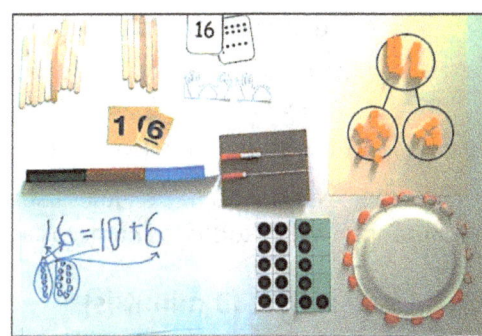

Lección 24: Tarea de culminación: Representar descomposiciones de números del 11 al 19 de diversas formas.

| UNA HISTORIA DE UNIDADES – EDICIÓN PARA TEKS | Lección 24 K•5 |

M: Una vez que hayan terminado con lo que es *obligatorio*, también muestren el número de otras formas. Tendrán 20 minutos. En sus mesas hay diferentes materiales que los pueden ayudar a realizar la actividad. No tienen que usarlos todos. También pueden usar hoja y lápiz.

Esta lección de culminación es una parte del sistema de evaluación de Kindergarten. Mientras recorre el salón, use una hoja de registro para documentar lo que hace cada estudiante. ¿Qué representaciones elige el estudiante? ¿Qué destrezas son obvias? ¿Qué materiales evita usar? ¿Hacia cuáles se dirige inmediatamente? ¿Qué palabras usa el estudiante al hablar de su número del 11 al 19? Tome una fotografía del trabajo de los estudiantes para sus expedientes.

M: (Después de que hayan pasado 20 minutos). Ahora, vamos a hacer un recorrido para ver las creaciones de sus amigos. Cuando dé la señal, vayan a la siguiente estación.

M: Piensen en lo que ven en cada estación. Señalen las diferentes formas en las que sus amigos mostraron su número. Conversen sobre cada una de ellas. ¿Por qué es especial? (Los estudiantes permanecen un poco menos de un minuto en cada estación).

Reflexión (5 minutos)

Objetivo de la lección: Tarea de culminación: Representar descomposiciones de números del 11 al 19 de diversas formas.

El objetivo de la **Reflexión** es invitar a pensar y procesar activamente la experiencia total de la lección. La siguiente es una lista de preguntas sugerida para invitar a pensar y procesar activamente la experiencia total de la lección. Use aquellas que considere que apoyarán mejor la capacidad de los estudiantes de expresar el enfoque de la lección.

- ¿Cuáles son algunas de las diferentes formas en las que vieron representado el número del 11 al 19?

E: Vínculos numéricos. → Montones de 10 unidades y algunas unidades más. → En círculos. → En matrices. → En filas. → Con tarjetas de manos. → Con cubos conectables dispuestos en una línea larga. → En torres. → En oraciones de suma. → En problemas con historia. → En dibujos. → Con las tarjetas *Hide Zero*. → En nuestro ábaco rekenrek.

- ¿Cuáles de estas diferentes formas creen que los ayuda a comprender más sus números del 11 al 19? ¿Por qué?
- ¿En qué se diferencia y en qué se parece un vínculo numérico a una oración de suma?
- ¿En qué se diferencia y en qué se parece un montón de 10 palitos y algunos palitos más al número que se muestra con las tarjetas *Hide Zero*?
- ¿Qué observaron mientras recorrían el salón? ¿De qué manera variaron las exposiciones?

Concluya la experiencia haciéndoles saber a los estudiantes que, al comprender sus números del 11 al 19, comprenden mejor todos los números a medida que avanzan hacia 1.er grado.

Boleto de salida (3 minutos)

En lugar de tener un **Boleto de salida** para esta lección, se anima al maestro a que registre las observaciones a medida que los estudiantes trabajan con sus compañeros como se describe en el cierre de la sección **Desarrollo del concepto** de esta lección.

Memorama de Conejo y Rana

Instrucciones: ¡Juega a Memorama de Conejo y Rana con un amigo, un familiar o tus padres para ayudar a tu animal a ser el primero en alcanzar su comida! El primer animal en alcanzar la comida gana.

- Pon tus tarjetas numéricas y tus tarjetas de puntos con números del 11 al 19 bocabajo, en filas. Coloca los números del 11 al 19 en una fila y las tarjetas de puntos en otra fila.

- Da vuelta a las tarjetas para encontrar 2 que se relacionen. Vuelve a colocar las tarjetas en el mismo lugar si no se relacionan. Continúa hasta encontrar dos que se relacionen. ⬆

- Escribe un vínculo numérico que se relacione con las tarjetas. ⬆ ⬆ ¡Salta 1 espacio si lo haces bien!

- Escribe una oración numérica. ⬆ $13 = 10 + 3$ ⬆ ¡Salta 1 espacio de nuevo si lo haces bien!

| 10 | 11 | 12 | 13 | 14 | 15 | 16 | 17 | 18 | 19 | 20 |

Lección 24: Tarea de culminación: Representar descomposiciones de números del 11 al 19 de diversas formas.

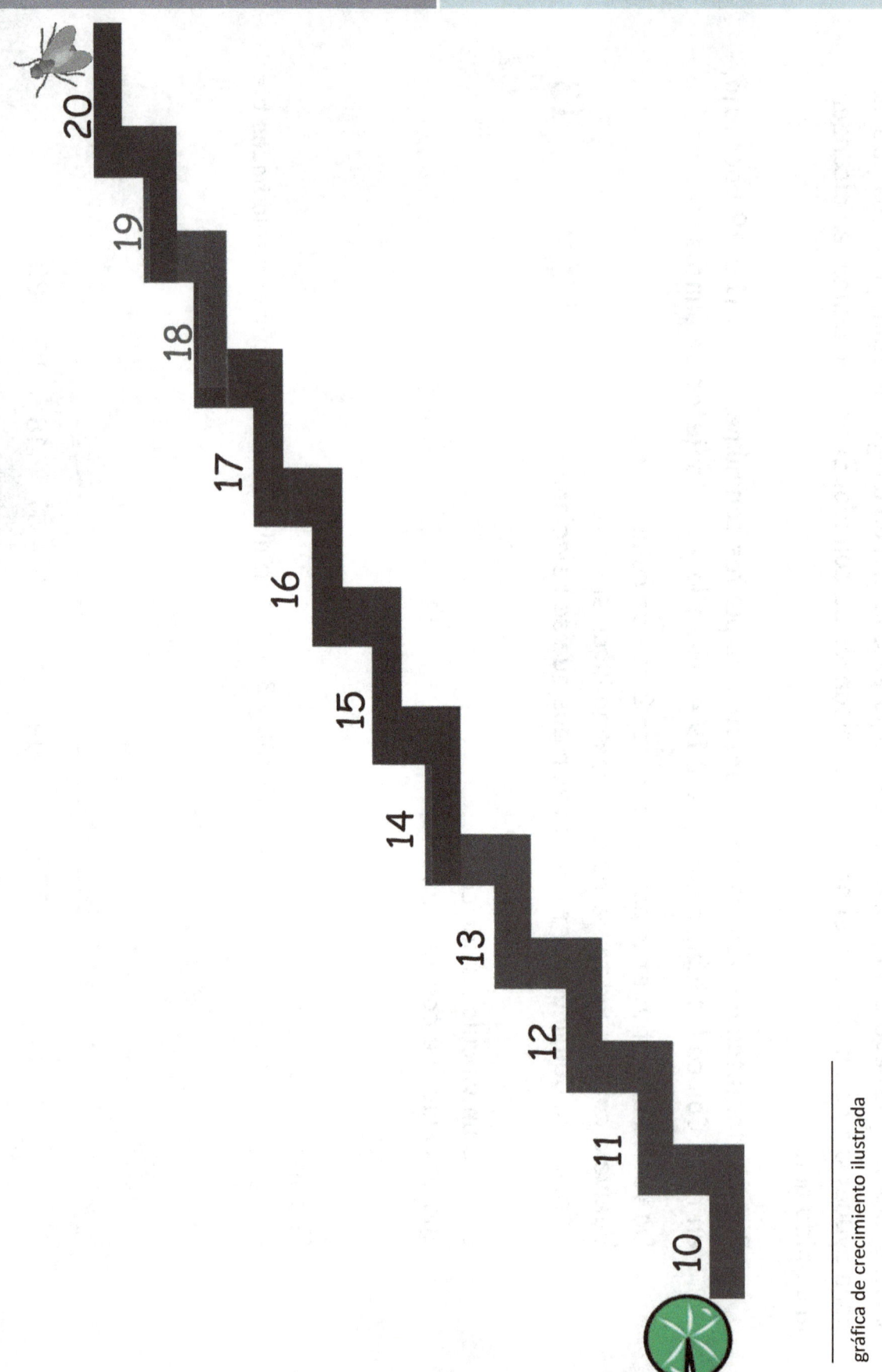

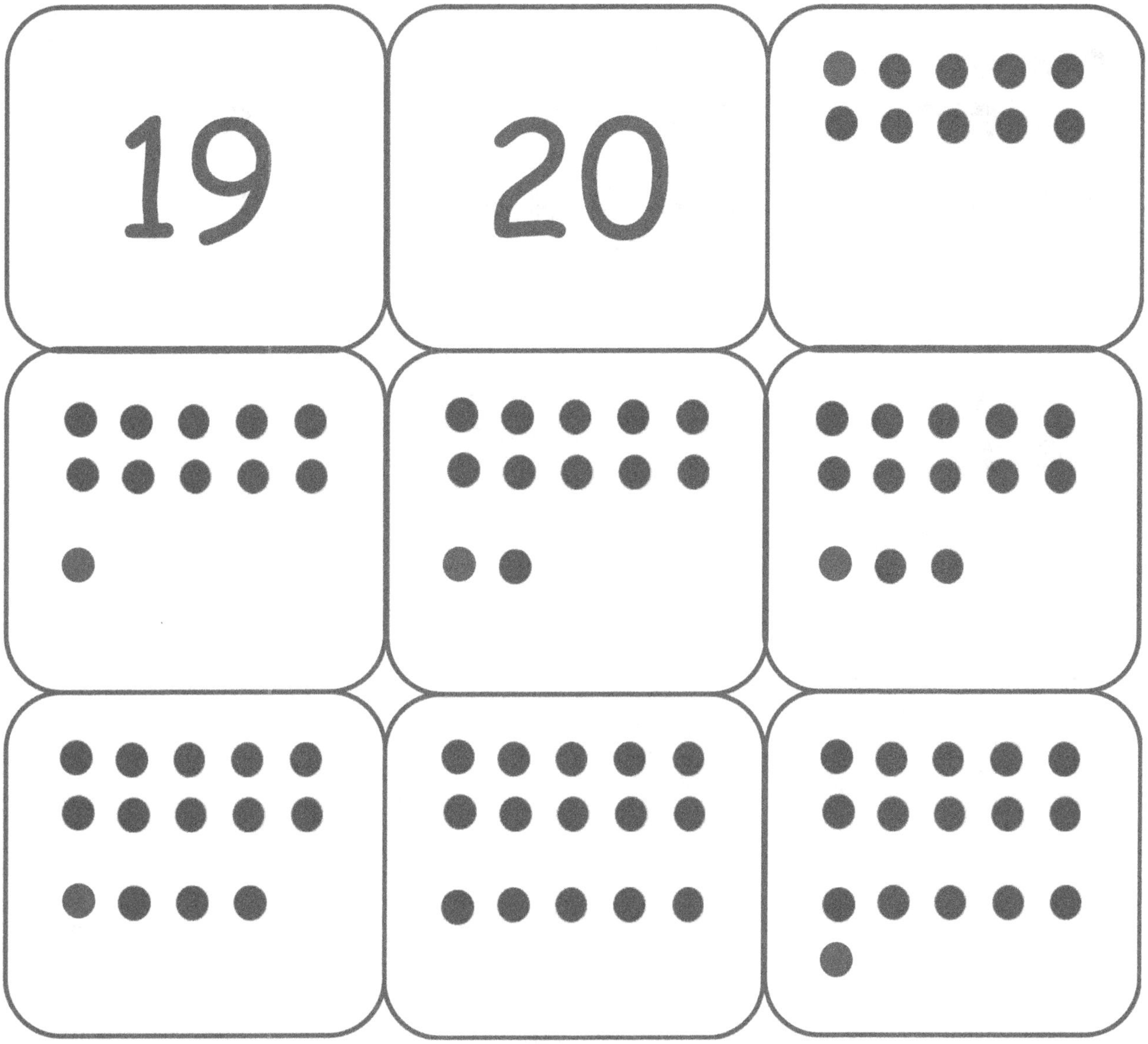

UNA HISTORIA DE UNIDADES – EDICIÓN PARA TEKS

Lección 24: Plantilla de fluidez 2 K•5

tarjetas numéricas y tarjetas de puntos con números del 11 al 19

Lección 24: Tarea de culminación: Representar descomposiciones de números del 11 al 19 de diversas formas.

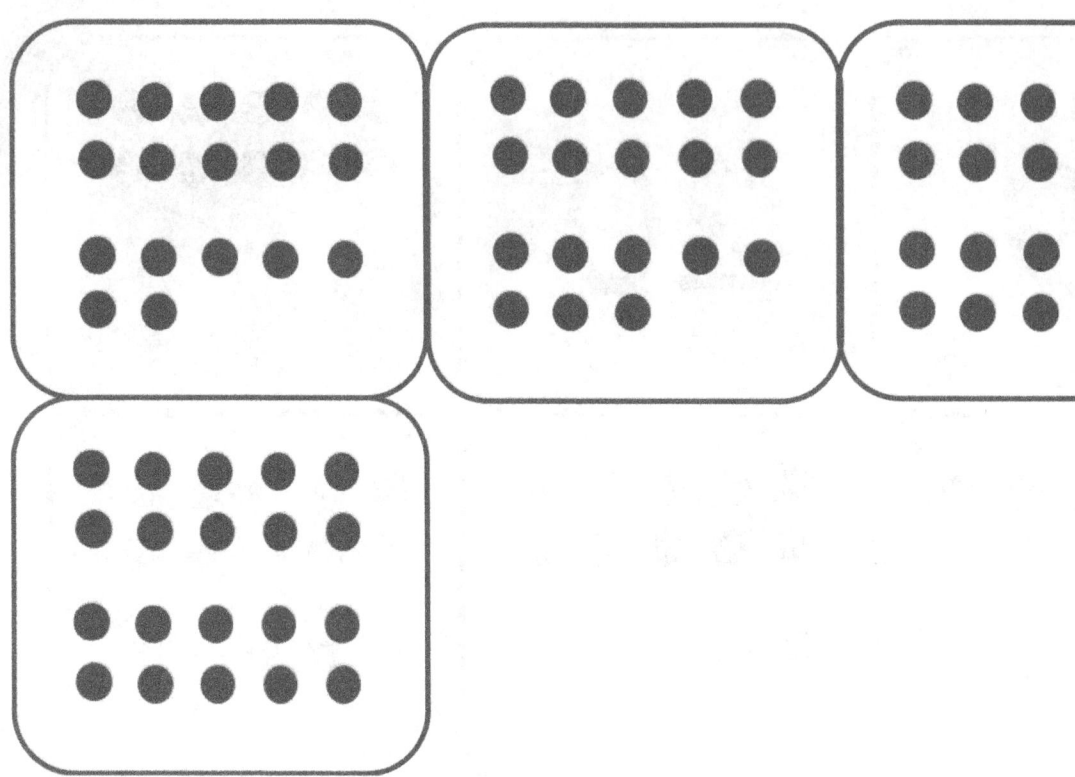

tarjetas numéricas y tarjetas de puntos con números del 11 al 19

10	11	12
13	14	15
16	17	18

tarjetas numéricas y tarjetas de puntos con números del 11 al 19

Lección 24: Tarea de culminación: Representar descomposiciones de números del 11 al 19 de diversas formas.

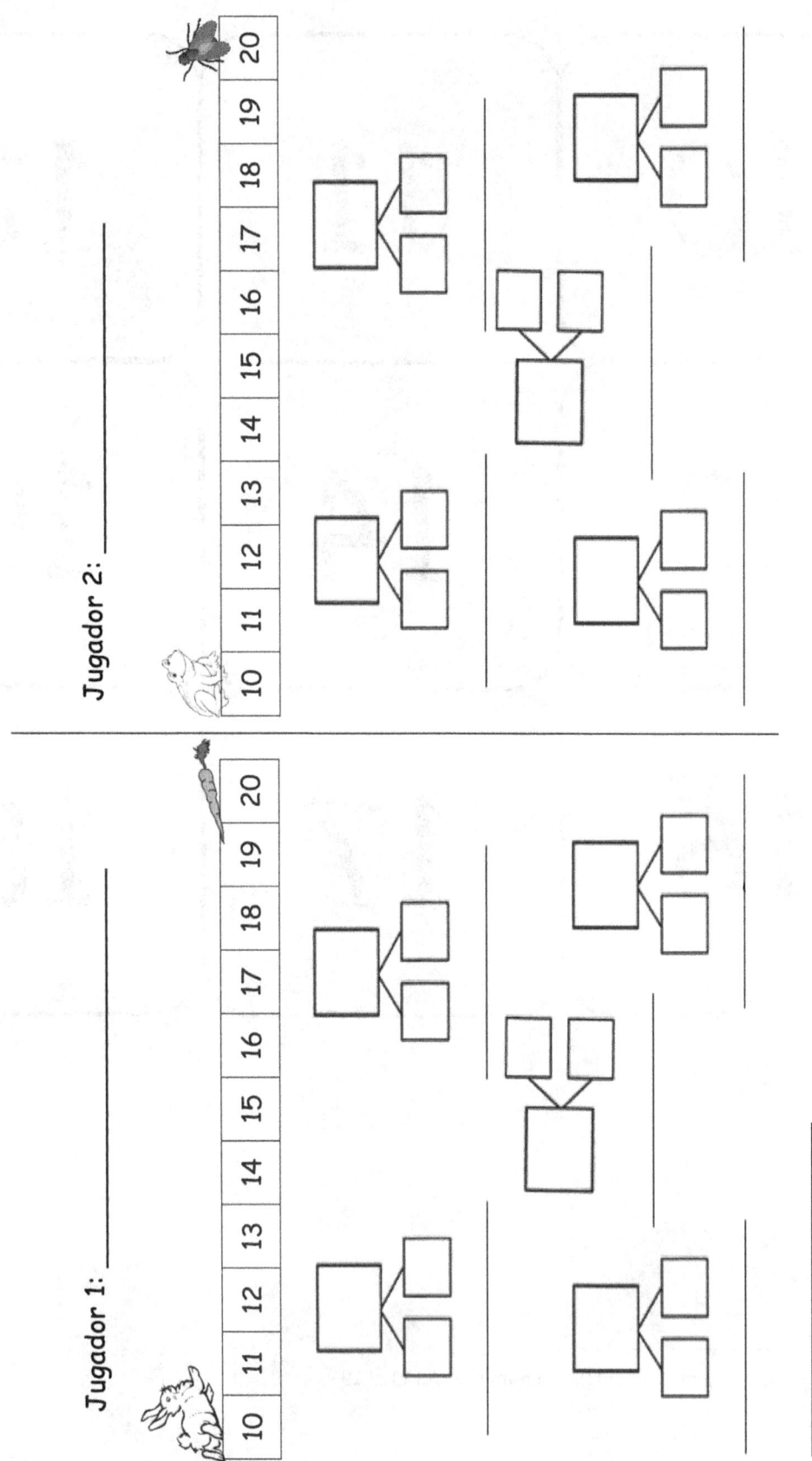

memorama de Conejo y Rana

| UNA HISTORIA DE UNIDADES – EDICIÓN PARA TEKS | Evaluación final del módulo | K • 5 |

Nombre del estudiante _____

	Fecha 1	Fecha 2	Fecha 3
Tema D			
Tema E			

Tema D: Ampliación de la secuencia de conteo con el método normal y con el método Decir diez hasta el 100

Puntuación de los criterios de evaluación _____ Tiempo transcurrido _____

Materiales: (M) 10 tarjetas de marco de 10 pequeñas (Plantilla 2 de la Lección 15)

Use las tarjetas de marco de 10.

- M: (Muestre dos tarjetas de marco de 10). ¿Cuántos puntos hay en estas tarjetas? Toca y cuenta cada punto con el método normal. Cuenta en voz baja para que pueda escucharte.
- M: Cuenta los puntos del 11 al 20 con el método Decir diez.
- M: Cuenta de 10 en 10 hasta el 100 con el método Decir diez.
- M: Cuenta de 10 en 10 hasta el 100 con el método normal.
- M: Comienza en 28. Cuenta hacia adelante de 1 en 1 con el método normal y haz una pausa en 32. (Si el estudiante no puede hacer esto, intente que lo haga del 8 al 12 y luego del 18 al 22).

¿Qué hizo el estudiante?	¿Qué dijo el estudiante?

Módulo 5: Números del 10 al 20, contar hasta el 100 y comprensión del trabajo

UNA HISTORIA DE UNIDADES – EDICIÓN PARA TEKS | Evaluación final del módulo | K•5

Tema E: Representación y aplicación de composiciones y descomposiciones de números del 11 al 19

Puntuación de los criterios de evaluación _____ Tiempo transcurrido _____

Materiales: (E) 17 cubos de un centímetro, vínculo numérico (Plantilla de la Lección 7) en una pizarra blanca individual, borrador

- M: (Muestre 17 cubos). ¿Cuántos cubos hay? (Observe la forma en la que cuenta el estudiante. Si el estudiante *no* organiza los cubos en una línea recta o en una matriz, hágalo por él).
- M: Separa 10 cubos en un grupo.
- M: Escribe 17 como un vínculo numérico en tu pizarra blanca individual usando 10 unidades como una de las partes. (Asegúrese de pedir a los estudiantes que escriban los numerales).
- M: (Escriba 17 = _____ + _____). Haz una oración de suma que se relacione con tu vínculo numérico.
- M: ¿En qué se parecen tu vínculo numérico y tu oración de suma?

¿Qué hizo el estudiante?	¿Qué dijo el estudiante?

| UNA HISTORIA DE UNIDADES – EDICIÓN PARA TEKS | Evaluación final del módulo | K•5 |

Evaluación final del módulo
Estándares abordados
Temas D y E

Números y operaciones

Se espera que el estudiante:

K.2D   reconozca inmediatamente la cantidad de un grupo pequeño de objetos acomodados en forma organizada y al azar;

K.2E   genere un conjunto utilizando modelos concretos y pictóricos que representen un número que es mayor que, menor que e igual a un número dado por lo menos hasta el 20;

K.2F   genere un número que es uno más o uno menos que otro número por lo menos hasta el 20;

K.2G   compare conjuntos de por lo menos 20 objetos en cada uno utilizando lenguaje comparativo;

K.2H   utilice lenguaje comparativo para describir dos números que se presentan como numerales escritos hasta el 20.

Razonamiento algebraico

Se espera que el estudiante:

K.5   cuente en voz alta los números por lo menos hasta el 100 de uno en uno y de diez en diez comenzando con cualquier número dado.

Evaluación del resultado del aprendizaje del estudiante

Se proporciona una **Progresión hacia el dominio** con el fin de describir los pasos que llevan a la comprensión gradual que van desarrollando los estudiantes *en su camino hacia un desempeño satisfactorio*. En la siguiente tabla, el progreso se presenta de izquierda (Paso 1) a derecha (Paso 4). El objetivo de aprendizaje de los estudiantes es alcanzar el dominio del Paso 4. Estos pasos buscan ayudar a maestros y estudiantes a identificar y celebrar lo que los estudiantes SON CAPACES de hacer ahora, y a identificar aquellas cosas en las que tienen que seguir trabajando.

Módulo 5:   Números del 10 al 20, contar hasta el 100 y comprensión del trabajo

UNA HISTORIA DE UNIDADES – EDICIÓN PARA TEKS

Evaluación final del módulo — K · 5

Progresión hacia el dominio

Elemento de la evaluación y estándares evaluados	PASO 1 Poca evidencia de razonamiento sin una respuesta correcta (1 punto)	PASO 2 Evidencia de algún razonamiento sin una respuesta correcta (2 puntos)	PASO 3 Evidencia de algún razonamiento con una respuesta correcta o evidencia de razonamiento sólido con una respuesta incorrecta (3 puntos)	PASO 4 Evidencia de razonamiento sólido con una respuesta correcta (4 puntos)
Tema D K.5	El estudiante muestra poca evidencia de comprensión o habilidad para el conteo.	El estudiante muestra evidencia de que comienza a comprender cómo contar de 10 en 10 y de 1 en 1, pero a menudo saltea o repite números, lo que da como resultado un conteo incorrecto.	El estudiante no puede realizar una de las tareas.	El estudiante, de forma correcta: • cuenta hacia adelante de 10 en 10 usando el método Decir diez y el método normal. • cuenta los puntos del 11 al 20 con el método Decir diez. • cuenta del 28 al 32 con el método normal. • cuenta un número entre el 11 y el 20 con el método normal.
Tema E K.2D K.2E K.2F K.2G K.2H	El estudiante muestra poca evidencia de comprender el conteo organizado, los números del 11 al 19, los vínculos numéricos o las oraciones de suma.	El estudiante muestra que comienza a comprender cómo contar en una matriz o en una línea y representa los números del 11 al 19 como vínculos numéricos u oraciones de suma, pero responde de forma incorrecta.	El estudiante cuenta correctamente 17 cubos en una matriz o en una línea y escribe el vínculo numérico para 17, pero no puede escribir una ecuación correcta. O El estudiante escribe una ecuación correcta para 17, pero no puede escribir el vínculo numérico o contar en una matriz o en una línea.	El estudiante, de forma correcta: • cuenta 17 cubos en una matriz o en una línea. • separa 10 cubos y escribe correctamente 17 como el total y 10 y 7 como las partes de 17. • escribe una oración de suma correcta y conecta de forma razonable las dos representaciones.

Hoja de registro de la puntuación de los criterios de evaluación de la clase: Módulo 5

Nombres de los estudiantes:	Tema D: Ampliación de la secuencia de conteo con el método normal y con el método Decir diez hasta el 100	Tema E: Representación y aplicación de composiciones y descomposiciones de números del 11 al 19	Próximos pasos:

Módulo 5: Números del 10 al 20, contar hasta el 100 y comprensión del trabajo

UNA HISTORIA DE UNIDADES — EDICIÓN PARA TEKS

Currículo de matemáticas

K GRADO

KINDERGARTEN • MÓDULO 5

Tema F
Comprensión del trabajo

K.4, K.9A, K.9B, K.9C, K.9D

Enfoque en los estándares:	K.4	Identifique monedas estadounidenses por su nombre, incluyendo monedas de un centavo (*pennies*), cinco centavos (*nickels*), diez centavos (*dimes*) y veinticinco centavos (*quarters*).
	K.9A	Identifique formas de obtener ingresos.
	K.9B	Diferencie entre dinero recibido como ingreso y dinero recibido como regalo.
	K.9C	Haga una lista de las destrezas simples que son necesarias en los trabajos.
	K.9D	Distinga entre lo que se desea y lo que se necesita, e identifique los ingresos como un recurso para obtener lo que se desea y lo que se necesita.
Días para cubrir esta enseñanza:	3	
Coherencia -Se relaciona con:	G1–M6	Valor de posición, comparación y comprensión de los ingresos con suma y resta hasta el 100

En el Tema F, los estudiantes se ven expuestos por primera vez a cómo las personas adquieren y usan el dinero. Usan vocabulario de la comprensión de las finanzas personales en problemas escritos y usan vínculos numéricos para hallar sumas y diferencias hasta el 10.

En la Lección 25, los estudiantes aprenden a reconocer las monedas de diez centavos o *dimes* y las monedas de veinticinco centavos o *quarters*. Comparan los *dimes* y los *quarters* con monedas que ya conocen: la moneda de un centavo o *penny* y la moneda de 5 centavos o *nickel* (**K.4**). Aprenden que las monedas son tipos de dinero que las personas usan para comprar cosas y trabajan con sus nombres en inglés. Luego, los estudiantes exploran dos formas en que las personas adquieren dinero. Descubren que el dinero se puede obtener como ingresos o se puede recibir como regalo (**K.9B**).

En la Lección 26, los estudiantes analizan en mayor profundidad los ingresos. Reconocen que las personas tienen trabajos para obtener ingresos (**K.9A**) y aprenden que se necesitan tanto destrezas educativas como físicas para realizar bien un trabajo (**K.9C**). En la Lección 27, los estudiantes diferencian entre lo que se desea y lo que se necesita (**K.9D**) mientras reconocen que estas distinciones varían de acuerdo a las familias y a las circunstancias.

Secuencia de enseñanza para el dominio de la comprensión del trabajo
Objetivo 1: Comprender los conceptos de regalo e ingresos, y las formas de obtener ingresos. (Lección 25)
Objetivo 2: Definir los distintos trabajos como fuentes de ingresos. (Lección 26)
Objetivo 3: Comprender la diferencia entre lo que se necesita y lo que se desea. (Lección 27)

Tema F: Comprensión del trabajo

Lección 25

Objetivo: Comprender los conceptos de regalo e ingresos, y las formas de obtener ingresos.

Estructura sugerida para la lección

- ■ Práctica de fluidez   (9 minutos)
- ■ Puesta en práctica   (5 minutos)
- ■ Desarrollo del concepto   (28 minutos)
- ■ Reflexión   (8 minutos)
- **Tiempo total**   **(50 minutos)**

Práctica de fluidez (9 minutos)

- Leer la gráfica con ilustraciones   **K.4, K.8C**   (5 minutos)
- Decir el número   **K.2F**   (4 minutos)

Leer la gráfica con ilustraciones (5 minutos)

Materiales: (M) Tabla Monedas (Plantilla de fluidez de la Lección 25) o una recreación de la gráfica con monedas

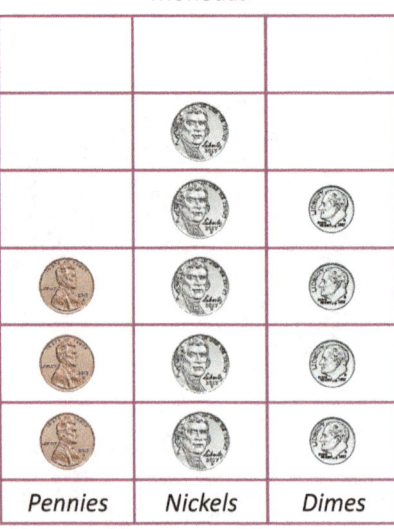

Nota: Esta actividad de fluidez mantiene la comprensión de los estudiantes de representar e interpretar datos en gráficas con objetos reales e ilustraciones. Esta actividad también continúa el trabajo de conocer los nombres de las monedas en inglés, iniciado en el Módulo 4.

Muestre la **Plantilla de fluidez** de la Lección 25 o la recreación de la gráfica. Antes de comenzar la actividad, repasen los nombres de las monedas en inglés. Luego, haga a los estudiantes las siguientes preguntas:

- ¿Qué columna tiene la mayor cantidad de monedas? ¿Cómo lo saben?
- ¿Hay menos *pennies* o *dimes*? ¿Cómo lo saben?
- ¿Cuántos *dimes* y *nickels* hay en total?
- ¿Cuántos *nickels* más que *pennies* hay?
- ¿Cuántas monedas hay en total?
- Si hubiera un *penny* más, ¿cuántos habría?
- Si hubiera dos *dimes* menos, ¿cuántos habría?

Decir el número (4 minutos)

Nota: Esta actividad mantiene la capacidad de los estudiantes de decir, con automaticidad, el número que es uno o dos más, o uno o dos menos, que un número dado.

M: Voy a decir un número. Digan el número que es uno más.
M: 4.
E: 5.

Continúe diciendo números hasta el 20 en orden aleatorio.

M: Voy a decir un número. Digan el número que es uno menos.
M: 4.
E: 3.

Continúe con los números hasta el 20 en orden aleatorio.

M: Voy a decir un número. Digan el número que es dos más.
M: 4.
E: 6.

Continúe con los números hasta el 20 en orden aleatorio.

M: Voy a decir un número. Digan el número que es dos menos.
M: 4.
E: 2.

Continúe con los números hasta el 20 en orden aleatorio.

Puesta en práctica (5 minutos)

Shana tiene 2 monedas de 1 centavo o *pennies*. Obtiene 4 *pennies* más. ¿Cuántos *pennies* tiene Shana en total?

Hagan un dibujo o un vínculo numérico que se relacione con el cuento.

Completen la oración.
Shana tiene _____ *pennies* en total.

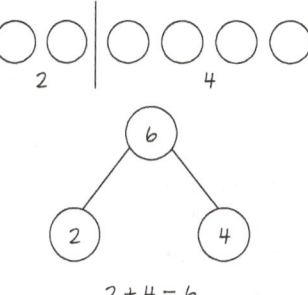

Shana tiene 6 pennies en total.

Desarrollo del concepto (28 minutos)

Materiales: (M) Colección de monedas estadounidenses para mostrar, tabla Cómo obtenemos dinero
(E) 1 moneda de 1 centavo, de 5 centavos, de 10 centavos, de 25 centavos (de plástico o reales) por estudiante, pizarra blanca individual

Parte 1: Identifiquen las monedas.

M: (Distribuya 1 moneda de 1 centavo o *penny* y 1 moneda de 5 centavos o *nickel* a cada estudiante). ¿Cuáles son los nombres de estas monedas? Digan su nombre en inglés.

E: La de color café es un *penny*. → La de color plateado es un *nickel*.

M: Las monedas son un tipo de dinero. ¿Para qué usamos el dinero?

E: Compramos cosas con el dinero. → Se usa para pagar cosas en las tiendas. → Intercambiamos dinero por cosas que necesitamos o que deseamos.

M: Muéstrenme el *penny*.

E: (Lo muestran).

M: Muéstrenme el *nickel*.

E: (Lo muestran).

M: ¿En qué se parecen un *penny* y un *nickel*? ¿En qué se diferencian?

E: Los dos son redondos. → Ambos tienen la cara de una persona en un lado. → Ambos tienen un edificio en la parte de atrás. → El *penny* es de color café y el *nickel* es de color plateado. → El *nickel* es más grande que el *penny*. → Tienen diferentes imágenes en ambos lados.

M: Coloquen su dinero delante de ustedes.

E: (Colocan las monedas).

M: (Muestre o distribuya una moneda de 10 centavos o *dime* a cada estudiante). Ésta es otra moneda que se usa en los Estados Unidos. Compárenla con el *penny* y el *nickel*. ¿En qué se parece? ¿En qué se diferencia?

E: Es redonda como las otras monedas. → Es del mismo color que el *nickel*. → Tiene una cara en un lado como el *penny* y el *nickel*. → Es más pequeña que las otras monedas. → Es de un color diferente que el *penny*. → El *penny* y el *nickel* tienen el borde liso. Esta moneda tiene un borde rugoso. → Esta moneda no tiene un edificio en la parte de atrás.

M: Esta moneda más pequeña es una **moneda de 10 centavos o *dime***. Sostengan en alto un *dime* y díganle a su compañero: "Esto es un *dime*".

E: (Dicen el nombre de la moneda).

M: (Muestre o distribuya una moneda de 25 centavos o *quarter* a cada estudiante). Ahora, miren esta moneda. Ésta también se usa en los Estados Unidos. Compárenla con las otras monedas. ¿En qué se parece? ¿En qué se diferencia?

> **NOTAS SOBRE LAS DIFERENTES FORMAS DE PARTICIPACIÓN**
>
> Asegúrese de que los estudiantes tienen apoyo visual para trabajar la identificación de monedas. Coloque el cartel que previamente crearon con las imágenes de las monedas, sus nombres en inglés y sus valores de modo que todos los estudiantes lo vean.

Lección 25: Comprender los conceptos de regalo e ingresos, y las formas de obtener ingresos.

E: Es un círculo como las otras monedas. → Tiene una cara en un lado como las otras monedas. → En la parte de atrás de esta moneda hay un ave. → Es del mismo color que el *nickel* y el *dime*. → Tiene un borde rugoso como el *dime*.

M: Esta moneda es una **moneda de 25 centavos o *quarter***. Sostengan en alto un *quarter* y díganle a su compañero: "Esto es un *quarter*".

E: (Dicen el nombre de la moneda).

M: Den vuelta a las monedas para que puedan ver la cara de cada persona en ellas.

E: (Dan vuelta a las monedas con las caras hacia arriba).

M: Señalen cada moneda y díganle a su compañero el nombre.

E: (Dicen el nombre de las monedas).

M: Ahora, den vuelta a las monedas para que ya no puedan ver las caras.

E: (Dan vuelta a las monedas).

M: Señálenlas de nuevo y díganle a su compañero los nombres de las monedas.

E: (Dicen el nombre de las monedas).

Parte 2: Definan regalos e ingresos.

Nota: A medida que los estudiantes dan las respuestas, regístrelas en una lista sin clasificar. Guíe a los estudiantes para que la lista incluya, principalmente, trabajos que hacen los adultos, trabajos que hacen los niños y regalos de dinero. Los estudiantes ayudarán a clasificar la lista durante la discusión. Considere usar íconos para hacer que la tabla sea más comprensible para los estudiantes que recién aprenden a leer.

M: La mayoría de las personas intercambian dinero por cosas que necesitan comprar, por lo que necesitan tener dinero. Hagamos una lista. ¿De qué formas podrían obtener dinero las personas? (Registre las respuestas de los estudiantes en una lista sin clasificar).

E: Mi papá cocina en un restaurante para obtener dinero. → Mi mamá trabaja en una tienda. → A veces hacemos una venta de garaje. → Mi tío lleva a las personas a distintos lugares en su auto. → Mi tía enseña en una escuela. → Mi hermana mayor trabaja como niñera. → Mi hermano pasea los perros de los vecinos. → Obtengo algo de dinero por hacer tareas del hogar adicionales. → Mi vecino me paga para que cuide sus peces cuando está de vacaciones. → Mi abuela me envía dinero en algunos días festivos. → Recibí algo de dinero como regalo de cumpleaños.

Cómo obtenemos dinero	
Ingresos	Regalos

M: (Muestre la tabla). En nuestra lista, veo muchas formas en las que las personas obtienen dinero por hacer un trabajo o por vender algo. Decimos que este dinero se **obtiene**. El dinero que las personas obtienen se llama **ingresos**. Nuestra lista muestra otra forma en que las personas consiguen dinero. El dinero se puede recibir en vez de obtener. Este dinero es un **regalo**. Entonces, clasifiquemos nuestra lista en dos categorías: ingresos y regalos.

M: ¿Cuáles de estas formas de obtener dinero van en la columna Ingresos? Voltéense y conversen.

E: Trabajar en un restaurante es un trabajo. Ésos son ingresos. → Las tareas del hogar que hago deberían ir en la columna Ingresos.

Continúe con la lista hasta que todas las fuentes de ingresos estén ubicadas en la tabla. Repita la secuencia para los regalos de dinero.

Parte 3: Usen el vocabulario relacionado con la comprensión de finanzas en problemas escritos.

M: (Muestre un vínculo numérico vacío). Resolvamos un problema con historia. Ben Smith está en segundo grado. Recibe 5 dólares por su cumpleaños. Ben obtiene 2 dólares cuando alimenta al gato de su vecino.

M: ¿Qué dinero de la historia obtuvo Ben como ingresos? ¿Cómo lo saben?

E: El dinero que obtuvo por alimentar al gato son ingresos. → Obtuvo 2 dólares. → Trabajó para obtener el dinero.

M: Hagan un vínculo numérico en sus pizarras blancas. En una de las partes del vínculo numérico, escriban el dinero que obtuvo Ben.

E: (Lo escriben).

M: ¿Qué dinero de la historia recibió Ben como regalo?

E: El dinero que recibió por su cumpleaños. → Los 5 dólares fueron un regalo.

M: En el vínculo numérico, escriban el dinero que recibió Ben como regalo. Trabajen con su compañero para encontrar cuánto dinero tiene Ben en total.

E: Ben tiene 7 dólares en total.

M: Pensemos en otra historia con dinero. Kate obtiene 4 dólares por ayudar a limpiar el garaje. Kate le da 2 dólares a su hermano por su cumpleaños. ¿Qué dinero corresponde a ingresos? ¿Cómo lo saben?

E: El dinero que obtuvo Kate por ayudar a limpiar el garaje. → Los 4 dólares de la historia son ingresos. → Kate trabajó cuando limpió el garaje. → El dinero que obtuvo por trabajar en el garaje son ingresos.

M: ¿Qué dinero fue un regalo?

E: El dinero que Kate le dio a su hermano por su cumpleaños fue un regalo. → En la historia, los 2 dólares fueron un regalo.

M: Trabajen con su compañero para encontrar cuánto dinero le queda a Kate. Dibujen algo para explicar cómo lo saben.

E: (Los estudiantes trabajan para encontrar que a Kate le quedan 2 dólares).

Grupo de problemas (10 minutos)

Los estudiantes deberán hacer su mejor esfuerzo para completar el **Grupo de problemas** en el tiempo asignado.

Reflexión (8 minutos)

Objetivo de la lección: Comprender los conceptos de regalo e ingresos, y las formas de obtener ingresos.

El objetivo de la **Reflexión** es invitar a pensar y procesar activamente la experiencia total de la lección.

Invite a los estudiantes a revisar las soluciones del **Grupo de problemas**. Deben revisar el trabajo comparando las respuestas con un compañero. Vea si aún quedan conceptos erróneos o malentendidos que puedan resolverse en la **Reflexión**. Guíe a los estudiantes para que reflexionen sobre el **Grupo de problemas** y para que comprendan la lección.

UNA HISTORIA DE UNIDADES – EDICIÓN PARA TEKS

Lección 25 K•5

Puede usar cualquier combinación de las preguntas de abajo para guiar la discusión.

- ¿En qué se diferencian los ingresos y los regalos de dinero?
- Miren el Problema 2. ¿Por qué los 2 *quarters* son un regalo y los 3 *quarters* son ingresos?
- Miren el Problema 5. ¿Qué dinero es un regalo? ¿Qué dinero son ingresos? ¿Cómo lo saben?
- Díganle a su compañero un cuento numérico sobre ingresos y regalos de dinero.

Boleto de salida (3 minutos)

Después de la **Reflexión**, pida a los estudiantes que terminen el **Boleto de salida**. Revisar el trabajo de los estudiantes le permitirá evaluar si comprendieron los conceptos de la lección de hoy y planear de forma más eficaz las siguientes lecciones. Puede leer las preguntas en voz alta a los estudiantes.

Nombre __Kaylie__ Fecha _____

1. Encierra en un círculo la palabra que se refiere al dinero.

   a. Chris lava los platos. Obtiene 2 dólares.   Regalo (**Ingresos**)

   b. El papá de Pat le da 2 dólares para su cumpleaños.   (**Regalo**) Ingresos

Usa el vínculo numérico para resolver los problemas.

2. Benito barre el suelo. Obtiene 3 monedas de 25 centavos o *quarters*.

   Benito recibe 2 *quarters* de regalo.

   ¿Cuántos *quarters* tiene Benito en total?

   Benito tiene ___5___ *quarters* en total.

   (5) → (3) (2)

3. Pam vende galletas. Obtiene 5 monedas de 5 centavos o *nickels*.
   Pam gasta 3 *nickels*.
   ¿Cuántos *nickels* le quedan a Pam?

   A Pam le quedan ___2___ *nickels*.

   (5) → (3) (2)

4. Meg tiene 4 monedas de 10 centavos o *dimes*.
   Obtiene 3 *dimes* más.
   Meg le da todos sus *dimes* a Sam.
   ¿Cuántos *dimes* le da Meg a Sam?

   Meg le da ___7___ *dimes* a Sam.

   (7) → (3) (4)

5. La mamá de Dani le da 6 dólares.
   Dani ayuda a su papá y obtiene 4 dólares.
   ¿Cuánto dinero tiene Dani en total?

   Dani tiene ___10___ dólares en total.

   (10) → (6) (4)

Nombre _____ Fecha _____

1. Encierra en un círculo la palabra que se refiere al dinero.

   a. Chris lava los platos. Obtiene 2 dólares.

   Regalo
   Ingresos

   b. El papá de Pat le da 2 dólares para su cumpleaños.

   Regalo
   Ingresos

Usa el vínculo numérico para resolver los problemas.

2. Benito barre el suelo. Obtiene 3 monedas de 25 centavos o *quarters*.

   Benito recibe 2 *quarters* de regalo.

   ¿Cuántos *quarters* tiene Benito en total?

   Benito tiene _____ *quarters* en total.

   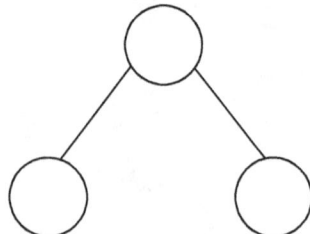

3. Pam vende galletas. Obtiene 5 monedas de 5 centavos o *nickels*.
   Pam gasta 3 *nickels*.
   ¿Cuántos *nickels* le quedan a Pam?

   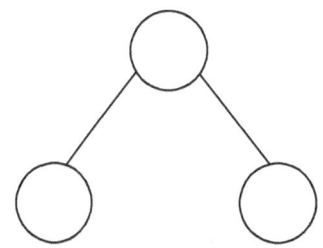

   A Pam le quedan _____ *nickels*.

4. Meg tiene 4 monedas de 10 centavos o *dimes*.
   Obtiene 3 *dimes* más.
   Meg le da todos sus *dimes* a Sam.
   ¿Cuántos *dimes* le da Meg a Sam?

   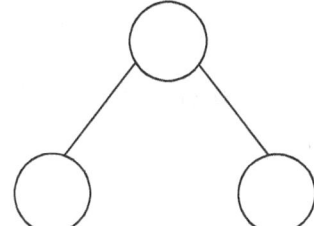

   Meg le da _____ *dimes* a Sam.

5. La mamá de Dani le da 6 dólares.
   Dani ayuda a su papá y obtiene 4 dólares.
   ¿Cuánto dinero tiene Dani en total?

   Dani tiene _____ dólares en total.

Nombre _____   Fecha _____

Escribe los números del problema para que se relacionen con las palabras que están en el vínculo numérico.

Jen recibe 5 dólares por su cumpleaños.

Jen trabaja y obtiene 4 dólares.

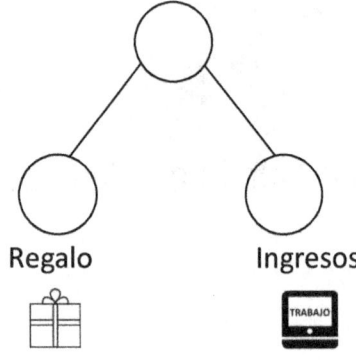

Regalo   Ingresos

¿Cuánto dinero tiene Jen en total? Escribe la respuesta en el vínculo numérico.

Completa la oración.

Jen tiene _____ dólares en total.

Nombre _____   Fecha _____

1. Encierra en un círculo la palabra que se refiere al dinero.

   a. La mamá de Tim le da 4 monedas de 25 centavos o *quarters*.

      Regalo   Ingresos

   b. Deb barre. Obtiene 3 dólares.

      Regalo   Ingresos

Resuelve los problemas. Usa el vínculo numérico para mostrar tu razonamiento.

2. Pat tiene 5 monedas de 1 centavo o *pennies*.

   Su mamá le da 3 *pennies*.

   ¿Cuántos *pennies* tiene Pat en total?

   Pat tiene _____ *pennies* en total.

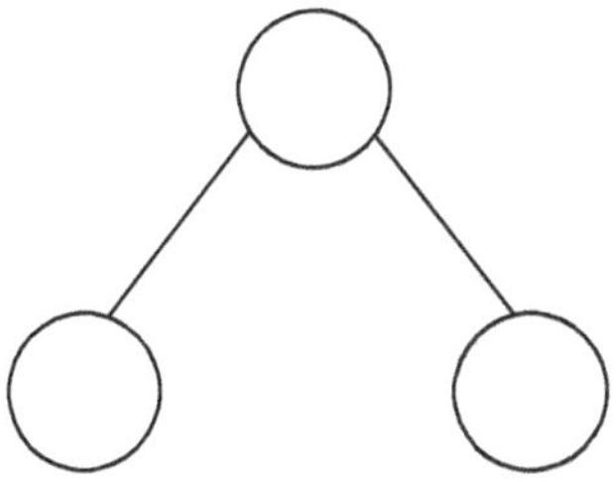

3. Josie pasea al perro. Obtiene 6 monedas de 25 centavos o *quarters*.

   Regala 3 *quarters*.

   ¿Cuánto dinero le queda a Josie?

   A Josie le quedan _____ *quarters*.

4. Fran tiene 2 monedas de 10 centavos o *dimes*.

   Cal le da a Fran 5 *dimes*.

   ¿Cuántos *dimes* tiene Fran en total?

   Fran tiene _____ *dimes* en total.

5. Jim obtiene 9 dólares.

   Gasta 3 dólares.

   ¿Cuántos dólares le quedan a Jim?

   A Jim le quedan _____ dólares.

Monedas

Pennies	Nickels	Dimes

Lección 26

Objetivo: Definir los distintos trabajos como fuentes de ingresos.

Estructura sugerida para la lección

- Práctica de fluidez   (9 minutos)
- Puesta en práctica   (5 minutos)
- Desarrollo del concepto   (28 minutos)
- Reflexión   (8 minutos)
- **Tiempo total**   **(50 minutos)**

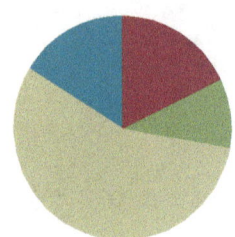

Práctica de fluidez (9 minutos)

- Reconocimiento rápido de monedas **K.4**   (4 minutos)
- Leer la gráfica con ilustraciones **K.4, K.8C** (5 minutos)

Reconocimiento rápido de monedas (4 minutos)

Materiales: (M) 1 moneda de 1 centavo, 1 moneda de 5 centavos, 1 moneda de 10 centavos, 1 moneda de 25 centavos (de plástico o reales) o imágenes de ambos lados de estas monedas

Nota: El propósito de la actividad es que los estudiantes practiquen identificar las monedas estadounidenses, incluidos sus nombres en inglés.

En orden aleatorio, sostenga en alto las monedas y muestre un lado o el otro.

M: ¿Qué moneda ven? ¿Cuál es su nombre en inglés?

E: (Dicen el nombre de la moneda).

Repita el proceso hasta que se hayan mostrado todas las monedas. Asegúrese de mostrar la parte de adelante de algunas monedas y la parte de atrás de otras monedas.

Leer la gráfica con ilustraciones (5 minutos)

Materiales: (M) Gráfica Monedas (Plantilla de fluidez de la Lección 26) o una recreación de la gráfica con monedas reales

Nota: Esta actividad de fluidez mantiene la comprensión de los estudiantes de representar e interpretar datos en gráficas con objetos reales e ilustraciones. Esta actividad también continúa el trabajo de conocer los nombres de las monedas en inglés, iniciado en el Módulo 4.

UNA HISTORIA DE UNIDADES – EDICIÓN PARA TEKS   Lección 26 K•5

Muestre la **Plantilla de fluidez** de la Lección 26. Antes de comenzar la actividad, repasen los nombres de las monedas en inglés. Luego, haga preguntas como las siguientes:

- ¿De qué moneda hay una menor cantidad? ¿Cómo lo saben?
- ¿Hay más *nickels* o *dimes*?
- ¿Cuántos *dimes* y *quarters* hay en total?
- ¿Cuántos *nickels* más que *quarters* hay?
- Si hubiera un *quarter* más, ¿habría más *dimes* o *quarters*?
- Si hubiera dos *nickels* menos, ¿habría más *nickels* o *dimes*?

> **NOTAS SOBRE LAS DIFERENTES FORMAS DE ACCIÓN Y EXPRESIÓN:**
>
> Diferencie la enseñanza de la **Puesta en práctica** para los estudiantes cuyo desempeño está bajo el nivel del grado proporcionándoles un marco de 10.
>
> Pregunte a los estudiantes cuyo desempeño está sobre el nivel del grado cuántas canicas tienen Jeremy y Caroline en total.

Puesta en práctica (5 minutos)

Theresa tiene 9 canicas.
Jeremy tiene 1 canica menos que Theresa.
Caroline tiene 1 canica menos que Jeremy.
¿Cuántas canicas tiene Caroline?

Hagan un dibujo para mostrar su razonamiento.

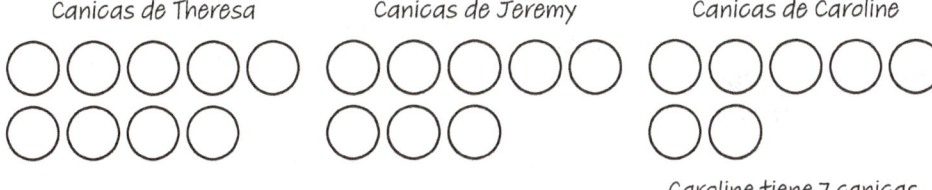

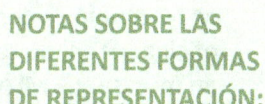
Caroline tiene 7 canicas.

Nota: El propósito de esta **Puesta en práctica** es reforzar el conocimiento de los estudiantes de *1 menos*.

> **NOTAS SOBRE LAS DIFERENTES FORMAS DE REPRESENTACIÓN:**
>
> Si algunos estudiantes tienen dificultades con las distintas partes de la **Puesta en práctica**, pídales que practiquen decir a un compañero "1 menos que 10 es 9", etc., mientras desarman una torre o un marco de 10. Practicar el lenguaje ayuda a los estudiantes a participar e internalizar los conceptos que se enseñan.

Desarrollo del concepto (28 minutos)

Materiales: (M) Tabla preparada

Parte 1: Hagan una lista de los trabajos y las destrezas que se necesitan para hacer los trabajos.

Nota: La lista de trabajos que se creó durante la Parte 1 de la lección de hoy variará de una clase a otra. Principalmente, la lista debería incluir los trabajos que los niños y los adultos pueden hacer para obtener ingresos. Es probable que los estudiantes de Kindergarten ofrezcan una amplia variedad de ideas sobre las destrezas que se usan para realizar los trabajos. Formalice su conocimiento a medida que lo ofrezcan. La lista de destrezas debería incluir tanto las destrezas educativas como las destrezas físicas.

Lección 26: Definir los distintos trabajos como fuentes de ingresos.

M: ¿Qué trabajos tenemos en nuestro salón de clases?

E: Tenemos un líder de la fila. → Alguien en nuestra clase riega las plantas todos los días. → Soy el que le da de comer a los peces hoy. → Tenemos líderes de mesas que reparten nuestras hojas.

M: ¿Por qué tenemos trabajos en nuestro salón de clases?

E: Los trabajos nos ayudan a mantenernos seguros. → Los trabajos nos ayudan a mantener nuestra clase ordenada. → Compartimos el trabajo y nos aseguramos de que las tareas se cumplan.

M: Los adultos y los estudiantes más grandes también tienen trabajos. ¿Por qué estas personas tienen trabajos? Voltéense y conversen.

E: Las personas trabajan para la policía y el departamento de bomberos para ayudarnos a mantenernos a salvo. → Las personas tienen diferentes trabajos para ayudar a que todas las tareas se realicen. → Las personas trabajan para obtener dinero.

M: En un trabajo, las personas realizan actividades para ganar dinero u obtener ingresos. Voltéense y recuérdenle a su compañero qué son los *ingresos*.

E: Se llama *ingresos* al dinero que las personas obtienen por hacer un trabajo.

M: (Muestre la tabla preparada con los encabezados *Trabajos* y *Destrezas*). Hagamos una lista. ¿Cuáles son algunos trabajos que los adultos o los niños mayores realizan para obtener ingresos?

E: Mi papá es camarero. → Mi tía trabaja con computadoras. → Mi mamá es maestra. → Mi hermana es médica. → Mi primo es chofer de autobús. → Mi mamá es dentista. → Mi papá trabaja en una oficina. → Mi tío repara autos. → Yo saco la basura en mi casa. → Mi hermana es niñera. → Mi hermano trabaja en los jardines de las personas.

M: (Agregue las respuestas de los estudiantes a la tabla preparada). Para hacer bien un trabajo, las personas necesitan saber cómo hacer diferentes tipos de cosas. Las cosas que las personas saben hacer se llaman **destrezas**. Muchas personas van a la escuela para aprender sus destrezas. Otras personas las aprenden en sus trabajos.

M: Las personas necesitan saber cómo hacer las cosas usando la mente para realizar sus trabajos. Por ejemplo, en casi todos los trabajos las personas necesitan saber leer. Ustedes están aprendiendo a leer en Kindergarten. Ésta es una destreza que probablemente usarán algún día en su trabajo. Las personas también necesitan saber cómo hacer las cosas usando el cuerpo para realizar sus trabajos. Por ejemplo, muchos trabajadores de oficina necesitan saber cómo usar los dedos para escribir usando el teclado de una computadora. Las personas que colocan los techos en las casas necesitan saber cómo usar los brazos y las piernas para transportar de manera segura los materiales pesados.

> **NOTAS SOBRE LAS DIFERENTES FORMAS DE PARTICIPACIÓN:**
>
> Los TEKS de Comprensión de finanzas personales para Kindergarten sugieren que los estudiantes tengan la posibilidad de conocer las destrezas que se necesitan para realizar diferentes tipos de trabajo. Una forma de que los estudiantes logren este aprendizaje es invitar adultos o estudiantes más grandes al salón de clases para que cuenten sobre el trabajo que realizan. Estas visitas en persona o virtuales dan a los estudiantes la oportunidad de hacer preguntas y de aprender sobre las destrezas educativas y físicas que se necesitan para tener éxito en distintos tipos de trabajo. Escuchar a personas de diferentes edades que visitan el salón de clases también permite a los estudiantes de Kindergarten comenzar a comprender que las personas más jóvenes también pueden obtener ingresos.

Trabajos	Destrezas

Lección 26: Definir los distintos trabajos como fuentes de ingresos.

M: Hagamos una lista de las destrezas. ¿Qué destrezas se necesitan para algunos de los trabajos de los que hablamos? ¿Las destrezas son cosas que se realizan usando nuestra mente o nuestro cuerpo?

E: Mi papá tiene que saber hacer cálculos de matemáticas en su restaurante. Los cálculos de matemáticas son algo que realiza con la mente. → Mi hermana es médica, por lo que sabe muchas cosas de medicina. Para eso, usa la mente. → Mi hermano tiene que saber cómo usar los brazos y las piernas para empujar la cortadora de césped y embolsar las hojas que hay en los jardines en los que trabaja. Pero también tiene que saber cómo funciona la cortadora de césped para poder repararla si se rompe. Sus destrezas usan la mente y el cuerpo.

M: (Agregue las respuestas de los estudiantes a la tabla preparada). Tener destrezas ayuda a las personas a realizar bien sus trabajos y así obtener ingresos.

Parte 2: Usen el vocabulario relacionado con la comprensión de finanzas para resolver problemas con historia.

Problema 1:

La Sra. Green usa sus destrezas para trabajar en una tienda.

Trabaja 4 horas el lunes.

Trabaja 3 horas el martes.

¿Cuántas horas trabaja en total?

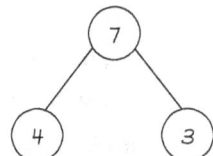

La Sra. Green trabaja 7 horas en total.

M: Trabajen con su compañero para encontrar cuántas horas trabaja la Sra. Green en total. Hagan un vínculo numérico y una oración numérica para mostrar su razonamiento.

E: (Trabajan con el compañero).

Problema 2:

Tom usa sus destrezas para construir 10 bicicletas.

Vende 5 bicicletas.

¿Cuántas bicicletas le quedan a Tom?

M: Trabajen con su compañero para encontrar cuántas bicicletas le quedan a Tom.

E: (Trabajan con el compañero).

Problema 3:

Chris usa sus destrezas para hacer 6 alfombras.

Algunas son rojas y el resto son verdes.

¿Cuántas alfombras podrían ser rojas?

¿Cuántas alfombras podrían ser verdes?

M: Trabajen con su compañero para encontrar más de un vínculo numérico que cuente sobre las alfombras de Chris.

E: (Trabajan para mostrar al menos dos vínculos numéricos que representan descomposiciones de 6).

Lección 26: Definir los distintos trabajos como fuentes de ingresos.

Lección 26

Grupo de problemas (10 minutos)

Los estudiantes deberán hacer su mejor esfuerzo para completar el **Grupo de problemas** en el tiempo asignado. Para algunas clases, puede ser apropiado modificar la asignación y especificar con qué problemas deben trabajar primero.

Reflexión (8 minutos)

Objetivo de la lección: Definir los distintos trabajos como fuentes de ingresos.

El objetivo de la **Reflexión** es invitar a pensar y procesar activamente la experiencia total de la lección.

Invite a los estudiantes a revisar las soluciones del **Grupo de problemas**. Deben revisar el trabajo comparando las respuestas con un compañero. Vea si aún quedan conceptos erróneos o malentendidos que puedan resolverse en la **Reflexión**. Guíe a los estudiantes para que reflexionen sobre el **Grupo de problemas** y para que comprendan la lección.

Puede usar cualquier combinación de las preguntas de abajo para guiar la discusión.

- ¿Por qué querría alguien tener un trabajo?
- Miren el Problema 3. ¿Cuál es el trabajo de Dan? ¿Qué destrezas necesita Dan para realizar bien su trabajo? ¿Qué destrezas son cosas que Dan realizará con la mente? ¿Qué destrezas son cosas que Dan realizará con el cuerpo?
- Cuéntenle a su compañero sobre un trabajo que les gustaría tener cuando sean mayores. ¿Qué tipos de destrezas piensan que podrían necesitar para realizar bien su trabajo?

Boleto de salida (3 minutos)

Después de la **Reflexión**, pida a los estudiantes que terminen el **Boleto de salida**. Revisar el trabajo de los estudiantes le permitirá evaluar si comprendieron los conceptos de la lección de hoy y planear de forma más eficaz las siguientes lecciones. Puede leer las preguntas en voz alta a los estudiantes.

Nombre _Jonah_   Fecha _____

Resuelve los problemas. Usa el vínculo numérico para mostrar tu razonamiento.

1. Dee repara autos.
   El lunes repara 3 autos.
   El martes repara 4 autos.
   ¿Cuántos autos repara Dee en total?

   Dee repara __7__ autos en total.

   (7 = 3 and 4)

2. Jen trabaja en una librería.
   Tiene 8 libros en un estante.
   Vende 6 libros.
   ¿Cuántos libros le quedan a Jen?

   A Jen le quedan __2__ libros.

   (8 = 6 and 2)

3. Dan hace recipientes de arcilla.
   Hace 7 recipientes.
   Algunos son grandes y el resto son pequeños.
   ¿Cuántos recipientes podrían ser grandes?
   ¿Cuántos recipientes podrían ser pequeños?

   Dan hace __5__ recipientes grandes y __2__ recipientes pequeños.

   (7 = 5 and 2)

   Dan hace __4__ recipientes grandes y __3__ recipientes pequeños.

   (7 = 4 and 3)

Lección 26: Definir los distintos trabajos como fuentes de ingresos.

Nombre _____ Fecha _____

Resuelve los problemas. Usa el vínculo numérico para mostrar tu razonamiento.

1. Dee repara autos.
   El lunes repara 3 autos.
   El martes repara 4 autos.
   ¿Cuántos autos repara Dee en total?

   Dee repara _____ autos en total.

   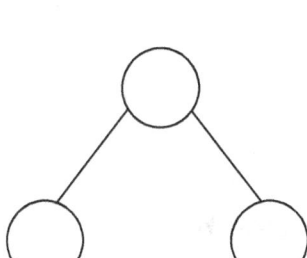

2. Jen trabaja en una librería.
   Tiene 8 libros en un estante.
   Vende 6 libros.
   ¿Cuántos libros le quedan a Jen?

   A Jen le quedan _____ libros.

Lección 26: Definir los distintos trabajos como fuentes de ingresos.

3. Dan hace recipientes de arcilla.

Hace 7 recipientes.

Algunos son grandes y el resto son pequeños.

¿Cuántos recipientes podrían ser grandes?

¿Cuántos recipientes podrían ser pequeños?

Dan hace _____ recipientes grandes y _____ recipientes pequeños.

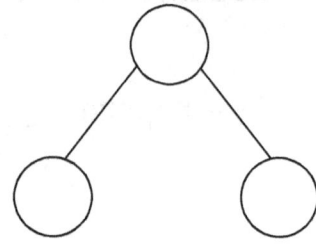

Dan hace _____ recipientes grandes y _____ recipientes pequeños.

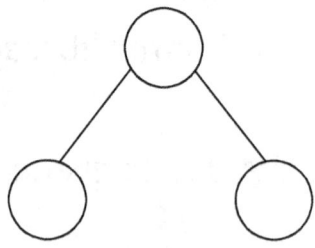

Nombre _____ Fecha _____

Joe vende plantas en su trabajo.
Vende 5 plantas.
Algunas son altas y el resto son bajas.

Usa los vínculos numéricos para contar acerca de las plantas.
Escribe los números en los espacios en blanco.

Joe podría vender _____ plantas altas y _____ plantas bajas.

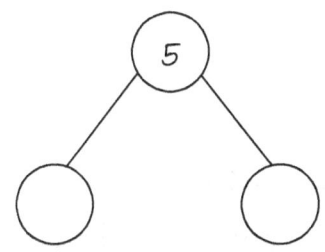

Joe podría vender _____ plantas altas y _____ plantas bajas.

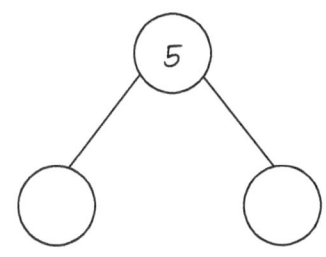

Nombre _____ Fecha _____

Resuelve los problemas. Usa el vínculo numérico para mostrar tu razonamiento.

1. Meg repara autos.

   El lunes, repara 5 autos.

   El martes, repara 3 autos.

   ¿Cuántos autos repara Meg en total?

   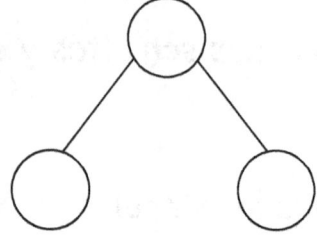

   Meg repara _____ autos en total.

2. Jack construye 7 sillas.

   Vende 3 sillas.

   ¿Cuántas sillas le quedan a Jack?

   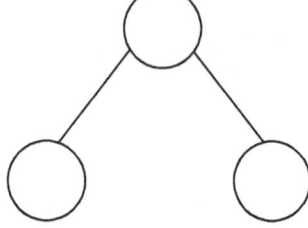

   A Jack le quedan _____ sillas.

3. Clark cose 9 bufandas.
   Algunas son amarillas y el resto son verdes.
   ¿Cuántas bufandas podrían ser amarillas?
   ¿Cuántas bufandas podrían ser verdes?

   Clark podría coser _____ bufandas amarillas
   y _____ bufandas verdes.

   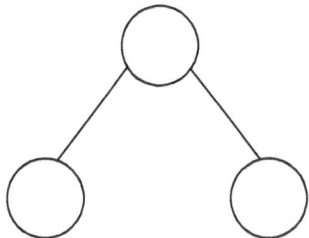

   Clark podría coser _____ bufandas amarillas
   y _____ bufandas verdes.

   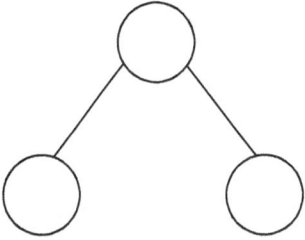

Monedas

Nickels	🪙	🪙	🪙	🪙	🪙	🪙
Dimes	🪙	🪙	🪙	🪙	🪙	
Quarters	🪙	🪙	🪙			

Lección 27

Objetivo: Comprender la diferencia entre lo que se necesita y lo que se desea.

Estructura sugerida para la lección

- Práctica de fluidez   (9 minutos)
- Desarrollo del concepto   (31 minutos)
- Reflexión   (10 minutos)
- **Tiempo total**   **(50 minutos)**

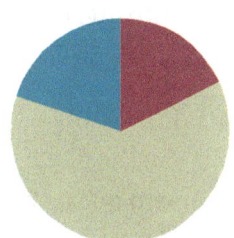

Práctica de fluidez (9 minutos)

- Leer la gráfica con ilustraciones K.4, K.8C   (5 minutos)
- Decir el número K.2F   (4 minutos)

Leer la gráfica con ilustraciones (5 minutos)

Materiales: (M) Gráfica Monedas (Plantilla de fluidez de la Lección 27) o una recreación de la gráfica con monedas reales

Nota: Esta actividad de fluidez mantiene la comprensión de los estudiantes de representar e interpretar datos en gráficas con objetos reales e ilustraciones. Esta actividad también continúa el trabajo de conocer los nombres de las monedas en inglés, iniciado en el Módulo 4.

Muestre la gráfica Monedas. Antes de comenzar la actividad, repasen los nombres de las monedas en inglés. Luego, haga a los estudiantes las siguientes preguntas:

- ¿Cuántos *dimes* y *nickels* hay en total?
- ¿Cuántos *quarters* más que *dimes* hay?
- Si hubiera un *nickel* más y un *dime* más, ¿habría más *nickels* o *dimes*?
- Si hubiera un *dime* menos y un *quarter* menos, ¿habría más *dimes* o *quarters*?
- Si hubiera un *quarter* menos, ¿habría más *dimes* o *quarters*?
- Si hubiera dos *dimes* más, ¿habría más *dimes* o *nickels*?

Decir el número (4 minutos)

Nota: Esta actividad de fluidez mantiene la capacidad de los estudiantes de decir, con automaticidad, el número que es uno o dos más, o uno o dos menos, que un número dado.

Lección 27:   Comprender la diferencia entre lo que se necesita y lo que se desea.

M: Voy a decir un número. Digan el número que es 1 más.

M: 4.

E: 5.

Continúe presentando los números hasta el 20 sin una secuencia establecida.

M: Voy a decir un número. Digan el número que es 1 menos.

M: 4.

E: 3.

Continúe con los números hasta el 20.

M: Voy a decir un número. Digan el número que es 2 más.

M: 4.

E: 6.

Continúe con los números hasta el 20.

M: Voy a decir un número. Digan el número que es 2 menos.

M: 4.

E: 2.

Continúe con los números hasta el 20.

Desarrollo del concepto (31 minutos)

Materiales: (M) Plantilla 1 de la Lección 27, Plantilla 2 de la Lección 27 (recortada en tarjetas)

Nota: La Plantilla 2 de la Lección 27 incluye objetos ambiguos a propósito. Por ejemplo, una bicicleta se podría clasificar como algo que se desea si la bicicleta se usa para recreación. Sin embargo, una bicicleta también se podría clasificar como algo que se necesita si la bicicleta se usa como un medio de transporte necesario. Esta ambigüedad enriquecerá la discusión. Los estudiantes deben comprender que lo que se desea y lo que se necesita varía según la familia y las circunstancias.

Problema 1: Definan *lo que se necesita* y *lo que se desea*.

M: (Muestre la Plantilla 1 de la Lección 27). Éstas son cosas que las personas podrían comprar con sus ingresos. ¿En qué se parecen estos dos grupos? ¿En qué se diferencian?

UNA HISTORIA DE UNIDADES – EDICIÓN PARA TEKS   Lección 27   K • 5

E: Ambos lados tienen imágenes de comida, pero la bolsa con las compras tiene verduras de un lado y una barra de chocolate del otro. → Un lado tiene cosas que tenemos que comprar, como comida y ropa. El otro lado tiene cosas que nos gusta comprar, como juegos y barras de chocolate.

Formas de gastar el dinero	
Lo que se necesita	Lo que se desea

M: El lado izquierdo muestra cosas que debemos tener para vivir. La comida saludable y la ropa son cosas **que se necesitan**. El lado derecho muestra cosas que nos gustaría tener, pero que no son necesarias para mantenernos con vida. Las barras de chocolate y los juegos de mesa son cosas **que se desean**. Una barra de chocolate también es comida. ¿Por qué una barra de chocolate es algo que la mayoría de las personas desean y no algo que se necesita?

E: A pesar de que una barra de chocolate es comida, la mayoría de las personas no la necesitan para mantenerse con vida. → Podemos comer frutas y verduras para mantenernos saludables, pero no necesitamos comer una barra de chocolate. → Mi amigo tiene un problema de salud, por lo que tiene que asegurarse de tener algunos dulces en su bolsillo. Los dulces son algo que él necesita.

M: Sí. Las personas tienen diferentes necesidades. La mayoría de las personas tienen que elegir cómo gastar sus ingresos en cosas que necesitan antes de comprar cosas que desean.

M: (Muestre una tabla con dos columnas etiquetadas *Lo que se necesita* y *Lo que se desea*). Escribamos las cosas que necesitamos de un lado y las cosas que podríamos desear del otro. ¿La ropa es algo que se necesita o algo que se desea? Expliquen su razonamiento.

E: La ropa es algo que se necesita porque protege nuestros cuerpos. → La ropa nos mantiene abrigados, por lo que la necesitamos en invierno. → Tenemos que usar ropa para ir a la escuela, por lo que es algo que se necesita.

M: (Escriba *Ropa* en la columna Lo que se necesita). ¿Dónde deberíamos escribir *Juegos*? ¿Por qué?

E: Deberíamos escribir *Juegos* del lado de Lo que se desea. Los juegos son divertidos, pero no los necesitamos para mantenernos con vida.

Continúe hablando sobre los dos objetos que quedan. Escriba *Comida saludable* en la columna Lo que se necesita y *Barras de chocolate* en la columna Lo que se desea.

Problema 2: Clasifiquen lo que se necesita y lo que se desea.

M: (Muestre las imágenes de la Plantilla 2 de la Lección). Les mostraré una imagen. Decidan si es algo que se necesita comprar con los ingresos o si es algo que se desea comprar.

Lección 27: Comprender la diferencia entre lo que se necesita y lo que se desea.   343

M: Ésta es una imagen de un lugar donde vivir o para quedarse. ¿Dónde deberíamos poner esta imagen? ¿Por qué piensan eso?

E: Las personas necesitan un lugar donde dormir, por lo que es algo que se necesita. → Las personas necesitan un lugar para protegerse del clima. Creo que es algo que se necesita.

M: Necesitamos un lugar donde vivir. Hay muchas opciones, y una casa es una de ellas. (Coloque la imagen de la casa en la columna Lo que se necesita. Muestre la imagen de la goma de mascar). Ésta es la imagen de una goma de mascar. ¿La goma de mascar es algo que se necesita o que se desea? ¿Por qué piensan eso?

E: La goma de mascar es algo que se desea. No la necesitamos para vivir.

M: (Coloque la imagen de la goma de mascar en la columna Lo que se desea. Muestre la imagen de los anteojos). Ésta es la imagen de unos anteojos. ¿Los anteojos son algo que se necesita o que se desea? ¿Por qué?

E: Si no puedes ver bien, entonces los anteojos son algo que se necesita. → Yo uso anteojos que me ayudan a ver mejor. Los necesito.

M: (Coloque la imagen de los anteojos en la columna Lo que se necesita. Muestre la imagen de la botella de agua). Ésta es la imagen de agua en una botella. ¿Esto es algo que se necesita o que se desea? ¿Por qué?

E: Todas las personas tienen que beber agua para vivir, por lo que es algo que se necesita. → Necesitamos agua, pero no siempre necesitamos una botella de agua de plástico. Podemos beber agua de un vaso. Comprar una botella de agua podría ser algo que se desea.

M: (Coloque la imagen de la botella de agua en la columna Lo que se necesita). Dado que todos debemos beber agua para vivir, pongamos esta imagen del lado Lo que se necesita. (Muestre la imagen de la bicicleta). ¿Una bicicleta es algo que se necesita o se desea?

E: Una bicicleta se usa para divertirse, por lo que es algo que se desea. → Mi papá va al trabajo en bicicleta, por lo que la necesita. → Mi abuelo usa la bicicleta todos los días porque su médico le dijo que tiene que hacerlo. Creo que una bicicleta es algo que se necesita.

M: Para alguien que usa la bicicleta para ir al trabajo o para mantenerse saludable, una bicicleta es algo que se necesita. Muchos niños que tienen una bicicleta la usan para divertirse. Para la mayoría de ellos, una bicicleta probablemente sería algo que se desea. Pongamos la imagen de la bicicleta en la línea que está entre las dos columnas.

Continúen clasificando las imágenes de los objetos que quedan de la Plantilla 2 de la Lección 27. Anime a los estudiantes a escuchar con empatía todos los razonamientos sobre por qué un objeto es algo que se necesita o algo que se desea.

Grupo de problemas (10 minutos)

Los estudiantes deberán hacer su mejor esfuerzo para completar el **Grupo de problemas** en el tiempo asignado. Para algunas clases, puede ser apropiado modificar la asignación y especificar con qué problemas deben trabajar primero.

UNA HISTORIA DE UNIDADES – EDICIÓN PARA TEKS   Lección 27   K • 5

Reflexión (10 minutos)

Objetivo de la lección: Comprender la diferencia entre lo que se necesita y lo que se desea.

El objetivo de la **Reflexión** es invitar a pensar y procesar activamente la experiencia total de la lección.

Invite a los estudiantes a revisar las soluciones del **Grupo de problemas**. Deben revisar el trabajo comparando las respuestas con un compañero. Vea si aún quedan conceptos erróneos o malentendidos que puedan resolverse en la **Reflexión**. Guíe a los estudiantes para que reflexionen sobre el **Grupo de problemas** y para que comprendan la lección.

Puede usar cualquier combinación de las preguntas de abajo para guiar la discusión.

- Veo que algunos de ustedes eligieron el auto como algo que se necesita. Otros eligieron el auto como algo que se desea. Expliquen su razonamiento.
- ¿Por qué una cosa puede ser tanto algo que se necesita como algo que se desea?
- Las personas usan los ingresos para comprar lo que se necesita y lo que se desea. ¿Cómo podemos decidir si algo se necesita o se desea?

Boleto de salida (3 minutos)

Después de la **Reflexión**, pida a los estudiantes que terminen el **Boleto de salida**. Revisar el trabajo de los estudiantes le permitirá evaluar si comprendieron los conceptos de la lección de hoy y planear de forma más eficaz las siguientes lecciones. Puede leer las preguntas en voz alta a los estudiantes.

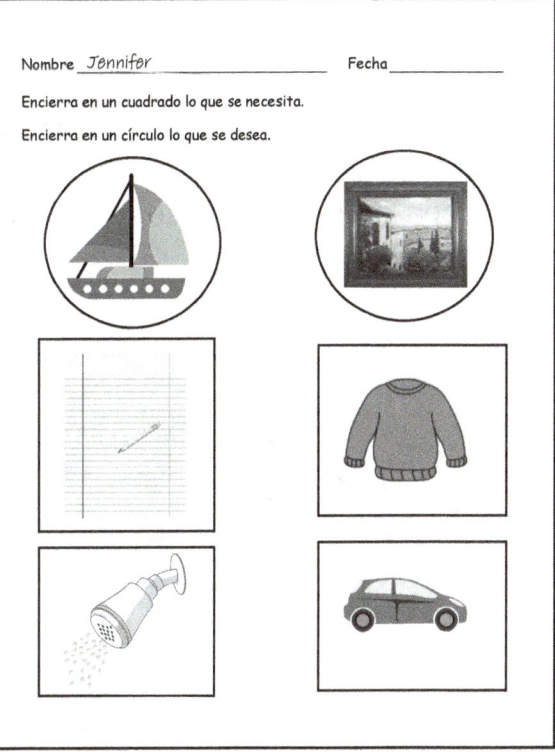

Lección 27: Comprender la diferencia entre lo que se necesita y lo que se desea.

Nombre _____ Fecha _____

Encierra en un cuadrado lo que se necesita.

Encierra en un círculo lo que se desea.

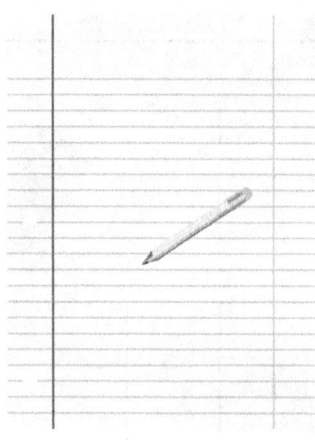

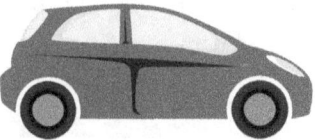

UNA HISTORIA DE UNIDADES – EDICIÓN PARA TEKS

Lección 27: Grupo de problemas

K•5

Lección 27: Comprender la diferencia entre lo que se necesita y lo que se desea.

Nombre _____ Fecha _____

Encierra en un cuadrado lo que se necesita.

Encierra en un círculo lo que se desea.

Nombre _____ Fecha _____

Encierra en un cuadrado lo que se necesita.

Encierra en un círculo lo que se desea.

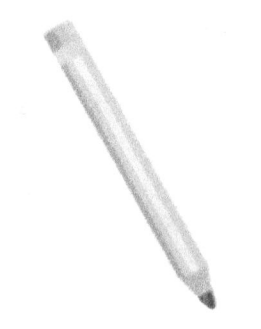

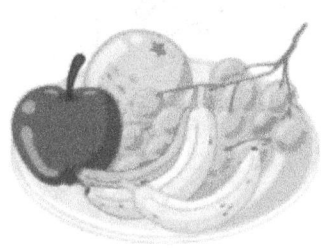

UNA HISTORIA DE UNIDADES – EDICIÓN PARA TEKS

Lección 27: Tarea K•5

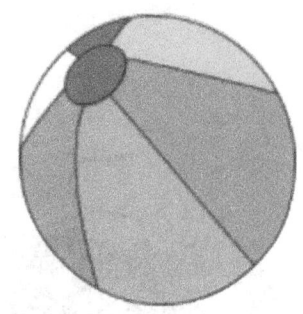
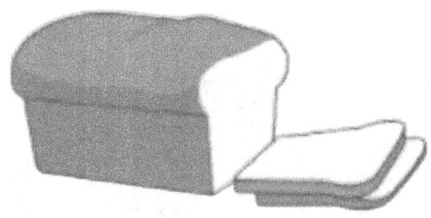

Lección 27: Comprender la diferencia entre lo que se necesita y lo que se desea.

Monedas

Nickels	Dimes	Quarters
		●
●		●
●	●	●
●	●	●
●	●	●

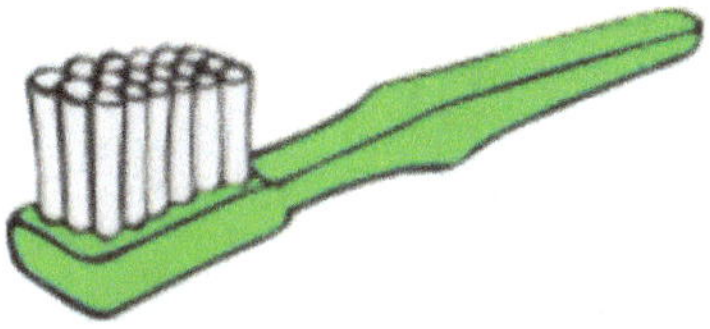

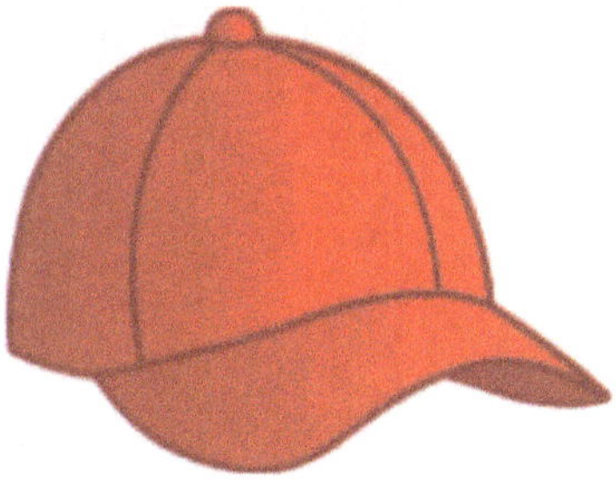

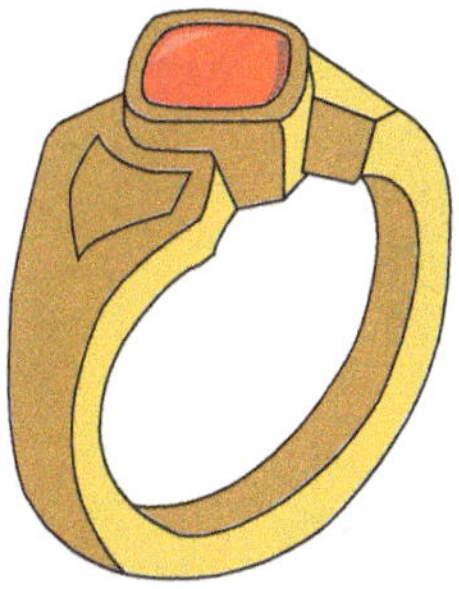

UNA HISTORIA DE UNIDADES – EDICIÓN PARA TEKS Lección 27: Plantilla 2   K•5

Lección 27: Comprender la diferencia entre lo que se necesita y lo que se desea.

353

Hoja de respuestas

Eureka Math® Kindergarten Módulo 5

EDICIÓN PARA TEKS

Un agradecimiento especial al Gordon A. Cain Center y al Departamento de Matemáticas de la Universidad Estatal de Luisiana por su apoyo en el desarrollo de *Eureka Math*.

UNA HISTORIA DE UNIDADES — EDICIÓN PARA TEKS

Currículo de matemáticas

K GRADO

KINDERGARTEN • MÓDULO 5

Hoja de respuestas
KINDERGARTEN • MÓDULO 5

Números del 10 al 20, contar hasta el 100 y comprensión del trabajo

Lección 1

Grupo de problemas

Pelotas de futbol americano

Cebollas

Palitos

Pelotas de futbol

4

Boleto de salida

Rayos

1

Tarea

Triángulos – no encerrados en un círculo

Círculos – encerrados en un círculo

Corazones – encerrados en un círculo

Diamantes – encerrados en un círculo

Triángulos – no encerrados en un círculo

Caras – 10 encerradas en un círculo, 2 no encerradas en un círculo

Soles – encerrados en un círculo

Cuadrados – encerrados en un círculo

Rayos – no encerrados en un círculo

Cilindros – encerrados en un círculo

Medias lunas – no encerradas en un círculo

Triángulos – no encerrados en un círculo

Círculos – encerrados en un círculo

Prismas rectangulares – encerrados en un círculo

Trapecios – no encerrados en un círculo

Corazones – no encerrados en un círculo

Óvalos – encerrados en un círculo

Triángulos – no encerrados en un círculo

Corazones – encerrados en un círculo

Triángulos – encerrados en un círculo

Lección 2

Grupo de problemas

10 patos de hule con una marca de verificación; 3

10 regalos con una marca de verificación; 10, 6

10 alcancías con una marca de verificación; 2

10 vasos con una marca de verificación; 10, 1

10 círculos pequeños y 2 círculos pequeños dibujados en cualquier configuración

10 unidades y 4 unidades dibujadas usando líneas, círculos u objetos a elección

Boleto de salida

10 unidades y 3 unidades

10 unidades y 5 unidades

10 unidades y 10 unidades

10 unidades y 2 unidades

Tarea

2 círculos más dibujados

3 medias lunas más dibujadas

1 corazón más dibujado

5 caras más dibujadas

Lección 3

Grupo de problemas

10 conos de helado encerrados en un círculo; 5

10 pimientos encerrados en un círculo; 10, 3

10 manzanas encerradas en un círculo; 10, 2

2 grupos de 10 tachuelas encerradas en un círculo; 10, 10

13 cosas dibujadas, 10 encerradas en un círculo

18 cosas dibujadas, 10 encerradas en un círculo

Boleto de salida

10 corazones encerrados en un círculo; 3

16 objetos dibujados, 10 encerrados en un círculo

Tarea

10 patos encerrados en un círculo; 2

10 diamantes encerrados en un círculo; 10, 8

10 caras encerradas en un círculo; 4

10 regaderas encerradas en un círculo; 10, 1

Lección 4

Grupo de problemas

10 círculos dibujados; 3 círculos dibujados

10 círculos dibujados; 7 círculos dibujados

10 círculos dibujados; 2 círculos dibujados

10 círculos dibujados; 9 círculos dibujados

Boleto de salida

1

10, 5

5

10, 7

Tarea

Imágenes relacionadas con los números

Plantilla de fluidez 2

10 triángulos encerrados en un círculo

10 círculos encerrados en un círculo

10 corazones encerrados en un círculo

10 diamantes encerrados en un círculo

10 triángulos encerrados en un círculo

10 caras encerradas en un círculo

10 soles encerrados en un círculo

10 cuadrados encerrados en un círculo

10 rayos encerrados en un círculo

10 cilindros encerrados en un círculo

10 medias lunas encerradas en un círculo

10 triángulos encerrados en un círculo

10 círculos encerrados en un círculo

10 prismas rectangulares encerrados en un círculo

10 trapecios encerrados en un círculo

10 corazones encerrados en un círculo

10 óvalos encerrados en un círculo

10 triángulos encerrados en un círculo

10 corazones encerrados en un círculo

10 triángulos encerrados en un círculo

Lección 5

Grupo de problemas

10 paraguas encerrados en un círculo; 3 con una marca de verificación; diez tres

10 gatitos encerrados en un círculo; 4 con una marca de verificación; diez cuatro

2 grupos de 10 piñas encerradas en un círculo; dos dieces

10 plátanos encerrados en un círculo; 7 con una marca de verificación; diez siete

10 perritos calientes encerrados en un círculo; 1 con una marca de verificación; diez uno

Boleto de salida

3; 5

10, 7; 10, 8; 10, 9

Tarea

10, 1; 10, 3

10, 4; 10, 6

10, 5; 10, 7

10, 0; 10, 2

10, 8; 10, 10

Plantilla de fluidez 2

10 triángulos encerrados en un círculo

10 círculos encerrados en un círculo

10 corazones encerrados en un círculo

10 diamantes encerrados en un círculo

10 triángulos encerrados en un círculo

10 caras encerradas en un círculo

10 soles encerrados en un círculo

10 cuadrados encerrados en un círculo

10 rayos encerrados en un círculo

10 cilindros encerrados en un círculo

10 medias lunas encerradas en un círculo

10 triángulos encerrados en un círculo

10 círculos encerrados en un círculo

10 prismas rectangulares encerrados en un círculo

10 trapecios encerrados en un círculo

10 corazones encerrados en un círculo

10 óvalos encerrados en un círculo

10 triángulos encerrados en un círculo

10 corazones encerrados en un círculo

10 triángulos encerrados en un círculo

Lección 6

Grupo de problemas

10 puntos, 5 puntos; 15

10 puntos, 8 puntos; 18

10 puntos, 6 puntos; 16

Boleto de salida

10 puntos y 4 puntos dibujados; 14

14 objetos dibujados y 10 encerrados en un círculo

Tarea

10 puntos, 2 puntos; 12

10 puntos, 7 puntos; 17

10 puntos, 9 puntos; 19

10 puntos, 4 puntos; 14

Lección 7

Grupo de problemas

0

11; 10, 1

12; 10, 2

10, 3

14; 10, 4

15; 10, 5

10, 6

17; 10, 7

18; 10, 8

19; 10, 9

10, 10

10 caras sonrientes encerradas en un círculo; 13; 10, 3

Boleto de salida

1

10, 4

17; 10, 7

Tarea

8

7

10, 6

10, 5

14; 10, 4

13; 10, 3

10, 2

10, 1

10; 10, 0

Lección 8

Grupo de problemas

10 puntos dibujados con el método de grupos de 5 y 1 más

10 puntos dibujados con el método de grupos de 5 y 8 más

10 puntos dibujados con el método de grupos de 5 y 5 más

10 puntos dibujados con el método de grupos de 5 y 4 más

10 puntos dibujados con el método de grupos de 5 y 2 más

10 puntos dibujados con el método de grupos de 5 y 7 más

20 puntos dibujados con el método de grupos de 5

10 puntos dibujados con el método de grupos de 5 y 3 más

Boleto de salida

10 puntos dibujados con el método de grupos de 5 y 6 más

10 cubos y 2 cubos coloreados

Tarea

10 puntos dibujados con el método de grupos de 5 y 5 más

10 puntos dibujados con el método de grupos de 5 y 3 más

10 puntos dibujados con el método de grupos de 5 y 7 más

10 puntos dibujados con el método de grupos de 5 y 1 más

10 puntos dibujados con el método de grupos de 5 y 2 más

10 puntos dibujados con el método de grupos de 5 y 6 más

20 puntos dibujados con el método de grupos de 5

10 puntos dibujados con el método de grupos de 5 y 4 más

Lección 9

Grupo de problemas

10 círculos dibujados; 2 círculos dibujados

10 círculos dibujados; 7 círculos dibujados

10 círculos dibujados; 6 círculos dibujados

10 círculos dibujados; 3 círculos dibujados

2 grupos de diez dibujados y encerrados en un círculo

10 y 1 dibujados; 1 grupo de 10 encerrado en un círculo

Las respuestas variarán.

Boleto de salida

10 círculos dibujados; 5 dibujados

10 círculos dibujados; 9 dibujados

18 círculos dibujados; 10 encerrados en un círculo

14 círculos dibujados; 10 encerrados en un círculo

Tarea

16 objetos dibujados; 10 encerrados en un círculo

20 objetos dibujados; 2 grupos de 10 encerrados en un círculo

19 objetos dibujados; 10 encerrados en un círculo

14 objetos dibujados; 10 encerrados en un círculo

12 objetos dibujados; 10 encerrados en un círculo

Lección 10

Grupo de problemas

Uñas de la mano izquierda coloreadas de rojo

Uñas de la mano derecha coloreadas de negro

Cuentas correspondientes debajo coloreadas para que se relacionen con las manos

Números del 1 al 10 escritos debajo de las cuentas

Boleto de salida

Dos filas de 5 cuentas rojas y 5 cuentas amarillas dibujadas

20

Manos con uñas dibujadas; 10

Tarea

Vínculo numérico que muestra que 10 y 3 hacen 13; uñas y cuentas coloreadas para que se relacionen con el vínculo numérico

Vínculo numérico que muestra que 10 y 4 hacen 14; uñas y cuentas coloreadas para que se relacionen con el vínculo numérico

Vínculo numérico que muestra que 10 y 1 hacen 11; uñas y cuentas coloreadas para que se relacionen con el vínculo numérico

Vínculo numérico que muestra que 10 y 2 hacen 12; uñas y cuentas coloreadas para que se relacionen con el vínculo numérico

Vínculo numérico que muestra que 10 y 6 hacen 16; uñas y cuentas coloreadas para que se relacionen con el vínculo numérico

Vínculo numérico que muestra que 10 y 7 hacen 17; uñas y cuentas coloreadas para que se relacionen con el vínculo numérico

Lección 11

Grupo de problemas

12 escrito; cuadrados coloreados para que sean iguales a 1 más que 11

13 escrito; cuadrados coloreados para que sean iguales a 1 más que 12

Cuadrados coloreados para que sean iguales a 1 más que 13

15 escrito

16 escrito; cuadrados coloreados para que sean iguales a 1 más que 15

17 escrito; cuadrados coloreados para que sean iguales a 1 más que 16

18 escrito; cuadrados coloreados para que sean iguales a 1 más que 17

Cuadrados coloreados para que sean iguales a 1 más que 18

20 escrito

Boleto de salida

Líneas trazadas hasta los números correctos; torre completada

Tarea

11 escrito

10 O y 2 X dibujadas para hacer 12

13 escrito

10 O y 4 X dibujadas para hacer 14

15 escrito

10 O y 6 X dibujadas para hacer 16

10 O y 7 X dibujadas para hacer 17

10 O y 8 X dibujadas para hacer 18

19 escrito

10 O y 10 X dibujadas para hacer 20

Lección 12

Grupo de problemas

Cuadrados coloreados para que sean iguales a 1 menos que 20

18 escrito; cuadrados coloreados para que sean iguales a 1 menos que 19

17 escrito; cuadrados coloreados para que sean iguales a 1 menos que 18

16 escrito; cuadrados coloreados para que sean iguales a 1 menos que 17

Cuadrados coloreados para que sean iguales a 1 menos que 15

13 escrito; cuadrados coloreados para que sean iguales a 1 menos que 14

12 escrito; cuadrados coloreados para que sean iguales a 1 menos que 13

10 escrito

Boleto de salida

10

13, 11, 10

11, 10, 9

Tarea

19 escrito

10 O y 8 X dibujadas para hacer 18

17 escrito

10 O y 6 X dibujadas para hacer 16

15 escrito

10 O y 4 X dibujadas para hacer 14

10 O y 3 X dibujadas para hacer 13

10 O y 2 X dibujadas para hacer 12

11 escrito

10 O dibujadas para hacer 10

Lección 13

Grupo de problemas

12, 14, 16, 18, 20

11, 15, 16, 19, 20

16

16

15 círculos dibujados en filas

12 cuadrados dibujados en filas

Boleto de salida

12

Segundo grupo de bloques encerrado en un círculo

Las respuestas pueden variar.

Tarea

Puntos dibujados para mostrar 10 y 5

Puntos dibujados para mostrar 10 y 7

Puntos dibujados para mostrar 10 y 2

Puntos dibujados para mostrar 10 y 9

Lección 14

Grupo de problemas

14

12

15

18

3 círculos más dibujados

4 triángulos más dibujados

Las respuestas variarán.

Boleto de salida

12

4 puntos más dibujados

Tarea

12

10

9 puntos más dibujados

10 puntos y 8 puntos dibujados; 18

Las respuestas variarán.

Lección 15

Grupo de problemas

30, 40, 60, 70, 80, 90, 100

80, 70, 50, 40, 30, 10

2, 4, 5, 6, 7 dieces, 8 dieces

Boleto de salida

20, 30, 40, 50, 30, 20, 10

Hacia atrás y luego hacia adelante: 9, 8, 6, 2, 3, 5

Tarea

90, 80, 70, 60, 50, 30, 20

10 dieces, 90, 8, 7, 60, 50, 5, 30, 3, 20, 2, 10, 1

Lección 16

Grupo de problemas

21, 23, 25, 27, 28, 29

41, 42, 43, 45, 47

93, 94, 95, 96, 97

65, 66, 67; 65, 64, 63

Boleto de salida

50, 51, 54, 55, 56, 57

32, 33, 34, 33, 31

Tarea

72, 73, 74, 76, 77, 78

10, 11, 13, 15, 17, 18, 19

85, 86, 87, 88, 89; 88, 87, 86, 85, 84

31, 32, 33, 34, 35; 34, 33, 32, 31, 30

97, 98, 99, 98, 96

Lección 17

Grupo de problemas

15, 21, 28, 40

18, 19, 20, 22

27, 29, 30, 31, 32

33, 34, 35, 37, 38, 39, 40

9, 20, 30

Boleto de salida

29 tachado; 26 escrito

43 tachado; 34 escrito

Segundo 29 tachado; 30 escrito

44 tachado; 40 escrito

Tarea

3 puntos más dibujados para hacer 23

20 puntos más dibujados para hacer 27

10 puntos más dibujados para hacer 34

8 estrellas más dibujadas para hacer 38

10 gotas de lluvia más dibujadas para hacer 40

Lección 18

Grupo de problemas

Último punto de cada fila coloreado de verde

Primer punto de cada fila encerrado en un recuadro azul

Quinto punto de cada fila encerrado en un triángulo rojo

Boleto de salida

Último punto de cada fila coloreado de morado

Tarea

Círculo 28 coloreado de verde; círculo 34 coloreado de rojo

Círculo 45 coloreado de amarillo; círculo 52 coloreado de azul

Círculo 83 coloreado de morado; círculo 77 coloreado de rojo

Último círculo de cada fila coloreado de negro

Lección 19

Grupo de problemas

21, línea hasta el 11

38, 18 encerradas en un círculo, línea trazada hasta el 18

25, 15 encerrados en un círculo, línea trazada hasta el 15

32, 12 encerradas en un círculo, línea trazada hasta el 12

37, 17 encerrados en un círculo, línea trazada hasta el 17

Boleto de salida

25, 15

12 encerradas en un círculo; 32, 12

Tarea

37, 1 más dibujado, 38

11, 1 más dibujado, 12

43, 1 más dibujado, 44

25, 1 más dibujada, 26

40, 1 más dibujado, 41

36, 1 más dibujada, 37

Lección 20

Grupo de problemas

10, 5; 10, 5

17; 10, 7

18; 18

16, 6; 16

14, 10, 4; 14

12, 10, 2; 10, 2

10, 1; 11, 10, 1

Boleto de salida

10 y 2 encerrados en un círculo

1 y 10 encerrados en un círculo

4 y 10 encerrados en un círculo

10 y 8 encerrados en un círculo

10 y 0 encerrados en un círculo

10 y 10 encerrados en un círculo

Tarea

5 estrellas dibujadas; 15 = 10 + 5; 10 + 5 = 15

10 estrellas dibujadas; 17 = 10 + 7; 10 + 7 = 17

9 estrellas dibujadas; 19 = 10 + 9; 10 + 9 = 19

10 estrellas y 4 estrellas dibujadas; 14 = 10 + 4; 10 + 4 = 14

10 estrellas dibujadas; 20 = 10 + 10; 10 + 10 = 20

Lección 21

Grupo de problemas

10, 2; 2; 2

13, 3; 3; 3

15; 10; 10

10, 7; 10; 10

18, 8; 10; 8

10, 6; 10; 10

19, 10, 9; 10, 9

Boleto de salida

10, 7; 10; 7

10; 10, 13; 3

Tarea

5; 5; 5 cubos dibujados

10; 10; 10 cubos dibujados

16; 10; 10 cubos dibujados

10; 10; 10 cubos dibujados

Lección 22

Grupo de problemas

10 borradores encerrados en un círculo; 10 lápices encerrados en un círculo; lápices con una marca de verificación

10 sándwiches encerrados en un círculo; 10 cartones de leche encerrados en un círculo; sándwiches con una marca de verificación

10 pelotas de beisbol encerradas en un círculo; 16; 10 guantes encerrados en un círculo; 16

10 manzanas encerradas en un círculo, 15; 10 naranjas encerradas en un círculo, 12; naranjas con una marca de verificación

10 cucharas encerradas en un círculo, 19; 10 tenedores encerrados en un círculo; 18; *más* encerrado en un círculo

Boleto de salida

12, menos, 20

13, menos, 15

19, más, 16

Tarea

6; 7; segundo grupo con una marca de verificación

10; 1; primer grupo con una marca de verificación

12; 20; segundo grupo con una marca de verificación

Lección 23

Grupo de problemas

Dibujo de 5 manzanas en una bolsa y 10 manzanas en un tazón

15, 10, 5; 5 + 10 = 15

Dibujo de 13 camiones de juguete

13, 10, 3; 13 = 10 + 3

Dibujo de 16 bolsas de palomitas de maíz

16, 10, 6; 16 = 10 + 6

Boleto de salida

12 pelotas dibujadas

12, 10, 2; 10 + 2 = 12

Tarea

17 donas dibujadas; 17 = 10 + 7; 17, 10, 7

17 tarjetas de beisbol dibujadas; 10 + 7 = 17; 17, 10, 7

Lección 24

Actividades de culminación

Las respuestas variarán.

Lección 25

Grupo de problemas

1a. Ingresos

1b. Regalo

2. 5

3. 2

4. 7

5. 10

Boleto de salida

Ingresos: 4 dólares; regalo: 5 dólares; ingresos: 9 dólares en total

Tarea

1a. Regalo

1b. Ingresos

2. 8

3. 3

4. 7

5. 6

Lección 26

Grupo de problemas

1. 7
2. 2
3. Las respuestas variarán.

Boleto de salida

Las respuestas variarán.

Tarea

1. 8
2. 4
3. Las respuestas variarán.

Lección 27

Grupo de problemas

Las respuestas pueden variar. La respuesta posible del estudiante podría incluir:

Lo que se necesita: hoja y lápiz, suéter, agua corriente, auto, hogar, comida, ropa, electricidad

Lo que se desea: velero, cuadro, bloques de construcción, dulces

Boleto de salida

Las respuestas pueden variar. La respuesta posible del estudiante podría incluir:

Lo que se necesita: agua, hogar

Lo que se desea: collar, muñeco de peluche

Tarea

Las respuestas pueden variar. La respuesta posible del estudiante podría incluir:

Lo que se necesita: agua, lápiz, comida, ropa, hogar, pan, teléfono, zapatillas

Lo que se desea: rompecabezas, videojuego, goma de mascar, pelota

Créditos

Great Minds® has made every effort to obtain permission for the reprinting of all copyrighted material. If any owner of copyrighted material is not acknowledged herein, please contact Great Minds for proper acknowledgment in all future editions and reprints of this module.

All United States currency images Courtesy the United States Mint and the National Numismatic Collection, National Museum of American History.